Veröffentlichungen aus dem
Archiv der Max-Planck-Gesellschaft

Begründet von Eckart Henning
Herausgegeben von Lorenz Friedrich Beck und Marion Kazemi

Band 12

Wissenschaftlerinnen des Kaiser-Wilhelm-Instituts für Hirnforschung, Berlin-Buch, im Hörsaal:
1. Reihe (von links): Estera Tenenbaum, Irmgard Leux, Cécile Vogt.
2. Reihe: Elena A. Timoféeff-Ressovsky, 2 russische Gäste, Eberhard Zwirner.

Wissenschaftlerinnen in Kaiser-Wilhelm-Instituten A–Z

von
Annette Vogt

2., erweiterte Auflage

Berlin 2008

REDAKTION:
Dr. rer. nat. Marion Kazemi
(Anschrift s. Auslieferung)

*Gedruckt auf säurefreiem Papier
(alterungsbeständig – pH 7, neutral)*

ISBN: 978-3-927579-12-2

ISSN: 1867-2183

Herstellung: mhv, Zerpenschleuser Ring 30, 13439 Berlin
Tel.: (030) 53 33 44 43

Satz: dmp digital- & offsetdruck gmbh, Zerpenschleuser Ring 30, 13439 Berlin
Tel.: (030) 530 08-100

Druck: dmp digital- & offsetdruck gmbh, Zerpenschleuser Ring 30, 13439 Berlin
Tel.: (030) 530 08-100

Auslieferung: Archiv der Max-Planck-Gesellschaft,
Boltzmannstraße 14, 14195 Berlin-Dahlem
Tel.: (030) 84 13-37 01; Fax: (030) 84 13-37 00;
e-mail: mpg-archiv@archiv-berlin.mpg.de
www.archiv-berlin.mpg.de

Inhalt

Vorbemerkung zur 1. Auflage 7
Vorbemerkung zur 2. Auflage 16
Tabelle: Wissenschaftlerinnen in Kaiser-Wilhelm-Instituten 18
Abkürzungen 24
Abbildungsnachweise 26
Verzeichnis der Wissenschaftlerinnen 27
Archiv-Verzeichnis 223
Literatur-Verzeichnis 225
Register 245

Vorbemerkung zur 1. Auflage

Das nachfolgende Verzeichnis der Wissenschaftlerinnen in der Kaiser-Wilhelm-Gesellschaft zur Förderung der Wissenschaften (KWG) entstand auf Grund des Forschungsprojekts der Autorin über die Anfänge, die Ausgrenzungen, Barrieren, Karrieren sowie Anti-Diskriminierungsstrategien für Wissenschaftlerinnen, insbesondere Naturwissenschaftlerinnen, in Deutschland zwischen 1900 und 1945. Im Rahmen des Projekts wurden dafür zwei Langzeitstudien durchgeführt, eine für die Kaiser-Wilhelm-Gesellschaft (1912 bis 1945) und eine für die Friedrich-Wilhelms-Universität zu Berlin (1899 bis 1945). Die auf diese Weise wiedergefundenen Wissenschaftlerinnen, die in den Instituten der Kaiser-Wilhelm-Gesellschaft zwischen 1912 und 1945 beschäftigt waren, werden hier in Form eines Lexikons mit Kurzbiographien von A bis Z vorgestellt.

1. Lexika als Hilfsmittel

Unter einem Lexikon, Nachschlagewerk oder Enzyklopädie verstehen wir, mindestens seit der Aufklärung, ein alphabetisch geordnetes Verzeichnis für Wissens- und/oder Sachgebiete, das in der Regel von einem Herausgebergremium mit Hilfe vieler Autoren erarbeitet wird. Man kennt (und benutzt) die verschiedenen nationalen Enzyklopädien, die nationalen "Who is who", daneben gibt es speziellere Nachschlagewerke, z. B. das DSB oder den Poggendorff oder das Biographische Handbuch der Emigration.[1]

---

[1] DSB - Dictionary of Scientific Biography. Vol. 1-12, New York et al, 1981ff.
Poggendorff - Biographisch-Literarisches Handwörterbuch zur Geschichte der exakten (Natur)wissenschaften. Bd. III, IV, V, VI, VIIa, VIIb. Leipzig u. a.
Biographisches Handbuch der deutschsprachigen Emigration nach 1933 (International Biographical Dictionary of Central European Emigrées 1933-1945). Hrsg. Werner Röder, Herbert A. Strauss. München 1980-1983, 3 Bände.

Bevor die Arbeiten zu einem Lexikon beginnen können, müssen die Aufnahmekategorien festgelegt werden, wer oder was aufgenommen und durch kurze Texte erläutert oder kommentiert wird. Hier beginnt ein wesentliches Problem. Wegen des Umfangs und wegen der Benutzbarkeit, oft potentiellen Erwartungen der künftigen Leser und Leserinnen entsprechend, können in der Regel nur „berühmte" Personen (das gilt sowohl für Künstler und SchriftstellerInnen als auch für WissenschaftlerInnen) aufgenommen werden. Wie aber soll „Berühmtheit" definiert werden? Wer legt den Berühmtheitsgrad nach welchen Kriterien fest? Wer wählt wie aus?

1.1. Das Problem der Aufnahme-Kriterien

Die Aufnahme „berühmter" Personen in die verschiedenen Lexika hängt von unterschiedlichen Kriterien ab, die mitunter explizit angegeben werden, oft aber nicht eindeutig nachvollziehbar sind. Ein einfaches, verifizierbares und häufig praktiziertes Kriterium für die Aufnahme von Personen sind verliehene Auszeichnungen, etwa hohe staatliche Orden oder Nobel-Preise im Falle von Schriftstellern und Wissenschaftlern. Dieses Kriterium ist natürlich berechtigt und leuchtet auch sofort ein, aber was geschieht mit den Wissenschaftlern, die nachweisbar Bedeutsames geleistet haben, denen aber kein Nobel-Preis verliehen wurde?

In den „Poggendorff" und in das „Handbuch der Emigration"[2] wurden z. B. all jene Wissenschaftler aufgenommen, die mindestens (im Falle des „Handbuchs" vor 1933) Privatdozent geworden waren. Aber was geschieht mit den Wissenschaftlern, die nachweisbar Bedeutsames geleistet haben, aber keine Privatdozentur erhalten konnten?

Jedem, der die wissenschaftshistorische Literatur kennt, fallen sofort Namen bedeutender Wissenschaftler ein, die in dieses oder jenes Lexikon gehört hätten, dort aber fehlen. Seit vermehrt das Leben und Werk von Wissenschaftlerinnen behandelt wurde, fiel die massive Unterrepräsentanz dieser Frauen in beinahe allen Nachschlagewerken auf, auch und besonders im Handbuch der Emigration. Diese Unterrepräsentanz rührt erstens von der langanhaltenden Wirkung diskriminierender Bestimmungen gegen Wissenschaftlerinnen wie dem Verbot der Habilitation in Preußen von 1908 bis 1920 her, sie ist zweitens Folge des ungenügenden Forschungsstandes über Wissenschaftlerinnen und sie ist drittens ein Ergebnis der anhaltenden „Verdrängung" der Lebensleistungen der Wissenschaftlerinnen, einer Verdrängung im

---

[2] Vgl. Häntzschel, Hiltrud. Die Exilierung der Wissenschaften - weiblich. Zur Dimension der Folgen und zu ihrem Stellenwert in der Emigrationsforschung. In: Barrieren und Karrieren. Die Anfänge des Frauenstudiums in Deutschland. Hrsg. Elisabeth Dickmann und Eva Schöck-Quinteros unter Mitarbeit von Sigrid Dauks. Berlin 2000, S. 61-70, bes. S. 62-65. (Schriftenreihe des Hedwig Hintze-Institut Bremen, Band 5)

mehrfachen Sinne, die auch jene Wissenschaftlerinnen ignoriert, die zu ihren Lebzeiten als bedeutende Forscherinnen anerkannt, respektiert und geachtet waren.

Nur ein Beispiel soll stellvertretend dafür hier erwähnt werden. In der 19. Auflage des Brockhaus (1994 erschienen) wurde der Hirnforscher Oskar Vogt (1870-1959) mit einem Artikel aufgenommen, aber nicht die Hirnforscherin Cécile Vogt (1875-1962).[3] Angenommen, die Auswahlkriterien basierten auf Mitgliedschaften in Akademien, dann ist nicht einzusehen, warum Oskar Vogt als Mitglied der Leopoldina und Ehrenmitglied der Deutschen Akademie der Wissenschaften zu Berlin mit einem Artikel aufgenommen wurde, nicht aber Cécile Vogt, die ebenfalls den beiden genannten Akademien angehörte. Zu Lebzeiten waren beide gleichberechtigt anerkannt und geachtet, sie waren – vergleichbar den Curies in Paris – ein Forscher-Ehepaar, das zusammen arbeitete **und** gemeinsam publizierte, sie erhielten hohe akademische Auszeichnungen wie die genannten Mitgliedschaften ebenfalls gemeinsam. Die Nichtbeachtung von Cécile Vogt in diesem Nachschlagewerk ist eine beachtliche Verdrängungs-„Leistung", zumal in diesem Fall sowohl Forschungen über die beiden existieren als auch Bibliographien, die beider Lebensleistung dokumentieren.

1.2. Die Folgen der Aufnahme-Kriterien

Wenn ganze Gruppen von Wissenschaftlern in Nachschlagewerken unterrepräsentiert sind, hat das weitreichende Folgen. Dabei sei am wenigsten an jene für die Arbeit der Wissenschaftshistoriker gedacht, deren Aufwand an Recherchen erheblich zunimmt, wenn sie nicht auf einfachem Wege die notwendigsten Daten zusammenstellen können. Schwerwiegender sind Folgen für die Interpretationen, die auf Grund der Repräsentanz in Nachschlagewerken bewußt oder unbewußt gezogen werden, die nach der „Berühmtheit" oder der „Bedeutung" von Personen. Wenn X in diesem oder jenem Nachschlagewerk nicht vorkommt, kann X nicht bedeutend gewesen sein, so werden oft Schlüsse gezogen, die bei genauerer Forschung unhaltbar sind.

Besonders gravierend sind die Folgen, die auf Grund diskriminierender Bestimmungen entstanden und – gewollt oder ungewollt – durch Nicht-Beachtung dieser Diskriminierungen gewissermaßen fortgeschrieben werden. Ein Beispiel bildete die Ausgrenzung jüdischer Wissenschaftler im Deutschen Kaiserreich, die von der ordentlichen Professur ausgeschlossen wurden, wenn sie sich nicht taufen ließen. Es ist evident, daß ein Aufnahme-Kriterium „ordentliche Professur" diese Gruppe gewissermaßen automatisch wieder ausschließt, dieses Mal postum. Die gleiche Prozedur gilt für das Aufnahme-Kriterium „Privatdozentur", das Wis-

---

[3] Vgl. den Eintrag Oskar Vogt, in: Brockhaus, Bd. 23, 1994, S. 402.

senschaftlerinnen ebenfalls automatisch wieder ausschließt, auch postum. Da von 1908 bis 1920 die Habilitation für Frauen verboten war,[4] konnten diese keine Privatdozentinnen werden, und danach war es an deutschen Universitäten relativ problemlos nur für die kurze Zeit von 1920 bis 1932 möglich, zwischen 1933 und 1938 war es wiederum nicht möglich.

1.3. Die Langzeitwirkung der Unterrepräsentanz

Wenn es möglich ist, ganze Gruppen von Wissenschaftlern auszuschließen, so hat das weitreichende und vor allem langwirkende Folgen für die Wissenschaftsgeschichtsschreibung – dies gilt sowohl für unterrepräsentierte Wissenschaftler als auch und insbesondere für die Wissenschaftlerinnen. Auf Grund der spezifischen Mechanismen der Auswahl in Lexika bzw. Nachschlagewerken, der daran anschließenden oder parallel damit verlaufenden Bewertung der Betreffenden entstehen falsche Bilder und Zuschreibungen. Wir erhalten eine Wissenschaftsgeschichte der „Helden" – d. h. der Nobelpreisträger, Akademie-Mitglieder, Ordinarien. Damit verbunden sind die Verdrängung und das Vergessen vieler Kollegen und besonders der Kolleginnen. Außerdem werden die „helfenden" Ehefrauen vergessen, oder sie werden in Klammern genannt, aber nur, wenn es unumgänglich ist, weil beide zusammen publiziert haben wie im Falle der Vogts.

2. Das Verzeichnis der Wissenschaftlerinnen der Kaiser-Wilhelm-Gesellschaft

Vor dem Hintergrund der oben skizzierten Unterrepräsentanz von Wissenschaftlerinnen in allen Lexika bzw. Nachschlagewerken entstand die Idee, ein Verzeichnis aller Wissenschaftlerinnen zu erstellen, die jemals in Instituten der Kaiser-Wilhelm-Gesellschaft (KWG) zwischen 1912 und 1945 tätig gewesen waren. Das einzige Aufnahmekriterium sollte der Nachweis einer Tätigkeit als Wissenschaftlerin in der Kaiser-Wilhelm-Gesellschaft sein – gleich ob in einem Kaiser-Wilhelm-Institut (KWI), einem der anderen Institute oder einer Forschungsstelle –, unabhängig von der Dauer dieses Aufenthalts, der Profession, der Nationalität.[5]

---

[4] Vgl. hierzu Brinkschulte, Eva: Preußische Wissenschaftsbürokratie im Zugzwang der Geschlechterfrage. Die Umfrage des Ministeriums für die geistlichen, Unterrichts- und Medizinal-Angelegenheiten von 1907. In: Bleker, Johanna (Hrsg.): Der Eintritt der Frauen in die Gelehrtenrepublik. Husum 1998, S. 51-70. (Abh. zur Geschichte der Medizin und der Naturwissenschaften, H. 84).

[5] Als Nachweis galt, daß die Tätigkeit als Wissenschaftlerin aus den Quellen ersichtlich wurde und die Wissenschaftlerinnen promoviert waren. In Ausnahmefällen wurden auch Frauen aufgenommen, deren Beteiligung an Forschungen durch Publikationen nachweisbar war.

Im Rahmen des Forschungsprojekts der Autorin über Naturwissenschaftlerinnen in Deutschland zwischen 1900 und 1945 wurde eine der zwei Langzeitstudien für die KWG durchgeführt. Die auf diese Weise wiedergefundenen Wissenschaftlerinnen, die in den Instituten der KWG zwischen 1912 und 1945 beschäftigt gewesen waren, werden hier mit Kurzbiographien von A bis Z vorgestellt.

Zu betonen ist nochmals, das alle der – insgesamt 241 wiedergefundenen Wissenschaftlerinnen – hier aufgenommen wurden. Zu Beginn des Projekts war das Wissen über fast alle der Wissenschaftlerinnen so gering wie im Falle von Frau S. Aksianzew-Malkin oder Frl. Dr. Auburtin (aus Preußen) oder Dr. Elisabeth Reiss. Und daß in nicht allen 241 Fällen wenigstens die biographisch relevanten Daten ermittelt werden konnten, hängt mit der oben skizzierten Unterrepräsentanz der Wissenschaftlerinnen in der Literatur sowie der Quellenlage zusammen. Einige der Wissenschaftlerinnen konnten einfach (bisher) nicht wieder gefunden werden.

Aus diesem Umstand resultieren die Lücken und auch das Ungleichgewicht der Artikel über die Wissenschaftlerinnen. Dieses Ungleichgewicht hatte nichts mit dem Zeitraum zu tun, den die betreffenden Wissenschaftlerinnen an einem KWI verbracht haben. Während wir z. B. über die Biochemikerin Waltraut Gerischer, die mindestens von 1932 bis 1936 als Mitarbeiterin im KWI für Zellphysiologie gearbeitet und zwischen 1933 und 1937 mehrere Publikationen veröffentlicht hatte, immer noch nichts weiter wissen, konnte Leben und Werk der Genetikerin Barbara McClintock (1902-1992), die von 1933 bis 1934 als Gastwissenschaftlerin am KWI für Biologie weilte, hier lückenlos skizziert werden. Dies verdanken wir dem Umstand, daß Barbara McClintock zu den wenigen Frauen gehört, die mit einem Nobel-Preis geehrt wurden, 1983 erhielt sie den Preis für Medizin.

Das Ungleichgewicht der Artikel, die die Wissenschaftlerinnen beschreiben und die einzelnen Lücken, die immer noch vorhanden sind, wurden in Kauf genommen, um dennoch dem Auswahl-Kriterium zu genügen, nämlich wirklich alle 241 nachweisbar tätig gewesenen Wissenschaftlerinnen hier zu porträtieren bzw. wenigstens zu nennen. Die 241 Wissenschaftlerinnen, bis auf wenige Ausnahmen alles Naturwissenschaftlerinnen, hatten in insgesamt 26 KWI mit unterschiedlicher Zeitdauer gearbeitet.

Zum Umgang mit dem Verzeichnis

Seine Struktur orientierte sich an bekannten Nachschlagewerken:
Name, Vorname
Geburts- und – in selteneren Fällen – Sterbedaten
akademischer Grad, Fachgebiet und gegebenenfalls Herkunftsland

herausgehobene Positionen (Abteilungsleiterin in einem KWI (in 12 Fällen), Laborleiterin, Professur, Akademie-Mitgliedschaft, Auszeichnung mit dem Nobel-Preis).
Kurzbiographie: insbesondere Angaben über die Promotion, Datum, Universität, Thema, Gutachter und gegebenenfalls Doktorvater (wenn der Doktorvater vom Gutachter verschieden war); die möglichst exakte Ermittlung der Tätigkeit in dem jeweiligen KWI, wobei die Nennung der Anstellungsform – Doktorandin, Stipendiatin, wissenschaftlicher Gast, Mitarbeiterin usw. – der in der KWG in jenen Jahrzehnten praktizierten Form entspricht;[6] Lebensweg über das Datum des Ausscheidens aus einem KWI hinaus, wenn er rekonstruiert werden konnte, einschließlich evtl. Eheschließungen und Tätigkeiten in anderen Institutionen; Rekonstruktion der Exil-Stationen[7]; Publikationen (vereinzelt); Patente[8]; Nachrufe und Ehrungen; Quellen; Sekundärliteratur; Fotos.
Wegen der Seltenheit wurden Nachrufe und Ehrungen bei der Darstellung herausgehoben und damit bewußt hervorgehoben. Es wurde keine vollständige Publikationsliste für jede Wissenschaftlerin erstellt, in den Fällen, in denen in der Sekundärliteratur solche existieren, wurde das vermerkt.
In jedem Fall werden für alle 241 Wissenschaftlerinnen die Quellen angegeben, die zum Auffinden, Wiederfinden bzw. Erstellen der Kurzbiographie benutzt wurden. Insbesondere wurden die Bestände des Archivs der MPG[9] ausgewertet, weiter hervorgehoben seien Universitäts-Archive sowie das Archiv der Emigranten-Hilfsorganisation, der S.P.S.L., in Oxford, und der umfangreiche Nachlaß Lise Meitner im Churchill College Archive in Cambridge. Eine weitere wichtige Primärquelle bildete die Zeitschrift „Die Naturwissenschaften", die seit Band 12 (1924) auch das „Organ der KWG" genannt wurde und in der bis 1943 die Tätigkeitsberichte der Institute publiziert sowie jeweils Veröffentlichungen der Mitarbeiter bzw. Gäste angegeben wurden. Sie bildete damit eine wichtige Quelle auch in den Fällen, in denen keinerlei Aktenvermerke zu einer Tätigkeit der Wissenschaftlerinnen vorhanden waren. Es sei

---

[6] Zu den unterschiedlichen Anstellungsarten vgl.: Vogt, Annette: Die Kaiser-Wilhelm-Gesellschaft wagte es: Frauen als Abteilungsleiterinnen. In: Tobies, Renate (Hrsg.): „Aller Männerkultur zum Trotz": Frauen in Mathematik und Naturwissenschaften. Frankfurt/M. u. a. 1997, S. 203-219.
Vogt, Annette. Vom Hintereingang zum Hauptportal – Wissenschaftlerinnen in der Kaiser-Wilhelm-Gesellschaft. In: Dahlemer Archivgespräche 2 (1997), S. 115-139.

[7] Da in das „Handbuch der Emigration" nur ganz wenige Wissenschaftlerinnen aufgenommen worden waren (vgl. Häntzschel (2000), S. 62-65), wurden die Exil-Stationen besonders aufmerksam recherchiert.

[8] Heinrich Parthey sei hier gedankt, daß er mir die Patent-Datei Hartung noch vor dem öffentlichen Zugang für die Recherchen zur Verfügung stellte.

[9] Dabei bedeutet I, 1A, Nr.x/5: I. Abteilung, Rep. 1A, die jeweilige Akten-Nummer sowie /5 die 5. Mappe in der betreffenden Nummer.

hier betont, daß die Quellenlage kompliziert ist, da erstens die Akten der einzelnen KWI unterschiedlich aussagekräftig sind und zweitens persönliche Unterlagen in den seltensten Fällen für Mitarbeiter und Mitarbeiterinnen, die nur zeitweilig angestellt waren, überliefert wurden. Es gilt im Allgemeinen, daß je schwächer die Anstellungsform war, desto seltener die Betreffenden in den Akten vorkommen.

Zu diesen Quellen gehören auch Auskünfte, die mir im Laufe des Projekts freundlicherweise Kolleginnen und Kollegen verschiedenster Fachrichtungen und Institutionen gegeben haben.[10] Ihnen allen sei nochmals gedankt.

Wenn Sekundärliteratur vorhanden ist, wurde diese (in Kurzform) aufgenommen, sie kann über das Literaturverzeichnis erschlossen werden. In den Fällen, in denen es Bild-Quellen gibt, wurde dies ebenfalls angegeben. Abkürzungen wurden weitgehend vermieden.

3. Wissenschaftlerinnen in der KWG – was bleibt?

Dieses Verzeichnis entstand auf Grund des Forschungsprojekts, die Kaiser-Wilhelm-Gesellschaft als eine Forschungs-Institution daraufhin zu untersuchen, ob Wissenschaftlerinnen hier Arbeits- und Karrierechancen erhielten. Neben der Aufklärung der Strukturen und Arbeitsweisen der einzelnen KWI ging es darum, diese Wissenschaftlerinnen überhaupt erneut sichtbar zu machen. Dieses Sichtbarmachen geschieht unter anderem in Form dieser Publikation.

Aus dem Ungleichgewicht der Kurzbiographien sollte nicht von vornherein auf die Bedeutung oder Bedeutungslosigkeit der hier vorgestellten Wissenschaftlerinnen geschlossen werden. Selbst die Nicht-Vergabe eines Nobel-Preises sagt noch nichts über die wissenschaftlichen Leistungen der Betreffenden aus, wie man am Beispiel der Physikerin Lise Meitner erkennen kann.[11]

Im Falle der Nichtrekonstruierbarkeit der Biographien der Wissenschaftlerinnen konnte dies verschiedene Gründe haben, vor allem war die ungenügende Quellenlage dafür verantwortlich.[12] Sie waren entweder zu kurzzeitig an einem KWI, kamen in den überlieferten Dokumenten nicht vor, wechselten den Beruf oder heirateten, änderten daraufhin den Namen

---

[10] Ihre Nennung erfolgt an den betreffenden Stellen in der Form „Auskünfte von".
[11] Vgl. zu Lise Meitner die Biographie von Ruth Lewin Sime: Lise Meitner. A Life in Physics. Berkeley 1996, sowie Crawford, Elisabeth, Ruth L. Sime u. Mark Walker: A Nobel tale of wartime injustice. In: Nature 382 (1996), pp. 393-395.
[12] Die Personalakten über WissenschaftlerInnen der KWG wurden in der Regel nur aufbewahrt, wenn es sich um Wissenschaftliche Mitglieder oder Direktoren handelte. Der Bestand im Archiv der MPG erlaubte daher für die meisten der hier aufgeführten Wissenschaftlerinnen nur, Verweise in allgemeinem Schriftgut zu finden.

und mußten auf Grund der Gesetze in Deutschland damit gleichzeitig ihre Berufstätigkeit aufgeben. Der Abbruch der Forschungstätigkeit konnte neben familiären auch finanzielle Gründe haben, denn eine Wissenschaftler-Tätigkeit bedeutete in jenen Jahrzehnten keinesfalls gleichzeitig eine gesicherte Existenz und ein gehobenes Einkommen bzw. Auskommen, im Gegenteil, die finanziellen Bedingungen waren in der Industrie-Forschung bei weitem günstiger. Aber jene, die heirateten oder jene, die die Berufssphäre wechselten, waren nur schwer wieder zu finden.

Bezüglich einer Tätigkeit in der Industrieforschung bestehen insgesamt noch große Forschungslücken, die hier auch nicht annähernd geschlossen werden konnten. Es gab beide Formen des Wechsels, von einem KWI in die Industrie (z. B. die Chemikerin Margarete Bülow von der Deutschen Forschungsanstalt für Psychiatrie (KWI) in München zu den Tropon-Werken in Köln, die Chemikerin Elly Jagla vom KWI für Chemie in Berlin-Dahlem zur BASF) und von der Industrie an ein KWI (die Physikerin Isolde Hausser von Telefunken Berlin zum Institut für Physik am KWI für medizinische Forschung in Heidelberg).

Für viele Wissenschaftlerinnen waren die Aufenthalte und Arbeitsmöglichkeiten an einem KWI nicht nur ein Glücksfall, an den sie sich noch nach Jahrzehnten glücklich erinnerten (z. B. die Biochemikerin Maria Kobel im Gespräch mit der Autorin), die KWI boten vielen Wissenschaftlerinnen gute Arbeitsmöglichkeiten, partiell Aufstiegschancen (als Laborleiterin und besonders als Abteilungsleiterin) und scheinen eine positive Rolle bei der Förderung wissenschaftlicher Karrieren gespielt zu haben, auch für jene Wissenschaftlerinnen, die nach ihrer Vertreibung infolge der Nazi-Gesetze den ungewissen Weg ins Exil gehen mußten.

Es werden hier alle Wissenschaftlerinnen aufgeführt, über die ermittelt werden konnte, daß sie ins Exil gehen mußten. Dank der Archiv-Situation[13] konnten die Schicksale der Emigrantinnen meist – wenigstens partiell – rekonstruiert werden. Wenigstens in dieser Form sind die Wissenschaftlerinnen somit zurückgekehrt, auch wenn sich – von vereinzelten Ausnahmen abgesehen – bisher keiner an sie erinnerte. Noch aufgeklärt werden muß die Behandlung der aus den KWI vertriebenen Wissenschaftlerinnen (und Wissenschaftler), die die Nazi-Verfolgung überlebten und sich nach 1945 aus ihren Exilländern meldeten, seitens der Nachfolge-Organisation.[14]

Nicht allen Wissenschaftlerinnen, die kurz- oder längerfristig in einem Kaiser-Wilhelm-Institut arbeiteten und vertrieben wurden, gelang die rettende Flucht in ein Exilland. Ihnen sei hier gedacht, stellvertretend der Physikerin Marie Wreschner (1887-1941).

***

---

[13] Vgl. Oxford, Bodleian Library, Archiv der S.P.S.L.
[14] Die Unterlagen zu den sogen. „Wiedergutmachungs"-Verhandlungen konnten aus Gründen des Datenschutzes von der Autorin nicht eingesehen werden.

Die vorliegende Publikation wäre ohne die Hilfe, die Unterstützung und Ermunterung vieler Kolleginnen und Kollegen in Archiven, Instituten und Institutionen sowie weiteren Kolleginnen und Kollegen nicht möglich gewesen. Deshalb sei an dieser Stelle allen nochmals herzlich dafür gedankt; in den einzelnen Biographien wird ihnen namentlich gedankt. Besonderer Dank gebührt neben dem MPI für Wissenschaftsgeschichte vor allem den Mitarbeiterinnen und Mitarbeitern des Archivs der Max-Planck-Gesellschaft und ausdrücklich Frau Dr. Marion Kazemi und Herrn Prof. Eckart Henning, ohne die dieses Forschungsergebnis in der Reihe des Archivs nicht hätte veröffentlicht werden können.

Möge dieser Band ein nützliches Hilfsmittel für die künftige Wissenschaftsgeschichte sein, für noch zu schreibende Arbeiten über die Leistungen der - zu Unrecht "vergessenen" - Wissenschaftlerinnen, für die Rekonstruktion ihres Beitrages und ihres Anteils an den Erfolgsgeschichten ihrer jeweiligen Disziplinen und Institute, für die noch zu leistende Erforschung der Geschichte einzelner Kaiser-Wilhelm-Institute.

Wenn Max-Planck-Institute, die in der Verpflichtung der Traditionen ihrer Vorgänger-Institute stehen wollen, an ihre Geschichte erinnern möchten, so mögen sie den Anteil der in ihnen beschäftigten Wissenschaftlerinnen nicht vergessen.

Wenn Max-Planck-Institute an die in ihren Vorgänger-Instituten tätig gewesenen und vertriebenen Wissenschaftler erinnern wollen, mögen sie die Wissenschaftlerinnen nicht vergessen.

Wenn schließlich über die Einrichtung von Stipendien und Preisen an heutige Forscher gedacht wird, mögen die Wissenschaftlerinnen nicht vergessen werden.

Vor einigen Wochen hat die Deutsche Physikalische Gesellschaft z. B. beschlossen, einen Hertha-Sponer-Preis zu stiften. Ähnliche Preise oder Stipendien könnten nach weiteren Wissenschaftlerinnen benannt werden und so zur wirklichen "Rückkehr" bzw. des Sichtbarmachens von Wissenschaftlerinnen beitragen. Geeignete Namen können die potentiellen Stifterinnen und Stifter auch hier in diesem Band finden.

Berlin, im Dezember 1999   Annette Vogt

Vorbemerkung zur 2., erweiterten Auflage

Zur Jahreswende 1999/2000 erschien das Lexikon über die Wissenschaftlerinnen in Kaiser-Wilhelm-Instituten als Band 12 dieser Reihe. Die Resonanz war positiv, und als die Auflage vergriffen war, entstand die Frage einer Nach- oder einer Neuauflage. Auf Grund der vielen inzwischen erfolgten Ergänzungen erscheint nun die 2. erweiterte, ergänzte und korrigierte Auflage. Während und nach Abschluß des Forschungsprojekts der Autorin[1] über die Anfänge, Barrieren und Karrieren für Wissenschaftlerinnen, insbesondere Naturwissenschaftlerinnen, in Deutschland zwischen 1900 und 1945 wurde die Datenbank, die die Grundlage für das Lexikon in der 1. Auflage bildete, beständig ergänzt bzw. erweitert oder korrigiert. Mitunter halfen hierbei Zufälle, Forschungen von Kolleginnen und Kollegen, Anfragen an die Autorin zu konkreten Wissenschaftlerinnen. An den Aufnahmekriterien wurde nichts geändert, das einzige Kriterium blieb der Nachweis einer Tätigkeit als Wissenschaftlerin in einem Kaiser-Wilhelm-Institut, unabhängig von der Dauer dieser Tätigkeit.[2]
Wurden im Lexikon der 1. Auflage insgesamt 241 Wissenschaftlerinnen genannt, sind es nun 254 Wissenschaftlerinnen. Die Einträge zu den 13 hinzugekommenen Wissenschaftlerinnen entstanden auf Grund verschiedener Quellen, gedruckter Publikationen sowie Dank der Unterstützung einiger Kolleginnen und Kollegen, denen an den betreffenden Stellen gedankt wird. Bei 99 der 241 Wissenschaftlerinnen konnten Ergänzungen aufgenommen werden, manchmal waren es Kleinigkeiten, manchmal wurden ganze Biographien rekonstruierbar.

---

[1] Vgl. Vogt, Annette: Vom Hintereingang zum Hauptportal? Lise Meitner und ihre Kolleginnen an der Berliner Universität und in der Kaiser-Wilhelm-Gesellschaft. Stuttgart 2007. (Pallas Athene, 17).
[2] Als Nachweis galt, daß die Tätigkeit als Wissenschaftlerin aus den Quellen ersichtlich wurde und die Wissenschaftlerinnen promoviert waren. In Ausnahmefällen wurden auch Frauen aufgenommen, deren Beteiligung an Forschungen durch Publikationen nachweisbar war. Die drei Wissenschaftlerinnen, die in der AVA e. V. der Kaiser-Wilhelm-Gesellschaft in Göttingen zeitweilig arbeiteten, gehören ebenfalls zu den Ausnahmen, da es über sie im Archiv der Max-Planck-Gesellschaft keine Akten gibt.

Wesentliche Ergänzungen konnten zu den Biographien der Wissenschaftlerinnen hinzugefügt werden, die Hilfe für Verfolgte und Widerstand gegen das NS-Regime leisteten, insbesondere Ilse Beleites, Helga von Hammerstein, Marie Heckter-Straßmann und Elisabeth Schiemann. Auch die Schicksale einiger ins Exil gezwungener Wissenschaftlerinnen konnten weiter rekonstruiert und ergänzt werden. Dennoch bleiben die Daten über einige Wissenschaftlerinnen lückenhaft. Selbst über eine der 13 Abteilungsleiterinnen[3], Anna-Charlotte Frölich, konnten trotz intensiver Recherchen keine Angaben für die Zeit nach 1951 gefunden werden. Das Ungleichgewicht der Beiträge über die einzelnen Wissenschaftlerinnen wurde auch in der 2. Auflage in Kauf genommen, um alle 254 nachweisbar tätig gewesenen Wissenschaftlerinnen wenigstens zu nennen. Die 254 Wissenschaftlerinnen, bis auf wenige Ausnahmen, darunter die sechs Juristinnen, alles Naturwissenschaftlerinnen, arbeiteten in 26 Kaiser-Wilhelm-Instituten und in einigen Forschungsstellen mit unterschiedlicher Zeitdauer, von Gastaufenthalten von ein paar Wochen bis zu zwei Jahrzehnten. In Ergänzung zur 1. Auflage wurde eine Tabelle angefügt, in der alle Institute und Forschungsstellen sowie die Namen aller jemals beschäftigt gewesenen Wissenschaftlerinnen genannt sind. In Erweiterung zur 1. Auflage konnten auch mehr Fotografien beigefügt werden, insgesamt 9 ganzseitige für die Abteilungsleiterinnen und weitere 39 Fotos. Für die technischen Arbeiten hierbei sowie die Hilfe bei der Erstellung der Verzeichnisse und dem publikationsfertigen Manuskript dankt die Autorin herzlich Thomas Grossmann. Besonderer Dank gebührt den Mitarbeiterinnen und Mitarbeitern des Archivs der Max-Planck-Gesellschaft, insbesondere Herrn Dr. Lorenz Beck sowie Frau Dr. Marion Kazemi, ohne die die 2., erweiterte Auflage in der Reihe des Archivs nicht erscheinen könnte.

Berlin, im April 2008　　　　　　　　　　　　　　　　　　　　　　　Annette Vogt

---

[3] Zu den acht verschiedenen Anstellungsarten vgl. Vogt (2007), wie Anm. 1, S. 117-122.

Wissenschaftlerinnen in Instituten der Kaiser-Wilhelm-Gesellschaft [1]
1912-1945

Zoologische Station Rovigno der Kaiser-Wilhelm-Gesellschaft 1911-1915 weitergeführt als **Deutsch-Italienisches Institut für Meeresbiologie Rovigno** 1931-1945 Maschlanka, Elisabeth Wolf	keine Σ 2
Kaiser-Wilhelm-Institut für physikalische Chemie und Elektrochemie (Berlin) 1912 Beger, Berkman(n), Birstein, Cremer, Herforth, Joachimsohn, Knipping, Deodata Krüger, Langer, Levi, von Loesch, Orendi, von Sääf, Schaleck, Schatunowskaja, Schoon, Schütza, Sponer, Strathmann, Süss, Wassermann, Willstätter, von Wrangell, Wreschner, Zuelzer	Σ 25
Kaiser-Wilhelm-Institut für Chemie (Berlin) 1912 Alper, Bernert, Bohne, Bramson, Brauns, Cremer, Feichtinger, Frehafer, Gaede, Leonore Gerhardt, Grahl, von Hammerstein, Jagla, Kinze, Kruyt, Lieber, Maxim, Meitner, Möller, Petrova, Rona, Roudolf, Senftner, Thiel, Wever, Wiedemann	Σ 26
Kaiser-Wilhelm-Institut für experimentelle Therapie bzw. ab 1925 Kaiser-Wilhelm-Institut für Biochemie (Berlin) 1913 Bullmann, Cohen, Collatz, Engel, Hofmann, Kerb, Knake, Kobel, Lusmann-Perelmann, Neuberg, Oppenheimer, Ostendorf, Ottenstein, Pascal, Poschmann, Marthe Vogt, Weichert	Σ 17

[1] Die Summe der Gesamtzahlen aus den Instituten ist höher als die Zahl der in den Instituten der Kaiser-Wilhelm-Gesellschaft insgesamt beschäftigten Wissenschaftlerinnen, weil von den 254 insgesamt 12 (Birstein, Feichtinger, Herforth, Höner verh. Wolf, Knake, D. Krüger, Oberlies, Rona, Senftner, Stubbe, Tolksdorf, Marthe Vogt) nacheinander in zwei verschiedenen Instituten tätig waren, eine (Cremer) in drei.
Die Reihenfolge der Institute ist nach dem Zeitpunkt der Arbeitsaufnahme gewählt.

Kaiser-Wilhelm-Institut für Arbeitsphysiologie 1913 Berlin, ab 1929 Dortmund Brüning, Mayer, Meyn, Michaelis, Ripkowa, Rohdewald, Scheben, von Schrader-Beielstein, Frau Schwarz, Grete Schwarz, Seidl, Stern, Weischer, Wildemann, Hedwig Wolff	Σ 15
Kaiser-Wilhelm-Institut für Hirnforschung (Berlin) 1914/16 Beleites, Edith Gerhardt, Körner, Lange, Leux, Lüers, Popoff, Rose, Schragenheim, Soeken, Stubbe, Tenenbaum, Timoféeff-Ressovsky, Cécile Vogt, Marguerite Vogt, Marthe Vogt	Σ 16
Bibliotheca Hertziana der Kaiser-Wilhelm-Gesellschaft / Kaiser-Wilhelm-Institut für Kunst- und Kulturwissenschaft (Rom) 1914 Maier	Σ 1
Kaiser-Wilhelm-Institut für Kohlenforschung (Mülheim) 1914	keine
Kaiser-Wilhelm-Institut für Biologie (Berlin) 1915 Aksianzew-Malkin, Auerbach, Bluhm, Dantschakoff, David, du Bois, Ehrensberger, Feichtinger, Ilse Fischer, Gaffron, Gianferrari, Glasow, Grube (Hüttig-Grube), Hertz, Höner, Huizinga, Ilse, Iwanowa-Kioseff, Knake, Kretschmer, Lerche, Lilienfeld, Marx, McClintock, Pariser, Peters, Philip, Rösch, Rosenberg, Rühmekorf, Scheinkin-Hareven, Solecka, Emmy Stein, Stossberg, Stubbe, von Ubisch, Wilhelmy	Σ 37
Hydrobiologische Anstalt der Kaiser-Wilhelm-Gesellschaft (Plön) 1917 Humphries	Σ 1

Kaiser-Wilhelm-Institut für Deutsche Geschichte (Berlin) 1917-1944	keine
Kaiser-Wilhelm-Institut für Physik (Berlin) 1917-1933; 1937 Angern, Cremer, Fechner, Fränz, Gysae, Herforth, Heyden, Hogrebe, Ku	$\Sigma\,9$
Kaiser-Wilhelm-Institut für Eisenforschung 1918 Aachen, ab 1921 Düsseldorf Heller, Waterkamp	$\Sigma\,2$
Aerodynamische Versuchsanstalt (Göttingen e. V.) der Kaiser-Wilhelm-Gesellschaft 1919-1924 1925-1937 verbunden mit dem KWI für Strömungsforschung 1937-1945 eigenständig Ginzel, Roth, Johanna Weber	jeweils keine $\Sigma\,3$
Kaiser-Wilhelm-Institut für Faserstoffchemie (Berlin) 1920-1934 Birstein, Dobry, Heidwig, Karger, Laski, Mendrzyk, Oberlies, Robe, Rona, Tolksdorf, Weindling	$\Sigma\,11$
Kaiser-Wilhelm-Institut für Metallforschung 1920-1933 in Babelsberg/Berlin, ab 1934 in Stuttgart Geiling, Stobbe	$\Sigma\,2$
Schlesisches Kohlenforschungsinstitut der Kaiser-Wilhelm-Gesellschaft (Breslau) 1922	keine
Kaiser-Wilhelm-Institut für Lederforschung (Dresden) 1922 Liebscher, Schuck, Steudel, Witte	$\Sigma\,4$

Deutsches Entomologisches Museum (Institut) der Kaiser-Wilhelm-Gesellschaft (Berlin) 1922	keine
Deutsche Forschungsanstalt für Psychiatrie (KWI) (München) 1924 Bülow, Gutmann, Hell, Idelberger, Juda, Krämer, Oparsky, Pasternak, Pruckner, Renken, Elsbeth Schröder, Vogel, Wellnhofer, Würtz	Σ 14
Vogelwarte Rossitten Radolfzell der Kaiser-Wilhelm-Gesellschaft 1924	keine
Biologische Station Lunz (Österreich) 1924	keine
Kaiser-Wilhelm-Insitut für Strömungsforschung (Göttingen) (bis 1937 verbunden mit der Aerodynamischen Versuchsanstalt der KWG) 1925 Görtler, Herbeck, Kreibohm, Lotz (Flügge-Lotz), Lu, Lyon	Σ 6
(Kaiser-Wilhelm-) Institut für ausländisches öffentliches Recht und Völkerrecht (Berlin) 1925 Auburtin, von Puttkamer, von Renvers, Riedler, Marguerite Wolff	Σ 5
Meteorologische Observatorien des „Sonnblick"-Vereins (Österreich) 1926	keine
(Kaiser-Wilhelm-) Institut für ausländisches und internationales Privatrecht (Berlin) 1926 Scherling	Σ 1
Forschungsstelle für Mikrobiologie der Kaiser-Wilhelm-Gesellschaft (São Paulo, Brasilien) 1926-1945	keine

Kaiser-Wilhelm-Institut für Silikatforschung (Berlin)
1926   Σ 18

Bendig, Darialaschwili, Floren, Heckter (Heckter-Straßmann), Heumann, Holzapfel, Kaissling, Kippert, Köppen, Kraft, Deodata Krüger, Gerda von Krüger, Oberlies, Rhode, Senftner, Spuhrmann, Tolksdorf, Voelker

Forschungs-Institut für Wasserbau und Wasserkraft e. V. der Kaiser-Wilhelm-Gesellschaft (München, Obernach)
1926/28   keine

Kaiser-Wilhelm-Institut für Anthropologie, menschliche Erblehre und Eugenik (Berlin)
1927-1945   Σ 20

Block, Brauns, Busse, Frede, Frischeisen-Köhler, Hauschild, Justin, Koblick, Lassen, Maas, Magnussen, Meyer-Heydenhagen, Ploetz-Radmann, Richter, Rohloff, Scheibe, Schmidt, Lore Schröder, Steffens, Erna Weber

Kaiser-Wilhelm-Institut für Züchtungsforschung (Müncheberg)
1928   Σ 6

Broemmelhuis, von Dellingshausen, du Bois-Reymond, Lydia Fischer, Koch, Lindschau

Kaiser-Wilhelm-Institut für medizinische Forschung (Heidelberg)
1929   Σ 20

Beyer, Brydowna, Curtius, von Czernucki, Dubuisson-Brouha, Gauhe, Isolde Hausser, Heckmann, Hirsch, Knoevenagel, Lieseberg, Linge, Lwoff, Reiss, Smakula, Gertrud Stein, Szpingier, Torres, Werner, Lotte Wolff

Kaiser-Wilhelm-Institut für Zellphysiologie (Berlin)
1931   Σ 1

Gerischer

Meteorologisches Institut in der Kaiser-Wilhelm-Gesellschaft (Danzig)
1933-1936   keine

Institut für Seenforschung und Seenbewirtschaftung in Langenargen e. V. 1936	keine
Limnologische Station Niederrhein (Krefeld) / seit 1940 **Anstalt zur Erforschung niederrheinischer Gewässer** (Limnologische Station der Kaiser-Wilhelm-Gesellschaft) 1937-1943	keine
Kaiser-Wilhelm-Insitut für Bastfaserforschung (Sorau, Märisch-Schönberg) 1938 Schönleber	Σ 1
Kaiser-Wilhelm-Institut für Biophysik (Frankfurt/M.) 1938	keine
Kaiser-Wilhelm-Institut für Tierzuchtforschung (Rostock, Dummerstorf) 1939/40 Frölich	Σ 1
Kaiser-Wilhelm-Institut für Rebenzüchtungsforschung (Müncheberg) 1942	keine
Kaiser-Wilhelm-Institut für Kulturpflanzenforschung (Wien, Tuttenhof) 1943 Kratochwil, Rechinger, Samonenko, Schiemann	Σ 4

Abkürzungen

AAC	Academic Assistant Council (vgl. S.P.S.L.)	Naturwiss. Fak.	Naturwissenschaftliche Fakultät
Abt.	Abteilung	Nat.-Math. Fak.	Naturwissenschaftlich-Mathematische Fakultät
AdW	Akademie der Wissenschaften	Phil. Fak.	Philosophische Fakultät
AdW der DDR	Akademie der Wissenschaften der DDR	Fam.	Familie
A.G.	Aktiengesellschaft	Fn	Fußnote
Amer. Math. Soc.	American Mathematical Society	F. R. S.	Fellow of the Royal Society (London)
a.o. Prof.	außerordentlicher Professor	FU	Freie Universität Berlin
apl. bzw. Apl. Prof.	außerplanmäßiger Professor	GB	Großbritannien
AV	Annette Vogt	geb.	geboren, geborene
Bayer. AdW	Bayerische Akademie der Wissenschaften	gef.	gefallen
		gest.	gestorben
BBAW	Berlin-Brandenburgische Akademie der Wissenschaften	h. c.	honoris causa (ehrenhalber)
		HU	Humboldt-Universität
Bd.	Band	HUB	Humboldt-Universität (zu) Berlin
BDM	Bund Deutscher Mädchen (NS-Organisation)	I. G.	Industriegesellschaft
		KGK	Kürschners Gelehrtenkalender
bzw.	beziehungsweise	KM	Korrespondierendes Mitglied (einer Akademie)
ca.	circa		
Centrum Judaicum	Stiftung Neue Synagoge Berlin - Centrum Judaicum, Berlin	Korr. Mitglied	Korrespondierendes Mitglied (einer Akademie)
ČSR	Tschechoslowakische Republik	Krs.	Kreis
DAW	Deutsche Akademie der Wissenschaften zu Berlin (später AdW der DDR)	KWG	Kaiser-Wilhelm-Gesellschaft
		KWI	Kaiser-Wilhelm-Institut
		KZ	Konzentrationslager
DFA	Deutsche Forschungsanstalt (für Psychiatrie), München	Ldw. Fak.	Landwirtschaftliche Fakultät
		Leopoldina	Deutsche Akademie der Naturforscher Leopoldina, Halle/S.
DFG	Deutsche Forschungsgemeinschaft		
DFG-Stip.	Stipendium/Stipendiat der DFG	Math.-Nat. Fak.	Mathematisch-Naturwissenschaftliche Fakultät
Dir.	Direktor		
Diss.	Dissertation	Med. Fak.	Medizinische Fakultät
Dr.	Doktor	MIT	Massachusetts Institute of Technology
ehem.	ehemals, ehemalig		
Eig. Mitteil.	Eigene Mitteilung	MPG	Max-Planck-Gesellschaft
emer.	emeritiert	MPG-Archiv	Archiv der Max-Planck-Gesellschaft, Berlin-Dahlem
Emer.	Emeritierung		
Fak.	Fakultät	MPI WG	Max-Planck-Institut für Wissenschaftsgeschichte, Berlin
Ldw. Fak.	Landwirtschaftliche Fakultät		
Math.-Nat. Fak.	Mathematisch-Naturwissenschaftliche Fakultät	MPI	Max-Planck-Institut
		MS	Manuskript (maschinengeschriebene Diss.)
Med. Fak.	Medizinische Fakultät		

Nat. Ac.	National Academy (USA)	Prof.	Professor
Nat.-Math. Fak.	Naturwissenschaftlich-Mathematische Fakultät	a.o. Prof.	außerordentlicher Professor
		apl. bzw. Apl. Prof.	außerplanmäßiger Professor
Naturwiss. Fak.	Naturwissenschaftliche Fakultät	n.b.a.o. Prof.	nichtbeamteter außerordentlicher Professor
n.b.a.o. Prof.	nichtbeamteter außerordentlicher Professor	ord. Prof.	ordentlicher Professor
NDB	Neue Deutsche Biographie	Prom.	Promotion
NKWD	russische Abkürzung für „Volkskommissariat des Inneren", die sowjetische Geheimpolizei	PTR	Physikalisch-Technische Reichsanstalt
		publ.	publiziert
		Publ.	Publikation(en)
NL	Nachlaß	SMAD	Sowjetische Militäradministration in Deutschland
NS	Nationalsozialismus, nationalsozialistisch(e)		
		sogen.	sogenannt(e,er)
NSDAP	Nationalsozialistische Deutsche Arbeiterpartei	S.P.S.L.	Society for the Protection of Science and Learning (ab 1936, vorher AAC, London)
NSLB	Nationalsozialistischer Lehrerbund		
Notgemeinschaft	Notgemeinschaft der Deutschen Wissenschaft (die spätere DFG)	TH	Technische Hochschule
		TU	Technische Universität
OM	Ordentliches Mitglied (einer Akademie)	u. a.	unter anderem
		UdSSR	Union der Sozialistischen Sowjetrepubliken (auch Sowjetunion)
ÖAW	Österreichische Akademie der Wissenschaften		
		UDozent	Universitätsdozent (früher PD)
ord. Prof.	ordentlicher Professor	Univ.	Universität, University
PA	Personalakte	USA	United States of America
Pagin.	Paginierung (Blatt-Paginierung)	verh.	verheiratet, verheiratete
PD	Privatdozent	Veröff.	Veröffentlichung
Ph. D.	Philosophical degree, vgl. den deutschen Dr.	vgl.	vergleiche
		Wiss., wiss.	wissenschaftlich, wissenschaftliche(r)
Phil. Fak.	Philosophische Fakultät	Z.	Zeitschrift

Abbildungsnachweise

Wenn nicht anders angegeben, stammen alle Fotos/Abbildungen aus dem Archiv der MPG, VI. Abt. Das Foto von Marthe Vogt stammt aus dem Archiv der BBAW.

Weitere Abbildungen in: Gedenkbuch KWG (2008); Bischof (1998), S. 23; Ludwig-Körner (1999), S. 49; Krafft (1981), S. 65; Jaeger (1996), S. 228; Vogel-Prandtl (1993); Fox-Keller (1983), S. 131; Scherb (2002), S. 133; Biewer (2000); Heinroth (1979); Willstätter (1949); Fellmeth/Hosseinzadeh (1998), S. 207; Tobies (1997), S. 252.

VERZEICHNIS DER WISSENSCHAFTLERINNEN

A

Aksianzew-Malkin, S.
verh.
Dr., Biologie
Staatsbürgerschaft UdSSR

Von 1932 bis 1933 wiss. Gast im Kaiser-Wilhelm-Institut für Biologie, Berlin-Dahlem, in der Abteilung Richard Goldschmidt, aber bei Tibor Péterfi. – Aus Kazan (UdSSR).

Quelle: Naturwissenschaften, Bd. 21/1933, S. 438 (Gast).

Alper, Tikvah
verh.
geb. 22.1.1909 Wynberg (Südafrika)
gest. 2.2.1995 Salisbury bei Southhampton (Großbritannien)
Physik, Radiobiologie
Staatsbürgerschaft Südafrika, seit 1951 Großbritannien

Als jüngste von vier Töchtern in einer Emigrantenfamilie (aus Rußland) geboren. – Besuch der Durban Girls High School, mit 15 Jahren Abitur; damit Stipendium für Besuch der Capetown University gewonnen. – 1924–1929 Studium der Mathematik und Physik an der Capetown University, 1929 Abschluß (MA) in Physik; Dank des „Porter Scholarship" zur weiteren Ausbildung nach Berlin. – Von Oktober 1930 bis 1932 wiss. Gast im Kaiser-Wilhelm-Institut für Chemie, Berlin-Dahlem, in der Abteilung Lise Meitner. – 1933 die „British Association Junior Medal" für die 1932 in der Z. für Physik (76 (1932) 172) publizierte Arbeit. – Bei Rückkehr nach Südafrika Lektorenstelle an der Universität, die sie wegen ihrer Heirat aufgeben mußte. – Seit 1932 verh. mit Dr. Max Sterne (1906–1994), Bakteriologe und später Direktor eines Laboratoriums der Wellcome Laboratories Beckenham; behielt Mädchennamen bei; Geburt der Söhne Jonathan (1935) und Michael (1936). Partiell Arbeit mit ihrem Mann im privaten

Laboratorium. – 1946–1947 in England, wo ihr Mann zu einem Gastaufenthalt war, sie leistete unbezahlte Forschungen im Gray Laboratory des Hammersmith Hospital London und in Cambridge bei Douglas Lea, u. a. zur Bestrahlung von Phagen. – 1947–1951 Leiterin der Abteilung Biophysik am neuen National Physics Laboratory in Südafrika; Ausscheiden aus politischen Gründen, Protest gegen die Apartheid-Politik und Weggang nach Großbritannien. – Seit 1951 in den MRC Radiobiology Laboratories im Hammersmith Hospital in London arbeitend, zuerst unbezahlter research fellow, ab 1953 als wissenschaftliche Mitarbeiterin, 1962–1974 hier Direktorin eines Laboratoriums; 1974–1977 Senior Advisor am Gray Laboratory. In den 1970er Jahren Umzug nach Salisbury bei Southhampton. – 1979 erschien in Cambridge ihr Buch „Cellular Radiobiology". T. Alper publizierte über 150 Artikel, darunter 24 Beiträge im Journal „Nature", und arbeitete zur Radiobiologie und zu radiotherapeutischen Verfahren bei Krebserkrankungen sowie zur Strahlengenetik. Drei Generationen britischer Radiobiologen wurden von ihr geprägt. Ihre Arbeit zur besonderen Resistenz des Scrapie-Erregers (1966) erhielt mit den Forschungen zur BSE-Krankheit neue Aktualität.

Nachrufe: Hornsey, Shirley: Obituary Tikvah Alper. A passion for science. In: Guardian, 22.2.1995. – Fowler, Jack. In memoriam Tikvah Alper 1909–1995. In: Radiation Research, Apr. 1995, 142 (1.), pp. 110-112. – Hornsey, S., and J. Denekamp: Tikvah Alper: an indomitable spirit, 22.1.1909 – 2.2.1995. In: Intern. J. Radiation Biology, vol. 71, No. 6 (1997), pp. 631-642; Bibliographie pp. 638-642; Foto p. 632.

Quellen: MPG-Archiv: I, 11, Nr. 351 (Personallisten, hier: Okt. 1930-Febr. 1932). III, 14, Nr. 6895 (Brief Lise Meitners an Otto Hahn, 6.4.1930). – Naturwissenschaften, Bd. 20/1932, S. 446; Bd. 21/1933, S. 432 (Publ. in Z. f. Physik 76 (1932), 172). – Churchill College Archive, Cambridge: Meitner-Nachlaß (Brief T. Alper an L. Meitner, 1946; L. Meitner an Otto Robert Frisch, 6.9.1956.) – Ruth Lewin Sime (1996), p. 406 und p. 429.

Fotos: Fowler (1995), p. 110. – Hornsey/Denekamp (1997), p. 632.

Angern, Olga
geb. 5.6.1895 Königsberg
Dr., Chemie

Studium der Physik und Chemie an den Universitäten Bonn (1916/17), Rostock (1918–1920), Karlsruhe (1920–1922) und Bonn 1922. – Prom. am 23.6.1923 Universität Bonn: „Über Neutralsalzverbindungen der Aminosäuren und Polypeptide in festem und gelöstem

Zustand" (108 S.) bei Paul Pfeiffer. – Vom 30.4.1941 bis mindestens 1942 Mitarbeiterin im Kaiser-Wilhelm-Institut für Physik, Berlin-Dahlem.

Quellen: MPG-Archiv: I, 1A, Nr. 541/2. I, 34, Nr. 14, Nr. 20 (Teilnahme am Betriebsausflug 10.7.1941) u. Nr. 25 (Versicherungslisten). – Boedeker (1935/39). – Auskunft Archiv der Universität Bonn. – Lemmerich (1998), S. 139 (Brief an Lise Meitner, 23.9.1941).

Auburtin, Angèle
geb. 24.6.1899 (Berlin-) Schöneberg
gest. 15.8.1954 Düsseldorf
Dr. rer. pol. (Staatswissenschaften), Dr. jur.; Referatsleiterin im Kaiser-Wilhelm-Institut, Oberregierungsrätin

Nach dem Besuch eines Lyzeums und der Chamissoschule in (Berlin-) Schöneberg hier 1919 Reifezeugnis. 1919–1921 zunächst Studium der Philosophie, Germanistik, Geschichte und Kunstgeschichte an der Universität Berlin, ab Sommersemester 1921 der Staats- und Rechtswissenschaften. – Prom. Phil. Fak. Universität Berlin am 25.6.1925: „Die Begründung der katholischen Caritas seit der Mitte des 19. Jahrhunderts. Eine entwicklungsgeschichtliche Studie", bei Ignatz Jastrow, Ludwig Bernhard. – 1925–1926 Arbeit in verschiedenen Ämtern und Dienststellen als Praktikantin, um Einblicke in die soziale Arbeit zu gewinnen: bei dem Landesberufsamt Berlin, im Jugendamt Berlin-Mitte, im Katholischen Caritasverband und in der Frauenhilfsstelle des Berliner Polizeipräsidiums. – Dank eines Stipendiums des Akademischen Austauschdienstes 1926/27 am berühmten Women College Bryn Mawr (USA). Danach Fortsetzung ihrer Studie über amerikanisches Staatsrecht mit einem Stipendium der Notgemeinschaft der Deutschen Wissenschaft. – Von April 1929 bis 1945 Assistentin, 1933 Beförderung zur Referentin (Mitarbeiterin), im Kaiser-Wilhelm-Institut für ausländisches öffentliches Recht und Völkerrecht, Berlin-Mitte. – 1930/1931 für einen zehnmonatigen Aufenthalt an der Yale Law School (USA) beurlaubt, wo sie als Assistentin von Prof. Borchard an der Neubearbeitung des von der amerikanischen Kongreßbibliothek herausgegebenen „Guide to the Law and Legal Literature of Germany" beteiligt war. – Prom. zum Dr. jur. 1933 an der Universität Halle/S. mit der Arbeit „Die Ausgabenkontrolle durch Steuerzahlerklagen, ein Beitrag zum Problem der Verwaltungskontrolle und der Rechtsstellung des Individuums zum Staat in den Vereinigten Staaten"; daraufhin Beförderung zur Referentin am Institut. Zuletzt Leiterin des Referats für amerikanisches Staats- und Verwaltungsrecht sowie für katholisches Kirchenrecht; 1944 bis Mai 1945 stellvertretende Leiterin der Hauptausweichstelle des Instituts in Kleisthöhe (Uckermark) und Verwalterin der Zweigstelle. – Flucht vor der Roten Armee und vorübergehender Aufenthalt in Holm-Seppensen, Kreis Harburg. – Vom 23.1.1946 bis 30.4.1953 (Versetzung in den Ruhestand) im Dienst des Landes Nordrhein-Westfalen, zuerst im Oberpräsidium der Nord-Rheinprovinz, später in der Abteilung Kultur des Landes, zuständig für Universitäten und kirchliche Angelegenheiten; ab Oktober 1946 als Oberregierungsrätin, ab Januar 1947 als Beamtin auf Lebenszeit.

Quellen: MPG-Archiv: I, 1A, Nr. 1082/23 (Umfrage in der KWG, 4.2.1933, hier: „Frl. Dr. A. (aus Preußen)"). – Archiv HUB: Phil. Fak. Nr. 1150, Bl. 1-8. – Landesarchiv Nordrhein-Westfalen, Hauptstaatsarchiv Düsseldorf: HSA-PE, Nr. 2204, u. a. Lebenslauf 1946.

Auerbach, Charlotte
geb. 14.5.1899 Krefeld
gest. 17.3.1994 Edinburgh (Schottland)
Ph. D., Prof., Genetik; Fellow of the Royal Society London (1957)

Studium der Zoologie und Botanik an den Universitäten Berlin, Würzburg und Freiburg i. Br. 1924 Lehrer-Staatsexamen. – Privatlehrerin bzw. Lehrerin an verschiedenen Gymnasien, u. a. in Berlin. – 1928–1929 bzw. 1931–1933 Stipendiatin im Kaiser-Wilhelm-Institut für Biologie, Berlin-Dahlem, in der Abteilung Otto Mangold. – Auf Grund der NS-Gesetzgebung im April 1933 als Lehrerin entlassen und sofortige Emigration nach Großbritannien. Verschiedene Stipendien und Forschungs-Tätigkeit an der University of Edinburgh. – 1935 Ph. D. University of Edinburgh, bei Hermann J. Muller. – Am Institute of Animal Genetics der University Edinburgh: 1947 Lecturer, 1957 Reader, 1967 Professor. 1959–1969 Leiterin der Abteilung für Mutationsforschung des Medical Research Council. – Entdeckte 1941 mit J. M. Robson die mutagene Wirkung von Chemikalien (publ. 1946). – 1969 Festschrift der Zeitschrift „Mutation Research".

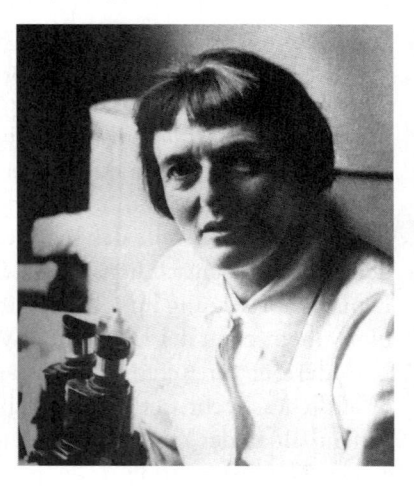

Ehrungen: 1957 Fellow of the Royal Society; Mitglied der National Academy of Sciences USA; Personal Chair of the Edinburgh University.

Nachruf: Beale, Geoffrey H.: Charlotte Auerbach. 14 May 1899 – 17 March 1994. Elected F.R.S. 1957. In: Biographical Memoirs of Fellows of the Royal Society. 1995, Vol. 41, pp. 20-42, hier Publikationsliste.

Quellen: Archive S.P.S.L., Oxford: 466/3, pp. 239-264. – Biographisches Handbuch der ... Emigration, Vol. II, Part 1, p. 39. – Publikationsliste in: Beale (1995).

Sekundärliteratur: Deichmann (1993a), S. 32-33. – Mason (1995), pp. 125-140. – Kilbey (1995), pp. 1-5. – Roach/Scott (1997), pp. 25-29, Bibliography p. 28-29. – Jahn (1998), S. 768 (Kurzbiographie von AV). – Vogt (1999a), S. 54-59. – Ogilvie/Harvey (2000), Vol. 1, pp. 59-60. – Vogt (2007).

Fotos: Deichmann (1993a), S. 33. – Beale (1995), p. 21. – Gedenkbuch KWG (2008), Abb. 1, S. 385.

B

Beger, Erna
geb. 3.8.1898 Breisach/Baden
Dr., Chemie

Prom. 1923 Math.-Nat. Fakultät Universität Göttingen, „Kolloidchemische Untersuchungen an Benzidinfarbstoffen" (49 S.). – Mindestens 1936 Mitarbeiterin im Kaiser-Wilhelm-Institut für physikalische Chemie und Elektrochemie, Berlin-Dahlem.

Quellen: MPG-Archiv: I, 1A, Nr. 541/5, Bl. 94. – Boedeker (1935/39). – Auskunft Archiv Universität Göttingen.

Beleites, Ilse
verh. Sell-Beleites
geb. 12.4.1911 Berlin
gest. 1944
Dr. rer. nat., Genetik

Von 1917 bis 1929 Besuch der Schule und Reifeprüfung. – Ab Wintersemester 1933/34 Gasthörerin und 1934–1938 Studium der Zoologie, Vererbungswissenschaft und Anthropologie an der Universität Berlin sowie an der TH Berlin. – Prom. am 5.7.1939 Universität Berlin: „Untersuchungen zur Mutationsauslösung durch Alphateilchen", bei Nikolaj V. Timoféeff-Ressovsky, Friedrich Seidel. Publ. in: Fundamenta Radiologica, Bd. 5, Heft 3-4 (1939), S. 142-152. – 1938–1939 Doktorandin im Kaiser-Wilhelm-Institut für Hirnforschung, Berlin-Buch, in der Genetischen Abteilung von Nikolaj V. Timoféeff-Ressovsky; mindestens 1941/42 hier Stipendiatin der DFG. – Familie Beleites leistete Widerstand durch Hilfe für Verfolgte: Vater (Landrichter) Ernst (1872–1946) half verfolgten Kollegen, Mutter Maria-Magdalena verbarg untergetauchte Juden (die Richter Cohn, Königsberger u. a.), und Tochter Ilse half Verfolgten, indem sie illegal Juden in ihrem Haushalt beschäftigte. – Seit 1941 verh. mit Dipl.-Ing. Herbert Sell (geb. 1902), 2 Söhne; seit 1943 getrennt lebend.

Quellen: Archiv HUB: Math.-Nat. Fak. Nr. 148, Bl. 26-42. – Naturwissenschaften, Bd. 27/1939, S. 361 (Publ. der Diss. angezeigt). – Landesarchiv Berlin: B Rep. 078, Zugangs-Nr. 6026, UH 910. M009, R 164 (5 Blatt), Auskunft B. Welzing-Bräutigam (10.10.2007).

Sekundärliteratur: Grossmann (1961), S. 65-68. – Deichmann (1992), S. 76, 150, 343. – Vogt (2007), S. 304, 401, 410.

Bendig, Maximiliana
geb. 18.7.1898 Berlin
Dr., Chemie; Laborleiterin im Kaiser-Wilhelm-Institut für Silikatforschung

Von 1905 bis 1919 Besuch der Königlichen Augusta-Schule in Berlin, hier 1919 Abitur. – Von Sommersemester 1919 bis 1924 Studium der Chemie, Physik und Technologie an den Universitäten Marburg, Greifswald (je 1 Semester) und Berlin. – Im Januar 1922 hier anorganisches Verbandsexamen, im Juni 1922 organisches Verbandsexamen. – Prom. am 23.2.1925 Universität Berlin: „Über die Verbindungen des vierwertigen Cers", bei Arthur Rosenheim, Alfred Stock. – 1925–1927/28 mit einem Stipendium im Chemischen Institut der Universität Berlin. – Vom 1.1.1927 bis zum 15.5.1936 Mitarbeiterin in der analytischen Abteilung im Kaiser-Wilhelm-Institut für Silikatforschung, Berlin-Dahlem, von ca. 1928 bis 1933/34 hier Leiterin des mineralanalytischen Laboratoriums; Ausscheiden (aus Finanzgründen) zum 15.5.1936 und Wechsel „an ein anderes Institut" (Eitel 1936).

Quellen: Archiv HUB: Phil. Fak. Nr. 629, Bl. 20-27. – MPG-Archiv: I, 42, Nr. 175 (Personalbogen, 1927–1936; darin Briefe von Bendig an Eitel). I, 1A, Nr. 2293/3, Bl. 103 (Eitel, Bericht zum 9.3.1928), Nr. 2293/4, Bl. 121-122 (Eitel, zum 12.3.1929), Nr. 2293/6, Bl. 153 (Eitel, zum 23.6.1930), Nr. 2294/4, Bl. 50 (Eitel, zum 20.4.1934), Nr. 2298/6, Bl. 107 (Eitel an Telschow, 9.5.1936) u. 108. – Handbuch KWG, 1928, S. 190. – Handbuch KWG, 1936, Bd. 1, S. 169.

Berkman(n), Sophie
Physikalische Chemie

Mindestens 1927/28 Mitarbeiterin im Kaiser-Wilhelm-Institut für physikalische Chemie und Elektrochemie, Berlin-Dahlem.

Patent: Berkmann, Sophie (Kaiser-Wilhelm-Institut für Physik. Chemie). Patent-Nr. 529625(12n,1)3291. Verfahren zur Darstellung von schutzkolloid- und elektrolytfreien, hochkonzentrierten und beständigen Metallsolen. 26.7.27.–A3291 (1931).

Quellen: Naturwissenschaften, Bd. 16/1928, S. 441 (2 Publ. angezeigt). – Patent-Datei Hartung.

Bernert, Traude (Gertrud, Trude)
geb. Tauschinski
verh. Bernert, verh. Cless
geb. 27.6.1915 Wien
gest. 20.2.1998 Wartmannstetten
Dr., Physik
Staatsbürgerschaft Österreich

1933 Matura in Wien. – Zuerst Studium der Architektur an der TH Wien, ab 1934 an der Universität Wien Studium der Physik und Mathematik, 1 Semester an der Universität Leipzig. – Prom. am 12.7.1939 Universität Wien: „Absorptionsspektrum und Farbton", bei Eduard Haschek, Egon v. Schweidler, angefertigt am Radiuminstitut Wien bei G. Ortner. – 1940 Heirat, 1 Sohn. – Weiter Volontärin am Radiuminstitut Wien, bei Berta Karlik (1904–1990); Zusammenarbeit beider beim Nachweis des Elements 85 (Astat). – Vom 28.9.1942 bis Ende 1942 wiss. Gast im Kaiser-Wilhelm-Institut für Chemie, Berlin-Dahlem, in der Abteilung Josef Mattauch. – 1943–1947 am Radiuminstitut in Wien, Mitarbeiterin Berta Karliks. Später am Forschungszentrum Seibersdorf. – 1961 zweite Ehe mit Dipl.-Ing. F. Cless.

Quellen: MPG-Archiv: I, 11, Nr. 351 (Personallisten, hier: 28.9.1942). III, 14, Nr. 268, Nr. 572 u. Nr. 2004 (Briefwechsel Hahn – Bernert bzw. Hahn – Cless u. Hahn – Karlik). III, 28, Nr. 22-12 (Briefwechsel Bernert – Mattauch, 1942–1947).

Sekundärliteratur: Bischof (1998), S. 29-30. – Keintzel/Korotin (2002), S. 113.

Fotos: Bischof (1998), S. 29 und S. 23. – Keintzel/Korotin (2002), S. 113.

Beyer, Rose
Dr., Medizin

Seit 1.10.1941 Mitarbeiterin im Kaiser-Wilhelm-Institut für medizinische Forschung, Heidelberg, im ehem. Institut für Physiologie von Otto Meyerhof, Gehalt aus Spendensumme.

Quelle: MPG-Archiv: I, 1A, Nr. 540/3.

Birstein, Vera
geb. 14.10.1898 Brest (Rußland)
Dr., Chemie, Physikalische Chemie
Staatsbürgerschaft UdSSR (Rußland)

Von 1917 bis 1921 Studium der Naturwissenschaften (8 Semester) an der Universität St. Petersburg. – Ab 1922/23 in Berlin. 1923 Fortsetzung des Studiums der Chemie, Physik und Technologie an der Universität Berlin. – Prom. am 12.10.1926 Universität Berlin: „Untersuchungen über Koagulation und Adsorption in Solen" (Dresden 1926, 24 S.), bei Herbert Freundlich, Max Bodenstein, angefertigt am Kaiser-Wilhelm-Institut für physikalische Chemie und Elektrochemie. – Von 1923 bis ca. 1930/32 Mitarbeiterin im Kaiser-Wilhelm-Institut für physikalische Chemie und Elektrochemie, Berlin-Dahlem, in der Abteilung Herbert Freundlich, erst Doktorandin, dann „sonstige Mitarbeiterin". – 1932/33 wiss. Gast im Kaiser-Wilhelm-Institut für Faserstoffchemie, Berlin-Dahlem; erzwungenes Ausscheiden im Frühjahr 1933, u. a. Denunziation gegen sie.

Quellen: Archiv HUB: Phil. Fak. Nr. 645, Bl. 365-390. – MPG-Archiv: I, 1A, Nr. 535/3; Bl. 33 (R. O. Herzog, Mai 1933, zu ihrer Verteidigung, gegen die Denunziation). – Naturwissenschaften, Bd. 18/1930, S. 499-500 (5 Publ. angezeigt, Hans Zocher u. Vera Birstein). – Handbuch KWG, 1928, S. 179. – Centrum Judaicum (Auskunft 4.2.1999 über Ereignis 1925).

Foto: Gedenkbuch KWG (2008), Abb. 7, S. 391.

Block, Liselotte (Lieselotte)
geb. 2.8.1918 Berlin
Dr. rer. nat., Anthropologie, Zoologie; Professor(in)

Besuch der Städtischen Oberschule in Berlin, hier 1938 Reifeprüfung. 1938–1939 am Institut für Bodenkunde der Universität Berlin gearbeitet. Ab April 1939 Arbeitsdienst in Krojanke, Kreis Flatow. – 1939–1942 Studium der Anthropologie, Zoologie und Völkerkunde an der Universität Berlin. – Prom. am 29.6.1943 Universität Berlin: „Ueber die Hautfelderung auf dem Handrücken und dem übrigen Körper", bei Eugen Fischer, Wolfgang Abel, angefertigt am Kaiser-Wilhelm-Institut für Anthropologie, menschliche Erblehre und Eugenik. Publ. in: Z. f. Morphologie u. Anthropologie 1943, Bd. XLI, Heft 2, S. 1-25. – Von 1941/42 bis 1943 Doktorandin im Kaiser-Wilhelm-Institut für Anthropologie, menschliche Erblehre und Eugenik, Berlin-Dahlem. – Ab Okt. 1943 Assistentin bei Wolfgang Abel. – Habilitation an der TU Berlin 1945. – 1945–1983 Mitarbeiterin an der TU Berlin, als Lehrbeauftragte und Assistentin, ab 1963/64 als Oberassistentin, ab 1970/71 als Wissenschaftlicher Rat und Professor(in); der Lehrstuhl, zu dem sie gehörte, wechselte zwischen 1962 und 1972 mehrfach die Bezeichnung, auch die Zuordnung zu den Fakultäten und Fachbereichen veränderte sich mehrfach. 1963/64 lautete ihr Lehrauftrag noch „Rassen- und Völkerkunde", ab 1971/72 „Anthropologie". 1977/78–1979/80 Stellvertretende Geschäftsführende Direktorin des „Instituts für Sozialwissenschaft", der Posten des Direktors blieb bis 1980/81 unbesetzt. Am 30.9.1983 Eintritt in den Ruhestand.

Quellen: Archiv HUB: Math.-Nat. Fak. Nr. 188, Bl. 1-16. – Lösch (1997), S. 485, S. 563. – Universitätsarchiv der TU Berlin, Auskunft Claudia Schülzky (1.10.2007). – MPG-Archiv: III, 86A, Nr. 185 (O. v. Verschuer an L. Block, 7.1.1966, Dank für Grüße).

Bluhm, Agnes
geb. 9.1.1862 Konstantinopel
gest. 9.11.1943 Heilstätte Sommerfeld (bei Berlin, Ruppiner Land)
Dr. med., Medizin, Biologie

Von 1884 bis 1889 Medizin-Studium in der Schweiz. – 1890 Prom. Universität Zürich. – 1890–1905 private Arztpraxis (Gynäkologie) in Berlin, Nähe Nollendorfplatz (als dritte Ärztin in Berlin nach Franziska Tiburtius und Emilie Lehmann). – Aus gesundheitlichen Gründen (Schwerhörigkeit) Aufgabe der Praxis (1900/01 Tbc-Behandlung) und private Forschungen sowie Publikationstätigkeit und Mitarbeit in verschiedenen Vereinen, u. a. im 1905 gegründeten „Bund für Mutterschutz" und vor allem in der 1905 gegründeten „Berliner Gesellschaft für Rassenhygiene", der späteren „Deutschen Gesellschaft für Rassenhygiene", deren Vorstandsmitglied sie noch 1932 war. Mit Alfred Ploetz

(1860–1940) und Ernst Rüdin (1874–1952) bekannte Vertreterin der Rassenhygiene in Deutschland; zur NS-Rassengesetzgebung äußerte sie sich nie negativ. – Von 1919 bis 30.9.1941 wiss. Gast („ständiger Gast") im Kaiser-Wilhelm-Institut für Biologie, Berlin-Dahlem, zuerst in der Abteilung Carl Correns, dann in der von Fritz v. Wettstein. Experimentelle Arbeiten zum Nachweis der keimschädigenden Wirkung von Alkohol bei Mäusen.

Ehrungen: 2.7.1931 Silberne Leibniz-Medaille der Preußischen Akademie der Wissenschaften Berlin (für ihre Untersuchungen zur Auswirkung des Alkohols), als zweite Frau; 1940, als erste Frau, „Goethe-Medaille für Kunst und Wissenschaft".

Autobiographische Skizze: Bluhm, Agnes. Erinnerungen. Dank an meine Studienzeit. In: Die Ärztin 17 (1941), Heft 11, S. 527-535.

Nachruf: Nachtsheim, Hans: Agnes Bluhm †. In: Der Erbarzt. 12 (1944), Heft 1/2 (Jan./Febr.).

Quellen: MPG-Archiv: I, 1A, Nr. 1539 (Notiz für v. Wettstein über Bluhm). IX, 1, Mappen 1-11. – Handbuch KWG, 1928, S. 195. – Handbuch KWG, 1936, Bd. 1, S. 174. – Naturwissenschaften, Bd. 12/1924 bis 27/1939. – Jahrbuch der MPG, 1961, Teil II, S. 112 + S. 123. – Churchill College Archive, Cambridge: Meitner-Nachlaß, MTNR 5/1 (2 Postkarten von Bluhm an Meitner, 26.2.1929 und 4.12.1938). – Archiv BBAW: II-X,7, Band 4 (1929–1931), Bl. 72ff. (zur Verleihung der Silbernen Leibniz-Medaille). – American Phil. Society, Philadelphia: L. C. Dunn Papers (Brief von A. Bluhm, 12.10.1933 (2 S.), Bitte um Unterstützung und Hilfe für G. v. Ubisch).

Sekundärliteratur: Just (1941), S. 516-526. – Biographische Skizzen von: Kotzur (1990), Ludwig (1994), Siebertz (1992, falsches Todesjahr) und Vogt (1997c), S. 122-130. – Hartkopf (1992), S. 430. – Lehnert (1996), S. 59. – Weber (1993). – Bleker/Schleiermacher (2000), u. a. S. 237. – Ogilvie/Harvey (2000), Vol. 1, pp. 149-150.

Fotos: MPG-Archiv, VI. Abt., 1. – Brinkschulte (1994), S. 85.

Bohne, Irmgard (Irma)
verh. Weber
geb. 7.7.1914 St. Petersburg
Chemie

Nach Schulbesuch 1931–1933 Ausbildung an der Städtischen höheren Fachschule für Textil- und Bekleidungsindustrie in Berlin, in der Abteilung Chemikotechnikerschule. – Ihre Bewerbung (18.4.1933) am Kaiser-Wilhelm-Institut für Silikatforschung wurde abgelehnt. – Vom 1.10.1936 bis 31.5.1940 Laborantin (Chemotechnikerin) im Kaiser-Wilhelm-Institut für Chemie, Berlin-Dahlem, in der Abteilung Otto Hahn. – 1938/1939 an den Versuchen von Lise Meitner, Otto Hahn und Fritz Straßmannn zur Entdeckung der Kernspaltung beteiligt (vgl. Dank in den Veröffentlichungen).

Quellen: MPG-Archiv: I, 42, Nr. 181 (Personalia). I, 11, Nr. 351 (Personallisten, hier: 1.10.1936 – 31.5.1940). – Naturwissenschaften, Bd. 27/1939, S. 15, S. 95 und S. 164. – Krafft (1981).

Bramson, Susanne
geb. 27.1.1899 Greifswald
Physik

Von ca. 1924 bis 1930 als Doktorandin (?) im Kaiser-Wilhelm-Institut für Chemie, Berlin-Dahlem, in der Physikalisch-radioaktiven Abteilung von Lise Meitner.

Quellen: MPG-Archiv: I, 11, Nr. 351 (Personallisten). – Naturwissenschaften, Bd. 19/1931, S. 546 (Verweis auf Publ. in Z. f. Physik 66 (1931), 21.) – Churchill College Archive, Cambridge: Meitner-Nachlaß, MTNR 5/10, Mappe 8 (L. Meitner an Herrn Knipp, 20.11.1936, über Arbeit von Frl. Bramson).

Brand, Vera Freifrau von *siehe* **Senftner**

Brauer, Ilse *siehe* **Karger**

Brauns, Luise
geb. 23.4.1907 Beber (Hannover)
Dr., Anthropologie

Besuch des Lyzeums in Hameln, danach des Oberlyzeums Hannover, hier Ostern 1928 Reifeprüfung. – Ab 1928 Studium der Biologie und Chemie, Anthropologie, Zoologie und Völkerkunde an den Universitäten Freiburg i. Br. (1 Semester) und Berlin. – Prom. am 17.10.1934 Universität Berlin: „Studien an Zwillingen im Säuglings- und Kleinkindesalter. Ein Beitrag zur Zwillingsbiologie", bei Eugen Fischer, Richard Hesse, angefertigt am Kaiser-Wilhelm-Institut für Anthropologie, menschliche Erblehre und Eugenik. Publ. in: Zeitschrift für Kinderforschung, Bd. 43, Heft 2, S. 86-129. – Von 1933 bis 1934 Doktorandin im Kaiser-Wilhelm-Institut für Anthropologie, menschliche Erblehre und Eugenik, Berlin-Dahlem.

Quellen: Archiv HUB: Phil. Fak. Nr. 763, Bl. 56-76. – Lösch (1997), S. 563.

Brauns, Luise
geb. 23.4.1907 Bebra

Vom 1.4.1943 bis (?) wiss. Assistentin im Kaiser-Wilhelm-Institut für Chemie, Berlin-Dahlem, in der Abteilung Kurt Hess.

Quelle: MPG-Archiv: I, 11, Nr. 351 (Personallisten).

(Vermutlich identisch mit der oben genannten Luise Brauns.)

Broemmelhuis (Brömmelhuis), Maria
Dr., Biologie

1936 im Kaiser-Wilhelm-Institut für Züchtungsforschung, Müncheberg/Mark, im „Akademischen Arbeitsdienst". – 1939 Assistentin an der Universität Berlin im Institut für Vorratspflege an der Landwirtschaftlichen Fakultät.

Quellen: Handbuch KWG, 1936, Bd. 1, S. 175. – Auskunft Heide Reinsch (24.2.1999).

Bruch, Margarete *siehe* **Willstätter**

Brüning, Elisabeth
geb. 20.1.1909 Gelsenkirchen
Dr., Arbeitsphysiologie

Vom 16.4.1936 bis 31.12.1938 (aufgehört bereits am 28.11.1938) Assistentin im Kaiser-Wilhelm-Institut für Arbeitsphysiologie, Dortmund.

Quellen: MPG-Archiv: I, 4, Nr. 97 (Personallisten, Nr. 200). I, 4, Nr. 289 (Personaliabuch, S. 20, Nr. 200).

Brunner, Leonore *siehe* **Gerhardt**

Brydowna, Wanda
Privatdozent(in), Chemie
Staatsbürgerschaft Polen

Von 1935 bis 1936/37 wiss. Gast im Kaiser-Wilhelm-Institut für medizinische Forschung, Heidelberg, im Institut für Chemie bei Richard Kuhn. – Mehrere Veröffentlichungen in Deutschland.

Quelle: Naturwissenschaften, Bd. 24/1936, S. 42 (Kuhn, Hausser, Brydowna. In: Berichte DChGes. 68 (1935), 2386-2388).

Bülow, Margarete
geb. 18.4.1902 Anklam
gest. 30.8.1981 Köln
Dr., Chemie

Von 1908 bis 1918 höhere Mädchenschule in Waren/Mecklenburg.– 1918–1921 realgymnasiale Kurse an der Studienanstalt in Schwerin. – Ab 1922 Studium der Chemie an den Universitäten Göttingen, ab Herbst 1923 Freiburg i. Br., ab 1926 München, hier Arbeit an Dissertation. – Prom. 1928 Universität München: „Über das Flügelpigment der Pieriden" (47 S.), angefertigt bei Heinrich Wieland. – Von 1928/29 bis 1936 in der Deutschen Forschungsanstalt für Psychiatrie (Kaiser-Wilhelm-Institut), München, bis 1935 als Assistentin in der chemischen Abteilung von Irvine H. Page (1901–1991), 1935–1936 Assistentin in der

Serologischen Abteilung von Felix Plaut. – Vom 16.4.1936 bis zum 1.5.1967 (bis zur Pensionierung) Arbeit im Forschungs-Laboratorium der Tropon-Werke in Köln.

Quellen: Lebenslauf in der Dissertation. – Boedeker (1935/39). – MPG-Archiv: I, 1A, Nr. 1082/22, Bl. 24R (Umfrage in der KWG, 4.2.1933). – Handbuch KWG, 1936, Bd. 1, S. 192. – Verweise auf Publikationen Page/Bülow in: Naturwissenschaften, Bd. 20/1932, S. 443, Bd. 21/1933, S. 452, Bd. 22/1934, S. 373 Bd. 23/1935, S. 446; Plaut/Bülow in: Naturwissenschaften, Bd. 23/1935, S. 771, Bd. 24/1936, S. 45. – Brief der Tropon-Werke Köln, Frau Mertens, 15.3.1999. – Oxford, privates Pasternak-Archiv (Briefwechsel zwischen Lydia Pasternak und Margarete Bülow).

Sekundärliteratur: Stern (1954), S. 151, 154. – Vogt (2005), S. 328-329, 331-333, 343.

Bullmann, Marie
Bakteriologie

Im Mai 1936 Stipendiatin im Kaiser-Wilhelm-Institut für Biochemie, Berlin-Dahlem.

Quelle: MPG-Archiv: I, 1A, Nr. 534/3.

Busse, Herta
verh. Meixner
geb. 24.8.1907 Graudenz/Westpreußen
Dr., Anthropologie

Besuch des Lyzeums in Potsdam, danach der Studienanstalt, hier 1928 Reifeprüfung. – 1928–1932 Studium der Naturwissenschaften an der TH Berlin-Charlottenburg und der Universität Berlin. – Prom. am 16.10.1935 Universität Berlin: „Über normale Asymmetrien des Gesichts und im Körperbau des Menschen", bei Eugen Fischer und Hans F. K. Günther, angefertigt am Kaiser-Wilhelm-Institut für Anthropologie, menschliche Erblehre und Eugenik, Berlin-Dahlem. Publ. in: Z. für Morphol. u. Anthropol. 1935. – Von 1932 bis 1935 Doktorandin im Kaiser-Wilhelm-Institut für Anthropologie, menschliche Erblehre und Eugenik, 1933–1934 Studienreise in die Türkei. – Seit 1935 verh. Meixner.

Quellen: Archiv HUB: Phil. Fak. Nr. 792, Bl. 121-132. – Naturwissenschaften, Bd. 23/1935, S. 439. – Lösch (1997), S. 563.

C

Cohen, Clara
geb. 27.4.1898 Hamburg
Dr. phil., Chemie (Biochemie)

Besuch der höheren Mädchenschule und danach des Realgymnasiums in Hamburg, hier 1917 Reifeprüfung. – 1917 bis 1920 Studium der Chemie, Physik und Technologie an den Universitäten Rostock und Berlin – Prom. am 11.3.1922 Universität Berlin: „Über die Bildung von Acetaldehyd und die Verwirklichung der zweiten Vergärungsform bei verschiedenen Pilzen", bei Carl Neuberg, Ernst Otto Beckmann, angefertigt am Kaiser-Wilhelm-Institut für experimentelle Therapie, Berlin-Dahlem. Publ. in: Bioch. Z. Bd. 112, Heft 1-3, 1920, S. 139-143. – Von Februar 1920 bis Juni 1921 Doktorandin im Kaiser-Wilhelm-Institut für experimentelle Therapie, in der Abteilung Carl Neuberg.

Quelle: Archiv HUB: Phil. Fak. Nr. 609, Bl. 130-158.

Collatz
Dr., Chemie

Mindestens von August 1935 bis 1936 Assistentin im Kaiser-Wilhelm-Institut für Biochemie, Berlin-Dahlem.

Quellen: MPG-Archiv: I, 1A, Nr. 534/3. – Handbuch KWG, 1936, Bd. 1, S. 182.

Cremer, Erika
geb. 20.5.1900 München
gest. 21.9.1996 Innsbruck
Dr., Prof., Physikalische Chemie; Korr. Mitglied der Österreichischen Akademie der Wissenschaften (1964)

Nach Schulbesuch und Abitur ab 1921 Studium der Naturwissenschaften, bes. Chemie, an der Universität Berlin. – Prom. am 11.10.1927 Universität Berlin: „Über die Reaktion zwischen Chlor, Wasserstoff und Sauerstoff im Licht", bei Max Bodenstein, Wilhelm Schlenk. Publ. in: Z. f. ph. Chemie, Bd. 198. – Nach der Prom. 1928–1930 Stipendiatin an der Universität Freiburg i. Br. bei György (Georg) Hevesy. 1930–1934 in Berlin. 1934–1937 Stipendiatin an der Universität München bei Kasimir Fajans. 1937–1940 wieder in Berlin, ab 1940 Universität Innsbruck. – 1927/28 und zwischen 1930 u. 1940 insgesamt in drei verschiedenen Kaiser-Wilhelm-Instituten in Berlin-Dahlem tätig: 1927/28 und 1930–1933 „unbesoldete" Mitarbeiterin im Kaiser-Wilhelm-Institut für physikalische Chemie und Elektrochemie, in der Abteilung von Michael Polanyi, teilweise Dank Stipendien der Notgemeinschaft der Deutschen Wissenschaft; 1933 nach der Vertreibung Polanyis am 29.11.1933 „ausgeschieden". – 1931–1933 außerdem Gast (mit einem Stipendium der Notgemeinschaft) im Kältelaboratorium der Physikalisch-Technischen Reichsanstalt (PTR), hier Arbeiten über Para- und Orthowasserstoff. – Vom 1.4.1937 bis zum 31.12.1937 im Kaiser-Wilhelm-Institut für Chemie als „Privatassistentin" Otto Hahns. – 1939–1940 wiss. Mitarbeiterin im Kaiser-Wilhelm-Institut für Physik, in der Arbeitsgruppe von Karl Wirtz. – Habilitation am 10.2.1939 in physikalischer Chemie an der Math.-Nat. Fak. der Universität Berlin: „Bestimmung der Selbstdiffusion in festem Wasserstoff aus dem Reaktionsverlauf der Ortho-Para-Umwandlung"; Ernennung zum Dozenten erfolgte an der Universität Berlin nicht. – Seit 1940 an der Universität Innsbruck: 1940 Diäten-Dozent, 1945 Leiterin des physikalisch-chemischen Instituts, 1951 Professor(in), 1959 Ordinarius. – 1953/54 Gastwissenschaftlerin am MIT in Cambridge (Mass., USA).

Ehrungen: 1958 Wilhelm-Exner-Medaille des Österreichischen Gewerbevereins; 1964 Korr. Mitglied der Österreichischen AdW (ÖAW); 1965 Ehrendoktor der TU Berlin; 1970 Erwin-Schrödinger-Preis der ÖAW; 1977 Amerikanische Tswett-Medaille; 1978 Tswett-Medaille der UdSSR; 1980 Tiroler Ehrenkreuz und Ehrenmitglied der österr. Mikrochemischen Gesellschaft.

Quellen: Archiv HUB: Phil. Fak. Nr. 659, Bl. 605-633 (Prom.); Math.-Nat. Fak. Nr. 14, Bl. 1-16 (Habil.). – MPG-Archiv: I, 1A, Nr. 541/4, Bl. 64. I, 1A, Nr. 546/3, Bl. 108. I, 34, Nr. 20 u. Nr. 25. III, 14, Nr. 617 (Briefwechsel Hahn-Cremer, 1939–1961). III, 50, Nr. 447 (Briefwechsel v. Laue-Cremer, 1952–1953) – Naturwissenschaften, Bd. 20/1932, S. 446; Bd. 21/1933, S. 430; Bd. 22/1934, S. 351; Bd. 26/1938, S. 337; Bd. 27/1939, S. 337. – „Tätigkeitsberichte der PTR". – Archiv der Universität Innsbruck. – Poggendorff VIIa (1956), S. 364. – Dokumentarfilm (45 Minuten) 1990 (als Video in 2 Teilen; 1989 aufgenommen). – Brief Erika Cremers an Annette Vogt, 9.2.1994.

Sekundärliteratur: Miller (1993). – Wöllauer (1997). – Oberkofler (1998, 2000). – Beneke (1999), hier S. 330-334 Publikationsliste Erika Cremers. – Ogilvie/Harvey (2000), Vol. 1, p. 301-302. – Keintzel/Korotin (2002), S. 121-124. – Vogt (2007).

Fotos: MPG-Archiv: VI. Abt., Kaiser-Wilhelm-Institut für physikalische Chemie und Elektrochemie. – Wöllauer (1997). – Oberkofler (1998, 2000). – Beneke (1999). – Keintzel/Korotin (2002), S. 121.

Curtius, Lily
Dr., Physiologie

Von 1938 bis 1939 wiss. Gast im Kaiser-Wilhelm-Institut für medizinische Forschung, Heidelberg, im Institut für Physiologie von Otto Meyerhof, nach dessen Vertreibung kommissarisch geleitet von Richard Kuhn.

Quelle: Naturwissenschaften, Bd. 27/1939, S. 356 (Gast).

Czernucki, Mara von
Czernucki Lazarovich-Hrebeljanovich, Mara von
geb. 28.1.1899 Paris
Staatsbürgerschaft Serbien, Jugoslawien

1929 Bachelor of Science (Biologie), University New York, Juni 1931 Master of Science, University New York. – Danach in Deutschland, zuerst am Institut für Hygiene und Immunitätslehre, Berlin-Dahlem, bei Prof. Ernst Friedberger (17.5.1875-25.1.1932). – Vom 15.12.1933 bis 1939 wiss. Gast im Kaiser-Wilhelm-Institut für medizinische Forschung, Heidelberg, im Institut für Pathologie von Ludolf von Krehl. Nach dessen Tod im Mai 1937 von Richard Kuhn übernommen, weiter als wiss. Gast tätig. – Seit 1939/40 an der Universität Heidelberg im Institut von Ernst Rodenwaldt (1878–1965) angestellt und für Richard Kuhn arbeitend (Kuhn 1940).

Quellen: MPG-Archiv: I, 1A, Nr. 2564/2, Bl. 80-82 (Kuhn an Telschow, 14.9.1937; Lebenslauf Czernucki). I, 1A, Nr. 1083/11, Bl. 229 (Aktenvermerk, 27.5.1940). – Handbuch KWG, 1936, Bd. 1, S. 184. – Naturwissenschaften, Bd. 22/1934, S. 369; Bd. 23/1935, S. 442 (2 Publ.), Bd. 24/1936, S. 43; Bd. 25/1937, S. 406; Bd. 26/1938, S. 353; Bd. 27/1939, S. 357.

D

Dantschakoff, Vera
(auch Danchakoff, Danchakova)
Danchakova, Vera Michajlovna
geb. 1879
gest. nach 1939
Professor Dr., Biologie
Staatsbürgerschaft Rußland

Ausbildung in Biologie. – Emigration aus Rußland in die USA. – Bis 1916 wissenschaftliche Arbeiten zur Embryologie und Zellforschung in den Laboratories of the Rockefeller Institute for Medical Research. – Von 1916 bis 1933 Professor (der erste weibliche Professor) am Department of Anatomy an der Columbia University in New York; wiss. Arbeiten zur Zellforschung. – Von 1934 bis 1937 Leiterin der Abteilung für Histologie und Embryologie der Medizinischen Universität Kaunas (Litauen), Nachfolgerin von Prof. E. Landau; von der Universitätsstelle vertrieben und durch Litauer ersetzt. – 1936 und Sommer 1937 wiss. Gast im Kaiser-Wilhelm-Institut für Biologie, Berlin-Dahlem, zuerst in der ehemaligen Abteilung Richard Goldschmidt, dann in der Abteilung Max Hartmann. – Im Frühjahr 1937 Ausreise aus Litauen. – Von Herbst 1937 bis Herbst 1938 im Histologischen Institut der Universität Bratislava (Tschechoslowakei). – Ende 1938 in der Schweiz, zuerst bei Bern; September 1939 um eine Stelle an der Universität Fribourg beworben. – Danchakova (Danchakoff) hat in ihrer Arbeit über den Ursprung der Blutzellen (1916) den Begriff „Stammzelle" eingeführt und als eine der ersten die Hypothese formuliert, daß Stammzellen pathologisch veränderbar sein können, „one of the earliest suggestions that there were hematopoietic stem cell diseases." (Lichtman (2001)).

Publikationen: Bibliographie ihrer Arbeiten in den Aufsätzen: Dantschakoff, Vera:. „Gewebeplastizität, Hormone und Geschlecht", in: Ergebnisse der Physiologie, 40 (1938), S. 101 und „Das Hormon im Aufbau der Geschlechter", in: Biol. Zentralblatt, 58 (1938), S. 302. – Danchakoff, V.: Origin of blood cells. Development of the haematopoietic organs and regeneration of the blood cells from the standpoint of the monophyletic school. In: Anatomical Record 10 (1916), pp. 397-414. – Danchakova, Vera M.: Le devenir du sexe. 1933. Dies. Déterminisme et réalisation dans le devenir du sexe. 1935. – Dantschakoff, Vera: Der Aufbau des Geschlechts beim höheren Wirbeltier. Jena 1941 (416 S.), hier: „ehemals Professor an der Columbia-Universität New York".

Quellen: MPG-Archiv: III, 47, Nr. 335 (Briefwechsel Dantschakoff – Hartmann, 1936 bis Sept. 1939, 28 Blatt). – Naturwissenschaften, Bd. 25/1937, S. 392 (aus Kaunas); Bd. 26/1938, S. 343 („jetzt Bratislava"). – 80 Jahre Lehrstuhl für Histologie und Embryologie an der Universität Kaunas (litauisch, engl.), in: Medicina 39 (2003) Nr. 10, p. 915-916 bzw. (engl.) p. 917.

Sekundärliteratur: Lichtman (2001), p. 1489f.

Darialaschwili, Aneta
geb. 1905
Chemie
Staatsbürgerschaft UdSSR (Georgien), dann staatenlos (1943)

Studium der Chemie in Tbilissi (Tiflis) (Georgien/UdSSR); 1929 Diplom als Pharmazie-Chemikerin. Danach Arbeit in Forschungsinstituten in der Sowjetunion. – Vom 5.1.1943 bis 1945 wiss. Mitarbeiterin im Kaiser-Wilhelm-Institut für Silikatforschung, Berlin-Dahlem, in der Abteilung Adolf Dietzel.

Quelle: MPG-Archiv: I, 42, Nr. 193.

David, Lore
geb. 23.10.1905 Opladen/Wupper
Biologie

Von 1915 bis 1918 Besuch der städtischen Luisenschule in Düsseldorf, anschließend Besuch der höheren Mädchenschule in Leipzig. Ostern 1922 bis 1923 Buchhändlerlehranstalt zu Leipzig, 1923–1925 am Nikolai-Realgymnasium in Leipzig, hier Abitur. – Ab Sommersemester 1926 Studium der Biologie (Zoologie und Botanik) an den Universitäten in Leipzig, München, Leipzig und Berlin (10 Semester). – Prom. am 25.7.1932 Universität Berlin: „Das Verhalten von Extremitätenregeneraten des weissen und pigmentierten Axolotl bei heteroplastischer, heterotoper und orthotoper Transplantation und sukzessiver Regeneration", bei Otto Mangold und Richard Hesse; Dissertation publiziert. – Von ca. 1929 bis 1931 Doktorandin am Kaiser-Wilhelm-Institut für Biologie, Berlin-Dahlem, in der Abteilung Otto Mangold. – Im Sommer 1932 Arbeit in Frankfurt/Main.

Quelle: Archiv HUB, Phil. Fak. Nr. 734, Bl. 98-115.

Dellingshausen, Margarete von
geb. 14.9.1900 Kattentack (Estland)
Dr., Biologie

Nach Privatunterricht zu Hause Lyzeum in Reval, danach Oberlyzeum in Königsberg und Hannover, hier Reifeprüfung. – 1922–1926 Buchhalterin und Sekretärin in Holstein. – 1927–1929 am Thüringischen Nahrungsmittel-Untersuchungsamt in Jena tätig; März 1929 Zusatzprüfungen in Latein und Mathematik am Reform-Realgymnasium in Jena. – Von Sommersemester 1929 bis Wintersemester 1932/33 Studium der Naturwissenschaften Universität Jena, ein Semester (Sommersemester 1931) Universität Wien. – Prom. 1933 Universität Jena: „Untersuchungen über die Wechselbeziehungen zwischen Quellwirkung und Permeiervermögen der Elektrolyte" (46 S.), bei Brauner und Otto Renner, angefertigt 1931–1933 im Botanischen Institut der Universität Jena, Publ. in: Planta, 21. Dank an Notgemeinschaft der Deutschen Wissenschaft für elektrische Meßgeräte. – Von 1935 bis 1936 Stipendiatin (der DFG) bzw. „sonstige wiss. Mitarbeiterin" im Kaiser-Wilhelm-Institut für Züchtungsforschung in Müncheberg/Mark.

Quellen: Lebenslauf in der Dissertation. – Handbuch KWG, 1936, Bd. 1, S. 175. – Naturwissenschaften, Bd. 24/1936, S. 36-38.

Dobry, Alma
Dobry-Kurbatow
geb. 14.4.1904 Saratow/Wolga (Rußland)
Dr., Chemie
Staatsbürgerschaft Rußland (UdSSR)

Nach Abitur Ostern 1921 bis 1922 Studium an der Naturwiss. Fakultät der Universität St. Petersburg. Dort bis Sept. 1922 gelebt. – In Berlin 1924 Wiederholung des Abiturs (da nicht anerkannt) und 1926 Ergänzungsprüfung am Deutschen Institut für Ausländer an der Universität Berlin. – Von Wintersemester 1924 bis Sommersemester 1928 Studium der Chemie, chemischen Technologie und Physik an der Universität Berlin. – Prom. am 24.2.1931 Universität Berlin: „Über die Einwirkung von Resorcin auf das Seidenfibroin" (43 S.), bei Fritz Haber, Max Bodenstein, angefertigt bei Reginald O. Herzog (mit Verweis auf Maria Kobel) am Kaiser-Wilhelm-Institut für Faserstoffchemie, Berlin-Dahlem. – Von 1928 bis 1930 Doktorandin im Kaiser-Wilhelm-Institut für Faserstoffchemie.

Quellen: Archiv HUB: Phil. Fak. Nr. 709, Bl. 54-69. – Naturwissenschaften, Bd. 22/1934, S. 358 (Publ., hier: A. Dobry-Kurbatow).

du Bois, Anne Marie
Biologie
Aus Genf

Von 1930 bis 1931 wiss. Gast im Kaiser-Wilhelm-Institut für Biologie, Berlin-Dahlem, in der Abteilung Richard Goldschmidt.

Quellen: Naturwissenschaften, Bd. 19/1931, S. 538. – Parthey (1995).

du Bois-Reymond, Fanny
geb. 4.7.1891 Berlin
gest. 18.3.1990 Rückenbach (Schweiz)
Biologie

Tochter von Alard du Bois-Reymond (1860–1922) und Lili du Bois-Reymond, geb. Hensel (1864–1948), Enkelin von Emil du Bois-Reymond (1818–1896). – Besuch einer Gartenbauschule in Plön. Auf Grund des fehlenden Abiturs konnte sie nicht Medizin studieren. – Von 1928 bis zum 21.3.1934 technische Assistentin, Gärtnerin und Fremdsprachen-Sekretärin (für Hans Stubbe) im Kaiser-Wilhelm-Institut für Züchtungsforschung, Müncheberg/Mark. Auf Grund der NS-Gesetze im März 1934 entlassen, der Einspruch von Max Planck 1933 bewirkte nur einen Aufschub. – Von 1934 bis 1945 betrieb sie zeitweise in Potsdam-Babelsberg eine Champignon-Zucht, ab 1935 Ausbildung als Psychoanalytikerin, Mitglied der „C. G. Jung-Gesellschaft", ab 1938 Arbeit als Psychotherapeutin in Potsdam-Babelsberg. – Ende 1945 Ausreise in die Schweiz. Kontakte mit C. G. Jung und ebenfalls Arbeit als Psychotherapeutin.

Quellen: MPG-Archiv: I, 1A, Nr. 543/3, Bl. 1-19. – Archiv BBAW: Nachlaß Stubbe (1934, Beurteilung). – Brief der Nichte Lola du Bois-Reymond an Annette Vogt. – Juni 1997: Ausstellung an der Fachhochschule Potsdam.

Sekundärliteratur: Vogt (1997b), S. 48-53. – Ludwig-Körner (1999), S. 44-67.

Foto: Ludwig-Körner (1998), S. 49.

Dubuisson-Brouha, Adele (Adèle)
geb. Brouha
geb. um 1903
gest. nach 1977
Professor, Biologie, Zoologie
Staatsbürgerschaft Belgien

Von 1937 bis 1938 wiss. Gast (mit ihrem Mann als Forscher-Ehepaar) im Kaiser-Wilhelm-Institut für medizinische Forschung, Heidelberg, im Institut für Physiologie von Otto Meyerhof. – Verh. mit Marcel Dubuisson (5.4.1903 – 25.10.1974), seit 1931 Lehrauftrag (chargé de cours) Fac. des Sciences und ab 1936 Prof. Universität Liège, Membre de l'Ac. Royale des Sciences de Belgique (KM 1950, OM 1955, President 1960–1961), Recteur de l'Université à Liège (1954–1972). – Adèle Dubuisson-Brouha erhielt 1940 einen Lehrauftrag (chargé de cours) am „Institut de psychologie et des sciences de l'éducation" der Universität Liège, war ab 1950 Prof. und ab 1964 ord. Prof., außerdem ab 1965 Vorlesungen am Chaire de Zoologie der Universität Liège. – 1 Sohn. – 1977 Herausgabe der Memoiren ihres Mannes. – In Liège gibt es das „Aquarium ‚Dubuisson' à Liège".

Quellen: Naturwissenschaften, Bd. 26/1938, S. 351 (Tätigkeitsbericht). – Dubuisson, Marcel. Mémoires. Liège 1977 (560 pp.), avec illustrations. „Avant-propos" de Adele Dubuisson-Brouha, als „A. D.-B.", p. 31-32 (über Aufenthalt in Heidelberg bei Meyerhof 1937/38). – Auskunft Archive Académie Royale ... de Belgique (Sept. 2007).

Sekundärliteratur: Index Biographique des Membres, Corr. et Ass. de l'Académie Royale de Belgique de 1769 à 1963. Bruxelles 1964, p. 85. – Académie Royale de Belgique. Annuaire 1997, p. 147, p. 149. – L'Université à Liège de 1936 à 1966. Notices Historiques. Liège 1967. – Vogt (2007).

E

Ehrensberger, Renate
geb. 7.9.1919 Siegen/Westfalen
Dr., Biologie

Nach Dorotheenlyzeum in Ohlau, Staatliche Friedrichsschule in Schweidnitz und Oberlyzeum in Herne, hier 1937 Reifeprüfung. 1938 Schülerin der Landfrauenschule Obernkirchen, dann Arbeitsdienst. – Von Wintersemester 1938 bis 1941 Studium der Botanik und Chemie an den Universitäten Berlin, München (2 Semester) und Königsberg (1 Semester) sowie wieder an der Universität Berlin. – Von Frühjahr 1941 bis 1943 Doktorandin im Kaiser-Wilhelm-Institut für Biologie, Berlin-Dahlem, in der Abteilung von Fritz von Wettstein, ab 1.8.1943 Assistentin. – Prom. am 7.1.1945 Universität Berlin: „Untersuchungen zur Haploidie und zur Permeabilität polyploider Reihen bei Blütenpflanzen" (66 S. MS), bei Fritz von Wettstein, Kurt Noack, angefertigt am Kaiser-Wilhelm-Institut für Biologie. – Mit dem Kaiser-Wilhelm-Institut nach Tübingen ausgelagert, hier 1945 noch Assistentin.

Quellen: MPG-Archiv: I, 1A, Nr. 1538, Bl. 325 (Brief A. Kühn an Telschow, 15.2.1945). – Archiv HUB: Math.-Nat. Fak. Nr. 201, Bl. 1-14. – Archiv BBAW: Nachlaß Stubbe Nr. 94 (Brief von Anton Lang, 25.9.1945).

Engel, Margot
verh. Borodeanski
geb. 15.8.1902 Berlin
Dr. phil., Chemie (Biochemie)

Ab Ostern 1909 Besuch des Lyzeums der Elisabethschule Berlin, ab Ostern 1917 der Oberrealschule derselben Anstalt, hier Ostern 1922 Reifeprüfung. – Von Sommersemester 1922 bis Wintersemester 1926/27 Studium der Chemie, Physik und Technologie an der Universität Berlin. Juni 1924 und Juni 1925 jeweils Verbandsexamina im 1. Chemischen Institut der Universität Berlin. – Prom. am 2.3.1928 Universität Berlin: „Ueber Methylolichenin" (Berlin 1928, 28 S., nicht publ.), bei Wilhelm Schlenk, Max Bodenstein, angefertigt bei Hans Pringsheim. – Von 1928 bis vermutlich 1933 („sonstige") Mitarbeiterin im Kaiser-Wilhelm-Institut für Biochemie, Berlin-Dahlem. – Von 1934 bis vor 1939 Leiterin einer privaten Chemie-Schule (Berlin, Wilhelmstr. 49). – Letzte Adresse in Berlin: Bayerische Str. 32. – Vor 1939 Emigration nach Jerusalem/Palästina.

Quellen: Archiv HUB: Phil. Fak. Nr. 665, Bl. 54-78. – Handbuch KWG, 1928, S. 198. – Landesarchiv Berlin. – Centrum Judaicum Berlin (Auskunft Frau Hank). – Auskunft Britta Görs.

F

Fechner, Elfriede
geb. 18.3.1912 Berlin
Dr., Physik

1932 Reifeprüfung. 1934–1938 Studium der Naturwissenschaften, bes. Physik, Mathematik und Astronomie, an der Universität Berlin. – Prom. am 9.3.1943 Universität Berlin: „Über den Effekt verschiedener Temperaturgleichgewichte der Rotations- und Schwingungszustände innerhalb des gleichen Bandensystems bei einigen Metallhydriden" (17 S. MS), bei Hermann Schüler, Max von Laue, angefertigt am Kaiser-Wilhelm-Institut für Physik. – Ab März 1938 als Doktorandin, ab 1943 als Mitarbeiterin im Kaiser-Wilhelm-Institut für Physik, Berlin-Dahlem, in der Arbeitsgruppe Hermann Schüler (Spektroskopie). Nach der Verlagerung der Arbeitsgruppe nach Hechingen von 1944 bis 1945 Arbeit im Kaiser-Wilhelm-Institut für physikalische Chemie und Elektrochemie, Berlin-Dahlem.

Quellen: Archiv HUB: Math.-Nat. Fak. Nr. 182, Bl. 59-73, Lebenslauf Bl. 60. – MPG-Archiv: I, 34, Nr. 25 (Versicherungen). III, 50, Nr. 575 (M. v. Laue (13.1.1956), Bestätigung für die Zeit 1938–1945).

Feichtinger, Nora
verh. Volkert-Feichtinger
geb. 11.7.1890 Salzburg
Dr., Biologie (Botanik)
Staatsbürgerschaft Österreich

Studium der Biologie, mit Unterbrechungen, an der Universität Wien von Wintersemester 1909/1910 bis Wintersemester 1921/1922. – Prom. am 21.3.1921 Universität Wien: „Über einige Fälle von Blättersymmetrie bei Monokotylen mit besonderer Berücksichtigung der Liliaceen", bei Richard von Wettstein und Kalisch. – Von 1924/25 bis 1931 Hilfsassistentin, später Assistentin, im Kaiser-Wilhelm-Institut für Chemie, Berlin-Dahlem, in der Abteilung Lise Meitner, und wieder 1932–1933/34. 1931–1932 wiss. Gast im Kaiser-Wilhelm-Institut für Biologie, Berlin-Dahlem, in der Abteilung Max Hartmann. – Mit Lise Meitner befreundet. – Seit ca. März 1933 verh. Volkert. Ab 1934 in Österreich. Seit 1938/39 mit pensioniertem Ehemann in Gneixendorf lebend.

Quellen: Archiv Universität Wien: Promotion, Rigorosenprotokoll Nr. 4794. – MPG-Archiv: III, 14, Nr. 4517 (März 1939, Glückwunsch von Volkert-Feichtinger an O. Hahn) u. Nr. 4869-4959, Nr. 6890-6898 (Briefwechsel Hahn-Meitner) bzw. Sabine Ernst (1992). – Handbuch KWG, 1928, S. 178. – Naturwissenschaften, Bd. 18/1930, S. 498; Bd. 19/1931 (Gast Kaiser-Wilhelm-Institut für Biologie); Bd. 20/1932, S. 436 (in Abt. Meitner); Bd. 21/1933, S. 432-433 und Artikel Feichtinger S. 569-575 und S. 589-591; Bd. 22/1934, S. 352. – Churchill College Archive, Cambridge: Meitner-Nachlaß (keine Briefe von/an Feichtinger, aber über sie).

Sekundärliteratur: Ogilvie/Harvey (2000), Vol. 1, p. 439.

Fischer, Ilse
geb. 9.6.1905 Magdeburg
gest. 9.3.1977 Münster
Dr., Prof., Biologie, Gewebezüchtung

Prom. 1932, Dr. phil., Universität Leipzig: „Beiträge zur Kenntnis des Jahreszyklus des Urodeleneierstockes mit bes. Berücksichtigung der Narbenfollikel und der artretischen Follikel." – 1936–1939 wiss. Gast im Kaiser-Wilhelm-Institut für Biologie, Berlin-Dahlem, Abteilung Max Hartmann, dazwischen von März 1937 bis 1939 mit Stipendium der DFG und im Auftrag Max Hartmanns an der Zoologischen Station Neapel. – 1939 zeitweilig wieder im Kaiser-Wilhelm-Institut für Biologie, Stipendium des Reichsforschungsrates. – Herbst 1939 bis mindestens 1940 im Ungarischen Biologischen Forschungsinstitut in Tihany (Nähe Balaton, Ungarn). – Habilitation Universität Leipzig 1942: „Probleme der Gewebezüchtung". – UDozent Münster 1942. Zoologisches Institut und Museum der Universität Münster, von 1943 bis 1945/48 den Institutsbetrieb aufrecht erhalten. – Apl. Prof. 1949 Universität Münster, emer. 1966.

Quellen: MPG-Archiv: III, 47, Nr. 433 (Briefwechsel Fischer-Hartmann, 1937–1950). – Naturwissenschaften, Bd. 25/1937, S. 392; Bd. 26/1938, S. 343; Bd. 27/1939, S. 343; Bd. 28/1940, S. 493 (Gast, „jetzt Tihany"). – Boedeker (1974), S. 26. – Deichmann (1992), S. 347. – Auskunft Robert Giesler, Archiv Universität Münster, 7.4.2004.

Fischer, Lydia
Biologie

Studienassessorin. – 1936 im Akademischen Arbeitsdienst im Kaiser-Wilhelm-Institut für Züchtungsforschung, Müncheberg/Mark, als „sonstige wiss. Mitarbeiter(in)" tätig.

Quelle: Handbuch KWG, 1936, Bd. 1, S. 175.

Floren, Gerda
geb. 15.9.1911 Wattenscheid
Dr. rer. nat., Physik

Von 1938 (?) bis März/April 1944 Mitarbeiterin im Kaiser-Wilhelm-Institut für Bastfaserforschung, Sorau. Freistellung von Dienstverpflichtung, und vom 1.5. bis 15.12.1944 Mitarbeiterin im Kaiser-Wilhelm-Institut für Silikatforschung, Berlin-Dahlem. – Erbat im Sommer 1944 Freistellung vom Kaiser-Wilhelm-Institut für Silikatforschung, um Lehrer-Prüfung ablegen zu können.

Quellen: MPG-Archiv: I, 42, Nr. 213 (PA, 1944–1945). I, 1A, Nr. 2285/5 u. Nr. 2285/6 (Silikatforschung, 1944).

Flügge-Lotz, Irmgard *siehe* **Lotz**

Forrest, Irene *siehe* **Neuberg**

Fränz, Ilse
Dipl.-Phys., Physik

1940 und vom 2.4.1941 bis 1945/47 Mitarbeiterin im Kaiser-Wilhelm-Institut für Physik, Berlin-Dahlem bzw. ab 1943 Hechingen. – 1948–1955 bei der Comisión Nacional de Energía Atómica, Argentinien. – Ab 1956 Tätigkeit im radiochemischen Labor von Telefunken in Ulm.

Quellen: MPG-Archiv: I, 34, Nr. 20 u. Nr. 25 (Versicherungen). – Liste deutscher Wissenschaftler, die nach 1945 nach Argentinien und Brasilien gehen, in: Stanley (1996/1998), S. 273 (Dank an Presas Puig).

Frede, Maria
geb. 1.8.1907 Ostenfelde in Westfalen
Dr., Anthropologie

1926 Reifeprüfung, danach Studium der Zoologie, Anthropologie und Völkerkunde sowie Philosophie an den Universitäten Münster (8 Semester), Innsbruck (1 Semester) und Berlin (3 Semester). – Prom. am 9.5.1934 Universität Berlin: „Untersuchungen an der Wirbelsäule und dem Extremitätenplexus der Ratte", bei Eugen Fischer, Richard Hesse. Publ. in: Z. für Morphol. u. Anthropol. 1934, Bd. 33, H. 1, S. 96-150. – Vom Winter 1931 bis 1934 Doktorandin im Kaiser-Wilhelm-Institut für Anthropologie, menschliche Erblehre und Eugenik, Berlin-Dahlem.

Quellen: Archiv HUB: Phil. Fak. Nr. 756, Bl. 158-170. – Lösch (1997), S. 565.

Frehafer, Katharina (Katherine Mabel)
geb. 7.7.1886 Philadelphia (USA)
Dr., Physik
Staatsbürgerschaft USA

Vom Winter 1931/1932 bis Ende 1932 oder Anfang 1933 wiss. Gast im Kaiser-Wilhelm-Institut für Chemie, Berlin-Dahlem, in der Abteilung Lise Meitner. – März 1939 Physikerin und Associate Professor am Goucher College, Baltimore, Maryland.

Quellen: MPG-Archiv: I, 11, Nr. 351 (Personallisten, hier: Mai 1932-?). III, 14, Nr. 1007 (1 Brief an O. Hahn). – Churchill College Archive, Cambridge: Meitner-Nachlaß, MTNR 5/12, Mappe 5 (Brief von Lise Meitner an Stefan Meyer, 1.2.1932, über Wunsch von Frehafer, im März nach Wien zu kommen).

Frischeisen-Köhler, Ida
geb. Mortensen
geb. 19.2.1887 Berlin
gest. 17.10.1956 Berlin
Dr., Anthropologie

1907–1913 als Lehrerin in Berlin tätig. 1914 Heirat mit Max Frischeisen-Köhler (1878–1923), Privatdozent an der Universität Berlin, ab 1915 Prof. an der Universität Halle/S. Nach

Tod ihres Mannes Rückkehr nach Berlin, erst Privatsekretärin von Prof. Max Dessoir, ab 1927 Studium der Anthropologie, Zoologie, Ethnologie und Philosophie an der Universität Berlin. – Prom. am 31.5.1933 Universität Berlin: „Das persönliche Tempo. Eine erbbiologische Untersuchung" (63 S.), bei Eugen Fischer, Wolfgang Köhler. Bekam 1930/1931 eine Ausnahmegenehmigung, ohne Reifezeugnis promovieren zu können, die Fakultät hatte abgelehnt, aber das Ministerium befürwortete den Antrag. – Von 1929/30 bis 1932 Doktorandin und von 1932 bis Okt. 1933 Assistentin im Kaiser-Wilhelm-Institut für Anthropologie, menschliche Erblehre und Eugenik, Berlin-Dahlem, in der Abteilung von Hermann Muckermann (einzige Frau im Institut). – Nach Muckermanns und ihrer Entlassung im Okt. 1933 (sie wurde als „politisch unzuverlässig" denunziert (zit. in: Lösch (1997), S. 241)) folgte sie ihm an eine kirchliche Institution in Berlin. – 1949–1952 (Berentung) wiss. Assistentin (erste) im Institut für natur- und geisteswissenschaftliche Anthropologie, Berlin-Dahlem, von H. Muckermann. Publ. in den „Studien" des Instituts und wiss. Zusammenarbeit mit H. Muckermann bis zu ihrem Tod.

Quellen: Archiv HUB: Phil. Fak. Nr. 744/5, Bl. 16-36. (Bl. 23 Lebenslauf) – Lösch (1997), S. 228f, S. 241, S. 302, S. 565. – Muckermann (1956), S. 373-374. – Muckermann (1957), S. 469.

Frölich, Anna-Charlotte
geb. 15.5.1907 Friedrichswerth (Thüringen)
Dr., Chemie; Abteilungsleiterin im Kaiser-Wilhelm-Institut für Tierzuchtforschung

1920–1926 Besuch der Städtischen Studienanstalt realgymnasialer Richtung in Halle/S., hier März 1926 Reifezeugnis. – Im Sommersemester 1926 Immatrikulation an der Universität Halle, Herbst 1926 Beurlaubung und 2 Semester Besuch des Frauenlehrjahres einer Landwirtschaftlichen Frauenschule. Dann Studium der Naturwissenschaften, besonders der Chemie, an den Universitäten Bonn (3 Semester) und Halle/S. 1930 und 1932 Verbandsexamina. – Prom. am 5.11.1934 Naturwiss. Fak. Universität Halle: „Die isomeren Formen der p-Phenetol-azoxybenzolsäure und ihrer Abkömmlinge", bei Daniel Vorländer, Carl Tubandt. – Von September 1934 bis Februar 1940 als Chemikerin bei der DEGUSSA (Deutsche Gold- und Silber-Scheide-Anstalt) in Frankfurt/Main tätig: 20.9.1934-30.10.1937 Chemikerin im organischen Labor, 1.11.1937-31.12.1938 im Labor Hiag (Holzverkohlungsindustrie), dann wieder bis 1940 im organischen Labor. – Nach Tod der Mutter (Berta Frölich, geb. Funke (1880-16.11.1939)) zum Vater nach Rostock. Vater, Gustav Frölich (2.2.1879-23.8.1940), war Prof. an Universität Halle/S. und seit 1937/39 Gründungsdirektor des Kaiser-Wilhelm-

Instituts für Tierzuchtforschung in Rostock, mit Gut Dummerstorf. – Von 1940 bis Ende März 1943 Leiterin der chemischen Abteilung des Kaiser-Wilhelm-Instituts für Tierzuchtforschung. – 1943–1945 (?) im Chemischen Institut der Universität Göttingen. Mit der Herausgabe des Buchs ihres Vaters „Neuzeitliche Zucht. Haltung und Fütterung der Haustiere" befaßt. Adresse im Mai 1944: Göttingen, Hainholzweg 70. – Am 28.4.1947 mit Zweitwohnsitz nach Frankfurt/M. gezogen, am 1.6.1951 „unbekannt verzogen".

Quellen: Archiv Universität Halle: A Rep. 31/P, Bd. 18. (Promotionsunterlagen). – MPG-Archiv: II, 1A, PA Gustav Frölich. – Bundesarchiv, Außenstelle Berlin (ehem. Document Center): Lebenslauf, 19.5.1944, für Reichskulturkammer, 2101, box 0337, file 9. – Archiv Universität Göttingen (keine Akten vorhanden). – Auskunft Stadtarchiv Göttingen (24.9.2007). – DEGUSSA (Evonik), Auskunft Dr. Frank Becker, 15.10.2007.

Sekundärliteratur: Vogt (2007).

G

Gaede, Ilse
geb. 15.11.1901 Stettin (heute Polen)
Dr., Chemie

Von 1923 bis mindestens 1935 Assistentin im Kaiser-Wilhelm-Institut für Chemie, Berlin-Dahlem, in der (Gast-) Abteilung Kurt Hess.

Quellen: MPG-Archiv: I, 11, Nr. 351 (Personalliste). – Handbuch KWG, 1936, Bd. 1, S. 163-164.

Gaffron, Clara *siehe* **Ostendorf**

Gaffron, Mercedes
geb. 2.7.1908 Lima (Peru)
Dr. phil., Dr. med., Biologie, Medizin

1927 Abitur an Oberrealschule in Konstanz. – 1927–1934 Studium der Medizin (3 Semester), dann der Naturwissenschaften, insbesondere Zoologie, an den Universitäten Heidelberg (1 Semester) und Berlin. – Prom. am 28.2.1934 Universität Berlin: „Untersuchungen über das Bewegungsgeschehen bei Aeschnalarven, Fliegen und Fischen", bei Mathilde Hertz, Richard Hesse. Publ. in: Z. f. vgl. Physiologie, Bd. 20, S. 299-337. – Von 1933 bis 1934 Doktorandin (als Gast geführt) bei Mathilde Hertz im Kaiser-Wilhelm-Institut für Biologie, Berlin-Dahlem, in der Abteilung Richard Goldschmidt. – Nach 1934 außerdem Promotion in Medizin. – Nach 1945 Emigration nach Peru, dann USA. – Schwester von Hans Gaffron (1902–1979), Biochemiker, der 1937 mit Ehefrau Clara Ostendorf (1901–1990) in die USA emigrierte.

Quellen: Archiv HUB: Phil. Fak. Nr. 753, Bl. 38-51. – MPG-Archiv: I, 1A, Nr. 1082/11, Bl. 12 (Umfrage in der KWG, 4.2.1933, hier: als Gast). – Naturwissenschaften, Bd. 21/1933, S. 438; Bd. 22/1934, S. 359. – Biographisches Handbuch der … Emigration, Vol. II, Part 1, p. 354.

Gauhe, Adeline
geb. 6.10.1909 Eitorf/Sieg
Dr., Biologie

1927 Abitur an der Studienanstalt Bonn. – Studium der Biologie und Chemie an den Universitäten Bonn und München. 2. Verbandsexamen 1934 an der Universität Bonn. – Prom. 1941 Universität München: „Über ein glukoseoxydierendes Enzym in der Pharynxdrüse der Honigbiene". Publ. in: Z. f. vgl. Physiologie, Bd. 28, S. 211-253 (mit 30 Textabb.). – Vom 1.2.1941 bis mindestens Ende 1969 wiss. Assistentin im Institut für Chemie von Richard Kuhn des Kaiser-Wilhelm-/ Max-Planck-Instituts für medizinische Forschung, Heidelberg; ab 1950 regelmäßige Publikationen mit R. Kuhn.

Quellen: MPG-Archiv: I, 1A, Nr. 540/3. II, 1A, Personalkartei MPI für medizinische Forschung, Publikationsliste (1940–1965). – Parthey (1995).

Geiling, Sonja
geb. 1919
Dr.-Ing., Physik

Von 1943 bis 1945 wiss. Assistentin im Kaiser-Wilhelm-Institut für Metallforschung, Stuttgart, im Institut für Metallphysik von Richard Glocker, Laboratorium für Strukturuntersuchung, Gruppe Röntgenfeinstrukturuntersuchung. – Nach 1945 Lehrerin in Stuttgart. – 1948 Manuskript über kristallographische Untersuchung fertig gestellt.

Quellen: MPG-Archiv: I, 1A, 30, Nr. 414 (Personallisten, 1944–1945). III, 50, Nr. 683 (Briefwechsel v. Laue – Geiling, 1948). – 25 Jahre Kaiser-Wilhelm-Institut für Metallforschung, Festschrift, 1949, S. 49 (Dank Helmut Maier).

Gerhardt, Edith
geb. 17.2.1908 Posen (heute Polen)
Dr. phil., Biologie

1920 Übersiedlung der Eltern nach Berlin und Abitur an der Studienanstalt der Elisabethschule. – 1927–1931 Studium der Naturwissenschaften, bes. Zoologie und Botanik, an der Universität Berlin. – Prom. am 7.12.1931 Universität Berlin: „Die Kiemenentwicklung bei Anuren (Pelobates fuscus, Hyla arborea) und Urodelen (Triton vulgaris)", bei Ernst Marcus (bis 1935 Preuß. AdW, Unternehmen „Tierreich"), Richard Hesse. Publ. in: Zool. Jb., Bd. 55, Abt. Anatomie, 1932, S. 173-220. – 1933 Mitarbeiterin im Kaiser-Wilhelm-Institut für Hirnforschung, Berlin-Buch und von 1936 bis 1.4.1937 (Schließung der Abteilung) DFG-Stipendiatin in dessen architektonischer Abteilung.

Quellen: Archiv HUB: Phil. Fak. Nr. 725, Bl. 140-149. – MPG-Archiv: I, 1A, Nr. 1082/21, Bl. 22a (Umfrage in der KWG, 4.2.1933). I, 1A, Nr. 1582/3, Bl. 47-51 (zum Ausscheiden). – Handbuch KWG, 1936, Bd. 1, S. 189 (DFG-Stipendiatin). – Auskunft Petra Hoffmann zum Unternehmen „Tierreich".

Gerhardt, Leonore
verh. Brunner
geb. 30.10.1914 Berlin
Dr. med., Medizin (Nuklearmedizin)

Abitur in Berlin; anschließend Studium der Medizin an der Universität Berlin. Approbation 1939. Verschiedene Assistenzarzt-Tätigkeiten; zeitweilig Mitarbeit bei Walter Friedrich im Institut für Strahlenforschung an der Med. Fak. der Universität Berlin. – Vom 4.3.1942 bis 1944 (bis zur Verlagerung des Instituts) Mitarbeiterin im Kaiser-Wilhelm-Institut für Chemie, Berlin-Dahlem, in der Abteilung Otto Hahn (nicht offiziell angestellt, aus einem Privatfond bezahlt). – Prom. am 27.3.1945 Med. Fak. Universität Berlin mit einem Thema zur Nuklearmedizin. – Nach 1945 verh. mit dem Wissenschaftler Dr. Heinrich Brunner.

Quellen: MPG-Archiv: I, 11, Nr. 351 (Personalliste). – Archiv HUB: Med. Fak. Nr. 1178. – Interview mit AV (9. Januar 1999).

Gerischer, Waltraut
Biochemie (Zellforschung)

Mindestens von 1932 bis 1936 Mitarbeiterin im Kaiser-Wilhelm-Institut für Zellphysiologie, Berlin-Dahlem, bzw. „sonstige wiss. Mitarbeiter(in)". Publikationen 1933–1937.

Quellen: MPG-Archiv: I, 1A, Nr. 1082/16, Bl. 17 (Umfrage in der KWG, 4.2.1933). – Handbuch KWG, 1936, Bd. 1, S. 181. – Naturwissenschaften, Bd. 22/1934, S. 365 (Publ.); Bd. 25/1937, S. 402 (Publ.).

Sekundärliteratur: Vogt (1997c), S. 115

Gianferrari, Luisa
geb.1890 Reggio Emilia
gest. 1977 Rapallo (bei Genua)
Prof. Dr., Biologie
Staatsbürgerschaft Italien

Studium der Biologie, 1918 Abschluß mit Auszeichnung in Bologna mit einer Arbeit über Zytologie. Danach als „libera docente" (eine Art Privatdozent) in Rom. 1924-1933 in der Lehre für Biologie sowohl an der Allgemeinen Fakultät als auch an der Medizinischen Fakultät der Universität in Mailand tätig. – Von 1934 bis 1935 wiss. Gast im Kaiser-Wilhelm-Institut für Biologie, Berlin-Dahlem, in der Abteilung Richard Goldschmidt. – Mindestens von 1925 bis 1950 Professor(in) für Biologie an der Universität Mailand, der Universita degli studi di Milano; ab 1930 auch Direktor(in) des Gabinetto di Biologia generale, ab 1952 Direktor(in) des Istituto di Biologia e Zoologia generale. 1950-1959 hatte sie den neugegründeten Lehrstuhl für Humangenetik inne. Außerdem 1937 am Istituto Generale e Genetica, Museo Civico di Storia Naturale, Mailand, bis 1948 hier auch Kuratorin.

Publikation: Gianferrari, L. und Giuseppe Cantoni (Ed.) „Manuale di genetica con particolare riguardo all'ereditarietà nell'uomo", Milano: F. Vallardi, 1942.

Quellen: Naturwissenschaften, Bd. 23/1935, S. 431 (hier fälschlich: Giangerrari). – MPG-Archiv: III, 47, Nr. 490 (Paula Hertwig – Max Hartmann, Mai 1934, wegen Informationen an Prof. L. Gianferrari); Mitgliederverzeichnis, Deutsche Gesellschaft für Vererbungswissenschaft, 1937, in: III, 2, Nr. 10. – Minerva. Jahrbuch der gelehrten Welt. Berlin, 1920ff. – Auskünfte Dr. Ariane Dröscher (Univ. Bologna, 8.7.2008).

Ginzel, Ingeborg
geb. 28.10.1904 Dresden
gest. 14.11.1966 London
Dr. rer. techn., Aerodynamik

Von 1911 bis 1914 Besuch der 10. Bürgerschule, 1914–1918 der höheren Mädchenschule am Lehrerinnenseminar und 1918–1924 der Studienanstalt, alle in Dresden, Februar 1924 Reifeprüfung. – 1924–1929 Studium der reinen und angewandten Mathematik, der Versicherungsmathematik sowie der Physik an der TH Dresden und der Universität Tübingen (1 Semester 1926). 1929 Prüfung für das höhere Lehramt in Mathematik und Physik. – Prom. 1930 TH Dresden: „Die konforme Abbildung durch die Gammafunktion", bei Paul

Eugen Böhmer (1877–1958), publ. in „Acta Mathematica", 56 (1931), S. 273-353. – 1929–1935 Lehrerin im höheren Schuldienst in Dresden. – Von Herbst 1937 bis Frühjahr 1945 wiss. Mitarbeiterin in der Aerodynamischen Versuchsanstalt e. V. Göttingen in der Kaiser-Wilhelm-Gesellschaft. – Ab 1945 Mitarbeiterin für britische bzw. US-amerikanische Einrichtungen, 1949–1953 Mitarbeiterin im Admirality Research Laboratory in Teddington, in der Nähe Londons. – Ab 1953 wiss. Mitarbeiterin (senior engineer) im Flight Vehicles Research Department der Martin Company in Baltimore (USA), Expertin für „wing design". – Die letzten Lebensjahre in London lebend.

Quellen: Auskunft Dr. Renate Tobies (Juli 2007). – Auskunft Dr. Florian Schmaltz (Febr. 2008).

Sekundärliteratur: Tobies (2004), S. 711 ff. (aber 1937 in der AVA, nicht im KWI).

Glasow, Renée Amalia
geb. D'Ans
geb. 11.3.1919 Cosel (Schlesien, heute Polen)
Dr., Biologie
Staatsbürgerschaft Belgien

1937 Obersekundarreife in Berlin. 1939 medizinisches Staatsexamen als medizinisch-technische Assistentin an der Chemie-Schule von Dr. Lüders in Berlin. – 1939–1940 Praktikantin im Kaiser-Wilhelm-Institut für Biologie, Berlin-Dahlem, in der Abteilung von Fritz von Wettstein. – Herbst 1940 Reifeprüfung als Externe. – 1940–1943 Studium der Botanik, Pflanzenphysiologie und Chemie an der Universität Berlin. Von Frühjahr 1942 bis Herbst 1944 Arbeit an Dissertation. – Prom. am 16.1.1945 Universität Berlin: „Die Phosphatase-Aktivität in verschiedenen Zellfraktionen des Spinatblattes" (22 S. MS + viele Zeichnungen), bei Kurt Noack, Ludwig Diels. – Seit Mai 1944 verheiratet mit Diplomlandwirt Dr. W. Glasow. Nebentätigkeiten im Kaiser-Wilhelm-Institut für Biologie (nach Hilde von Laue). – Nach 1945 keine wiss. Tätigkeit.

Quellen: Archiv HUB: Math.-Nat. Fak. Nr. 201, Bl. 47-62. – Lemmerich (1998, Hinweis auf Hilde von Laue, Tochter, befreundet). – Auskunft Prof. Dr. Ekkehard Höxtermann.

Görtler
Dr., Mechanik

Mindestens im Herbst 1941 Mitarbeiterin im Kaiser-Wilhelm-Institut für Strömungsforschung, Göttingen.

Quelle: MPG-Archiv: I, 1A, Nr. 533/3 („Frau Dr.").

Grahl, Ursula
geb. 28.7.1922 Güstrow
Chemie (Diplom-Chemikerin)

Vom 21.10.1942 bis 1.4.1945 Mitarbeiterin im Kaiser-Wilhelm-Institut für Chemie, Berlin-Dahlem, in der (Gast-) Abteilung Kurt Hess. 1943 Diplom bei Otto Hahn, 1943 bis März 1945 Doktorandin bei ihm.

Quellen: MPG-Archiv: I, 11, Nr. 351 (Personalliste, hier: 21.10.1942-1.4.1945); III, 14, Nr. 1235, Bl. 1 (Gutachten Otto Hahns, 8.12.1943, zur Diplom-Arbeit), Bl. 3 (Brief O. Hahns an P. A. Thiessen, 3.4.1945, mit der Bitte, die Promotion noch zu unterstützen).

Grube
Hüttig-Grube, Ilse
Dr., Biologie
Staatsbürgerschaft Niederlande

Von 1933 bis 1935 wiss. Gast im Kaiser-Wilhelm-Institut für Biologie, Berlin-Dahlem, in der Abteilung Max Hartmann.

Quellen: MPG-Archiv: I, 1A, Nr. 1082/11, Bl. 12 (Umfrage in der KWG, 4.2.1933, hier: „Hüttig", als Gast). – Naturwissenschaften, Bd. 21/1933, S. 439 (Gast); Bd. 22/1934, S. 359; Bd. 23/1935, S. 431.

Gutmann, Irene
Dr., Medizin

Mindestens 1928/1929 Assistentin in der Deutschen Forschungsanstalt für Psychiatrie (Kaiser-Wilhelm-Institut), München.

Quelle: Handbuch KWG, 1928, S. 203.

Gysae, Brigitte
geb. 31.12.1905 Stendal
Dr., Physik

Von 1911 bis 1921 Besuch verschiedener Privatschulen in Berlin, Radebeul, wieder Berlin. 1922–1924 Besuch der städtischen Oberrealschule Potsdam, hier 1924 Reifezeugnis. – 1924–1931 Studium der Physik und technischen Physik, 1 Semester an der Universität Tübingen, dann an der TH Berlin-Charlottenburg, hier 1931 Diplom. – 1931–1939 Physikerin bei Osram, Werk A, Versuchslaboratorium, Berlin. – Prom. 1938 TH Berlin: „Über die Temperaturabhängigkeit der Austrittsarbeit von Oxydkathoden.", bei A. Gehrts, K. Möller. – 1939–1941 Physikerin bei der AEG, Kabelwerk Oberspree, Versuchslaboratorium. – Vom 5.5.1941 bis 1950 Mitarbeiterin (wiss. Assistentin) im Kaiser-Wilhelm-Institut für Physik, Berlin-Dahlem, bzw. ab 1943 Hechingen. 1947–1949 hier auch Bibliotheksarbeiten. – 1950–1951 mit einem Stipendium der Notgemeinschaft bzw. der DFG Fortsetzung der Arbeiten in Hechingen, 1951 nochmals verlängert. – 1951 an der Universität München, in der Anorganisch-chemischen Abteilung des Chemischen Laboratoriums von Egon Wiberg. Arbeitete hier zu Alpha-Strahlern.

Publikationen: Technisch-Wiss. Abhandlungen der Osram-Gesellschaft, Bd. 5, Berlin, Springer-Verlag, 1943, S. 280-295 (Publ. von Gysae). – Gysae, B. u. S. Wagener: Zur Frage des Kontaktpotentials. Zusammenfassung der Beiträge in: Z. f. Phys. Bd.110 (1938), 145f. und Z. f. techn. Phys. Bd. 19 (1938), 264f.

Quellen: Lebenslauf in der Dissertation. – MPG-Archiv: III, 14, Nr. 1332 (Briefwechsel Hahn – Gysae, 1951–1952) u. Nr. 5540 (Antrag 1950 an die Notgemeinschaft). III, 50, Nr. 754 (Briefwechsel v. Laue – Gysae, 1947–1949). III, 47, Nr. 550 (Briefwechsel wg. Gysae, 1950–1952, Bl. 1 Lebenslauf u. Publ.liste). Geschichte der Forschungsstelle für Spektroskopie bis 1959 (Manuskript, Bibl. MPG-Archiv).

H

Hammerstein, Helga von
verh. Rossow
geb. 18.3.1913 Berlin
gest. 7.9.2005 Stuttgart
Dr. rer. nat., Chemie; im Widerstand tätig gewesen

Zur Familie gehörten: Generaloberst der Reichswehr, Freiherr Kurt von Hammerstein-Equord (1878–1943) und seine Frau Maria, geb. von Lüttwitz (1886–1970) sowie ihre 7 Kinder: Marie Louise (27.9.1908–6.11.1999), verh. von Münchhausen, Juristin, Anwältin; Marie Therese (13.12.1909–21.1.2000), 1934 verh. mit John (Joachim) Paasche (1911–1994) und Emigration nach Palästina, zurück nach Berlin, dann Japan, 1948 San Francisco, 4 Kinder; Helga (1913–2005); Kunrat (14.6.1918–13.6.2007) und Ludwig (17.11.1919–26.2.1996), beide im Widerstand gegen die Nazis und an der Vorbereitung des Attentats am 20. Juli 1944 beteiligt gewesen, beide konnten fliehen und untertauchen; Franz (*1921), 1944 mit Mutter und Schwester Hildur als „Sippenhäftling" verhaftet; nach 1945 Pfarrer, 1958 Aufbau der „Aktion Sühnezeichen-Friedensdienste", Direktor der Evangelischen Akademie Berlin von 1978 bis 1986; Hildur (*1923), verh. Zorn. – Besuch der Schulen in Kassel, Magdeburg, Berlin, hier 1930 Reifezeugnis. Besuch einer privaten Chemie-Schule, dann 1 Semester Hörerin für Chemie an der TH Berlin. Frühjahr 1933 Abitur an der Oberrealschule Berlin-Neukölln. – Studium der Chemie (6 Semester TH, 2 Semester Universität) Berlin. 1934 und 1935 Verbandsexamen Chemie abgelegt. – Seit 1929 über den „sozialistischen Schülerbund" mit Leo Roth (1911–1937) eng befreundet; Roth war Kommunist, im Apparat des Nachrichtendienstes der KPD und Agent der Komintern; Roth wurde Anfang 1936 nach Moskau beordert, im November 1936 unter falschen Anschuldigungen verhaftet und in Folge der „Säuberungen" am 10.11.1937 zum Tode verurteilt und erschossen. Helga von Hammerstein wurde 1929 Mitglied des KJVD (als Grete Polgert) und 1930 Mitglied der KPD. – Die am 3.2.1933 streng vertraulich gehaltene Rede Adolf Hitlers vor Generälen der Reichswehr über seine Kriegsziele wurde heimlich mitstenographiert und von Leo Roth nach Moskau übermittelt (6.2.1933).

Das Stenogramm soll von Marie Louise und Helga von Hammerstein angefertigt worden sein. Beide Schwestern waren mindestens von 1929 bis 1936 für die KPD bzw. Komintern tätig, darunter ab 1933 im Widerstand gegen das Hitler-Regime. Sie sammelten Informationen über den Nazi-Terror, die geheimen Kriegsvorbereitungen und halfen bei der Flucht Verfolgter; im Sommer 1933 ermöglichten Helga von Hammerstein und Leo Roth die Flucht von Hans Beimler nach Prag, nach dessen geglückter Flucht aus dem KZ Dachau. Nach der sogen. Rückberufung von Leo Roth nach Moskau Anfang 1936 brach der Kontakt mit dem Nachrichten-Apparat der KPD Ende 1936 oder Anfang 1937 ab, sie wurde „abgehängt". – Helga von Hammerstein leistete Widerstand gegen die Nazis auch nach 1937 und ihrer späteren Verheiratung. Zusammen mit ihrem Mann Walter Rossow (1910–1992) war sie in der „Freiheitsgruppe" engagiert, die zeitweilig der Architekt Hubert Hoffmann (1904–1999) leitete. Die Arbeit gegen die Nazis in der „Freiheitsgruppe" erfolgte durch Weitergabe von Informationen, Unterstützung politisch Verfolgter und jüdischer Bürger. Hilfe für ihre zwei Brüder Ludwig und Kunrat, die nach dem mißglückten Attentat vom 20. Juli 1944 untertauchen mußten und seit dem 20.7.1944 bzw. 22.12.1944 steckbrieflich gesucht wurden. – Vom 1.2.1935 bis März 1937 Mitarbeiterin im Kaiser-Wilhelm-Institut für Chemie, Berlin-Dahlem, in der (Gast-) Abteilung Kurt Hess; Arbeit über Synthese von Zuckern (s. Publ.). – 1937–1938 in der Industrie tätig. – 1938–1939 in der textilchemischen Abteilung des Technisch-Chemischen Instituts der TH Berlin Arbeit an Dissertation. Prom. am 1.11.1939 Universität Berlin: „Beiträge zur Kenntnis von Kunstharzen als Zusatz zu Viskosespinnlösungen" (35 S.), bei Doz. Dr.-Ing. P. Eckert (TH), Hermann Leuchs. – Seit Herbst 1939 verh. mit dem späteren Gartenarchitekt Walter Rossow, 1945 Sohn Horst (geb. 1940) adoptiert. Mit Walter Rossow bis 1945 Gartenbetrieb in Stahnsdorf bei Berlin betrieben. – Von 1945 bis 1994 in Berlin; Walter Rossow freier Architekt, u. a. für die Gesamtkoordination beim Bau der Berliner Akademie der Künste in Berlin (West) zuständig; 1966 Prof. für Landschaftsplanung an der Universität Stuttgart, er behielt aber ein Büro in Berlin; 1976–1986 Direktor der Sektion Baukunst der Akademie der Künste in Berlin (West). Helga Rossow rezensierte anfangs neuere Literatur für chemische Zeitschriften, später unterstützte sie die Arbeiten ihres Mannes, der zahlreiche Ehrungen bekam. – In einem Pflegeheim bei Stuttgart gestorben.

Publikation: Hess, Kurt, Helga von Hammerstein, Wolfgang Gramberg: Über teilweise methylierte Disaccharide (I). In: Berichte der Dt. Chem. Ges., Jg. 70, 1937, Heft 5, S. 1134f.

Quellen: Archiv HUB: Math.-Nat. Fak. Nr. 153, Bl. 204-227. – MPG-Archiv: I, 11, Nr. 351 (Personalliste). – Verena von Hammerstein: „Zu Horst Rossows 60. Geburtstag, ein Lebenslauf seiner Mutter" (privat, Kopie an AV, 27.2.2001). – Interview mit Franz von Hammerstein (28.2.2001). – (Neffe) Johann Gottfried Paasche, Vortrag, Berlin 24.3.2004. – Verena von Hammerstein an AV, 1.7.2007 und 14.7.2007.

Sekundärliteratur: Ypsilon (1947), p. 167. – Kunrat v. Hammerstein (1963, 1966). – Ruth von Mayenburg (1969), S. 173. – Wehner (1982), S. 156 (ohne Namen zu nennen). – Kaufmann u. a. (1993), S. 230, 291, 299, 421. – L. v. Hammerstein (1993, 1994). – Müller (1993), S. 282-284 und S. 85-86, 245, 249. – Müller (2001), S. 83-89, bes. S. 85-87. – Rebecca Rosen Lum (2000). – Koren/Negev (2001). – F. v. Hammerstein (1999). – F. v. Hammerstein (2007), S. 85-86, 94-95, 101-102, 104-105 und S. 169. – Sandvoß (2007), S. 392. – Vogt (2007), S. 391-411, bes. S. 396-399. – Enzensberger (2008).

Foto: Privat.

Hauschild, Rita
geb. 4.1.1912 Moskau
Dr. rer. nat., Dr. med., Anthropologie, Medizin

Nach Privatunterricht (Vater war Vizekonsul in Moskau) und Besuch verschiedener Schulen ab Sommersemester 1930 Studium der Naturwissenschaften, darunter Zoologie, an den Universitäten Berlin (5 Semester), Freiburg i. Br. (1 Semester) und Graz (1 Semester). – Im Wintersemester 1930/1931 Stipendienaufenthalt in Florenz. – Von 1934 bis 1936 Doktorandin im Kaiser-Wilhelm-Institut für Anthropologie, menschliche Erblehre und Eugenik, Berlin-Dahlem; untersuchte „Indianer- und Negermischlinge" in Chile und Trinidad; Unterstützung der Reise (1936–1937) finanziell von der Gwinner-Stiftung sowie der Kulturabteilung des Auswärtigen Amtes. – Prom. am 1.7.1937 Universität Berlin: „Rassenunterschiede zwischen negriden und europiden Primordialcranien des 3. Fetalmonats", bei Eugen Fischer, Paul Deegener. Publ. in: Z. für Morphologie u. Anthropologie 1937, Bd. 36, H. 2, S. 215-279 + Abb. – Nach 1945 Medizinstudium in Freiburg i. Br., hier 1948 Prom. (ebenfalls mit Material ihrer Forschungs-Reise 1936/37) – Arbeit als Ärztin.

Quellen: Archiv HUB: Math.-Nat. Fak. Nr. 124, Bl. 88-102. – Pross/Aly (1989), S. 133. – Lösch (1997), S. 333f, S. 567.

Hausser, Isolde
geb. Ganswindt
geb. 7.12.1889 Berlin
gest. 5.10.1951 Heidelberg
Dr., Physik; Abteilungsleiterin im Kaiser-Wilhelm-Institut für medizinische Forschung; Wissenschaftliches Mitglied des Kaiser-Wilhelm-/Max-Planck-Instituts für medizinische Forschung

Ostern 1909 Abitur an der Chamisso-Schule (Realgymnasialklasse) in (Berlin-) Schöneberg. – Studium der Physik, Mathematik und Philosophie an der Universität Berlin. – Prom. am 10.10.1914 Universität Berlin: „Erzeugung und Empfang kurzer elektrischer Wellen" (79 S., Widmung: „Meinem Vater"), bei Heinrich Rubens, Max Planck, angefertigt bei Friedrich Franz Martens (1873–1939), Handelshochschule Berlin. – 1914–1929 Mitarbeiterin in der Forschungsabteilung von Telefunken in Berlin, Leitung Hans Rukop (1883–1958); Forschungsarbeiten und Publikationen mit Hans Rukop. – Seit 1919 verh. mit dem Physiker Karl Wilhelm Hausser (1887–1933). – Ein Sohn Karl Hermann Hausser (1919–2001). – Seit 1929 im Kaiser-Wilhelm/Max-Planck-Institut für medizinische Forschung, Heidelberg, zunächst im Institut für Physik. 1929–1951 hier Abteilungsleiterin und seit 30.5.1938 Wissenschaftliches Mitglied; ihre Abteilung war ab 1939 selbstständig und hatte meist 3 (offiziell) Beschäftigte. Bezeichnungen: 1929–1934 Abt. für biologische Physik, 1935–1945/48 Abt. Hausser, 1948–1951 Abt. für physikalische Therapie. – Hausser leistete Arbeiten zur Röhrenforschung, zu physikalischen Grundlagen der Strahlentherapie, zur Radartechnik und zur Strahlenforschung in der Medizin.

Ehrungen: 1938 Wissenschaftliches Mitglied des Kaiser-Wilhelm-Instituts für medizinische Forschung.

Patente: Hausser, Isolde (Kaiser-Wilhelm-Institut für medizinische Forschung) Patent-Nr. 655923(21a^4,9/01)430. Einrichtung zur Schwingungserzeugung mittels Hochvakuumröhren in Bremsfeldschaltung. 18.7.33.-A430 (1938). – Hausser, Isolde (Kaiser-Wilhelm-Institut für medizinische Forschung) Patent-Nr. 682239(21a^4,9/01)2267. Einrichtung zur Erregung kurzer elektrischer Wellen mittels einer Hochvakuumröhre in Rückkopplungsschaltung. 18.7.33.- A2267 (1939).

Quellen: Archiv HUB: Phil. Fak. Nr. 557, Bl. 42-88. – MPG-Archiv: Senats-Protokolle, Nr. 67 (30.5.1938), S. 11. II, 1A, PA Hausser. III, 3 (Nachlaß), Nr. 57-60 (Patentangelegenheiten). III, 50, Nr. 811 (Briefwechsel v. Laue – Hausser, 1950). – Handbuch KWG, 1936, Bd. 1, S. 186. – Naturwissenschaften, Bd. 20/1932, S. 444 und dann regelmäßig. – Patent-Datei Hartung. – Poggendorff VIIa (1958), S. 405. – Auskünfte U. Schmidt-Rohr.

Isolde Hausser

Sekundärliteratur: NDB, Bd. 8 (1968), S. 127-128 (von Richard Kuhn). – Weiher (1983) (zu Hans Rukop, dort Publ. Rukop/Hausser; auch über einen der Brüder von Isolde Hausser). – Hausser, Karl and Rudolf Frey. 50 Jahre Hausser-Vahle-Kurve. In: Acta medicotechnica, 29 (1981), Heft 1, S. 33-34. – Fuchs (1993, 1994a). – Parthey (1995). – Schmidt-Rohr (1996, 1998). – Vogt (1997c), S. 134-139. – Ogilvie/Harvey (2000), Vol. 1, pp. 566-568. – Vogt (2007).

Fotos: MPG-Archiv: VI. Abt., 1. – Veröff. Archiv MPG, Bd. 2 (1989). – 50 Jahre MPG, 1998, Band 2, S. 95.

Heckmann, Marie
Dr.

Seit 1.5.1934 Mitarbeiterin (?) im Institut für Pathologie im Kaiser-Wilhelm-Institut für medizinische Forschung, Heidelberg.

Quelle: MPG-Archiv: I, 1A, Nr. 539/4.

Heckter, Maria
verh. Straßmann-Heckter
geb. 29.8.1898 Hannover
gest. 4.4.1956 Mainz
Dipl.-Ing., Dr.-Ing., Chemie; Laborleiterin im Kaiser-Wilhelm-Institut für Silikatforschung

Besuch der Studienanstalt realgymnasialer Richtung, 1918 Reifezeugnis. – Von 1919 bis 1922 Studium der Mathematik an der TH Hannover, dann Chemie, März 1928 Diplom-Hauptprüfung. – Von Mai 1928 bis Januar 1931 Assistentin im Institut für Glastechnik und Keramik der TH Hannover bei Prof. Dr. Gustav Keppeler. – Prom. am 24.1.1934 TH Hannover: „Radiochemische Oberflächenbestimmung an Glas", bei Gustav Keppeler, Wilhelm Biltz, Julius Precht. Publ. in: Glastechnische Berichte, 12 (1934), Heft 5, S. 156-172. – Von Januar 1931 bis 29.2.1936 (nach Krafft (1981) bis Juli 1937) Mitarbeiterin im Kaiser-Wilhelm-Institut für Silikatforschung, Berlin-Dahlem. Hier von 1931 bis 1933/34 Leiterin des technisch-analytischen Laboratoriums (Nachfolgerin von Dipl.-Ing. Christel Kraft), sowie Arbeit an Dissertation. – Seit 20.7.1937 verh. mit Fritz Straßmann (1902–1980), Assistent von Otto Hahn im Kaiser-Wilhelm-Institut für Chemie, Mitentdecker der Uranspaltung 1938. Aufgabe ihrer Berufstätigkeit und „private Mitwirkung an meinen Arbeiten" (F. Straßmann in: Krafft (1981), S. VII). April 1940 Sohn Martin geboren. – Von März bis Mai 1943 versteckten Maria und Fritz Straßmann die untergetauchte ehemalige Klavierlehrerin Andrea Wolffenstein (1897- gest. nach 1980), die zuvor zwei Monate bei Elisabeth und Gertrud Schiemann illegal gelebt hatte, in ihrer Wohnung, bis sie an neue Verstecke weitergeleitet wurde. Fritz Straßmann wurde 1986 postum von der Gedenkstätte Yad Vashem in Jerusalem als „Gerechter unter den Völkern" geehrt.

Quellen: MPG-Archiv: I, 42, Nr. 234 (Personalbogen, 1931–1936). I, 1A, Nr. 2294/1, Bl. 15 (Eitel zum 5.5.1931, zur Übernahme der Leitung des Labors durch Marie (Orig.) Heckter); Nr. 2294/4, Bl. 50 (Eitel zum 20.4.1934, zur Prom. von Heckter). I, 1A, Nr. 2298/6, Bl. 108 (Eitel zum 11.5.1936, zum Ausscheiden von Heckter am 29.2.1936). – Naturwissenschaften, Bd. 29/1941, S. 435 (Publ. angezeigt: F. Straßmann, M. Straßmann-Heckter. Handbuch-Artikel „Barium", in: Fresenius-Jander, Handbuch der Analytischen Chemie, III 2a, 1940).

Sekundärliteratur: Leuner (1967). – Valerie Wolffenstein (1981). – Boehm (1985). – Krafft (1981), bes. S. 64-73. – Sime (1996). – Vogt (2000e), p. 193. – Ogilvie/Harvey (2000), Vol. 2, pp. 1246-1247. – Deichmann (2001), S. 89-90. – Vogt (2007).

Fotos: Krafft (1981), S. 65 (s. Abb.) und S. 71.

Heidwig, Dorothea
(? Heidrich, Dorothea)
Dr., Chemie

Mindestens von 1922 bis 1923 Assistentin im Kaiser-Wilhelm-Institut für Faserstoffchemie, Berlin-Dahlem.

Quellen: MPG-Archiv: I, 1A, Nr. 513/2, Bl. 7 (Umfrage zum Stand der Mitarbeiter zum 1.1.1923). – Boedeker (1935/39), Nr. 1028: (Dorothea Heidrich, Breslau 1920, Diss. Chemie bei Biltz – unklar, ob Heidrich oder Heidwig).

Heinroth, Katharina *siehe* **Rösch**

Hell, Katharina
Dr., Medizin

November 1936 Stipendiatin der Notgemeinschaft der Deutschen Wissenschaft (DFG) in der Deutschen Forschungsanstalt für Psychiatrie (Kaiser-Wilhelm-Institut), München.

Quelle: MPG-Archiv: I, 1A, Nr. 542/2, Bl. 56.

Heller, Lia
Dipl.-Ing., Dr.-Ing., Metallurgie

Vom 20.6.1936 bis 31.9.1943 Mitarbeiterin (Assistentin) im Kaiser-Wilhelm-Institut für Eisenforschung, Düsseldorf, in der Metallurgischen Abteilung. – Prom. Dr.-Ing. zwischen 1936 und 1943. Forschungen über den Einfluss von Arsen auf Eigenschaften des Stahls.

Publikationen: Luyken, W. und L. Heller: Arsen in Eisenerzen und die Möglichkeit seiner Austreibung vor der Verhüttung. In: Arch. Eisenhüttenwesen 11 (1937/38), S. 475-481. – Dies. Die magnetischen Eigenschaften von geröstetem Spateisen und ihre Verbesserung durch verändere Röstbedingungen. In: Mitteilungen aus dem Kaiser-Wilhelm-Institut für Eisenforschung zu Düsseldorf, Bd. 21 (1939), S. 271-288 (mit 11 Bildern).

Quellen: MPG-Archiv: I, 1A, Nr. 1965/2, Bl. 126 (Bericht über 1936, Neueinstellungen); Nr. 1965/5, Bl. 146h (Bericht über 1938) und Bl. 146u; Nr. 1965/8 (S. 4: Bericht über 1943, zum Ausscheiden von Heller).

Henle, Gertrud(e) *siehe* **Szpingier**

Henschen, Irmgard *siehe* **Leux**

Herbeck, Margot
geb. 31.1.1909 Wuppertal
gest. 15.4.2003 Göttingen
Dr., Physik

Nach Schule und Abitur Studium der Mathematik und Physik an der Universität Göttingen, hier Doktorprüfung 1935 und Prom. 1936 an der Math.-Nat. Fak. zur angewandten Elektrizität: „Schallgeschwindigkeit in verdünnten wässrigen Lösungen von Gasen und Säuren in ihrer Abhängigkeit von Temperatur und Konzentration", bei Max Reich. – Von Juli 1935 bis zum 30.9.1937 Assistentin im Kaiser-Wilhelm-Institut für Strömungsforschung in Göttingen, in der Aerodynamischen Versuchsanstalt (AVA). Im Prandtl-Kolloquium „Besprechung von Fragen der angewandten Mechanik" am 6.1.1937 Vortrag „Experimentelle Technik der Messung turbulenter Schwankungen." – Vom 1.10.1937 bis 30.4.1945 wiss. Mitarbeiterin (Assistentin) bei der AEG in Berlin. – Vom 10.10.1945 bis 30.9.1947 Physikerin (Assistentin) bei der Royal Air Force Research Branch in der AVA Göttingen. – Vom 1.10.1947 bis zum Renteneintritt Assistentin am Max-Planck-Institut für Strömungsforschung in Göttingen. – Mitglied im Deutschen Akademikerinnenbund; 9.-16.8.1971 mit 2 weiteren Frauen der Ortsgruppe Göttingen (Dr. Ida Hakemeyer, Dr. Ilse-Marie Leaver) Teilnahme an der 17. Triennale des Internationalen Akademikerinnenbundes in Philadelphia.

Quellen: Archiv Univ. Göttingen: Promotionsunterlagen. – MPG-Archiv: III, 61, Nr. 2169 (Kolloquium). III, 14, Nr. 1570 (Briefe, 1959, 1964, 1968). Unterlagen des MPI für Strömungsforschung, Veröffentlichungsverzeichnis von M.H. – Handbuch KWG, 1936, Bd. 1, S. 157. – Bundesarchiv, Außenstelle Berlin (ehem. Document Center): Hochschulgemeinschaft Deutscher Frauen 1.3.1938. – Chronik für 1971, Stadtarchiv Göttingen. – Auskunft Stadtarchiv Göttingen (21.9.2007).

Herforth, Lieselott (auch Liselott)
geb. 13.9.1916 Altenburg/Thüringen
Dipl.-Ing., Dr., Physik; Professor, Ordentliches Mitglied der Deutschen Akademie der Wissenschaften (DAW) zu Berlin (1969); 1965 erste Rektorin einer deutschen TH/TU

1936 Abitur am Rückert-Oberlyzeum in Berlin-Schöneberg. – 1937/38–1940 Studium der Mathematik und Physik an der TH Berlin-Charlottenburg; 1940 Dipl.-Ing. bei Hans Geiger. – 1940–1943 Hilfs-Assistentin (Honorarassistentin) an der TH Berlin-Charlottenburg. – Vom 1.2.1943 bis zum 30.6.1943 Assistentin im Kaiser-Wilhelm-Institut für Physik, Berlin-Dahlem. – 1943–1947 Assistentin im physikalischen Institut der Universität Leipzig, im physikalischen Institut der Universität Freiburg i. Br., im Institut für Ionen- und Elektronenlehre der TH Berlin-Charlottenburg. 1946 als Physikerin in „einem Gasentladungslabor in der Industrie (Oberspreewerk Berlin)". – Vom 1.1.1947 bis Januar 1949 Doktorandin im Kaiser-Wilhelm-Institut für physikalische Chemie und Elektrochemie, Berlin-Dahlem. – Prom. Dr.-Ing. 1948, TU Berlin: „Die Fluoreszenzanregung organischer Substanzen mit Alphateilchen, schnellen Elektronen und Gammastrahlen" (MS 55 S.), bei Hartmut Kallmann, Iwan N. Stranski. – Vom 1.4.1949 bis 1.9.1954 Mitarbeiterin im Institut für Medizin und Biologie der DAW zu Berlin in Berlin-Buch unter der Leitung von Walter Friedrich (1883–1968). – 1953 Habilitation in Physik, Universität Leipzig. – 1954–1955 Dozentin Universität Leipzig. – 1957–1960 Prof. TH Merseburg und Vorlesungen an der Universität Leipzig. – Vom 1.9.1960 bis 1976 (Emer.) Prof. TH/TU Dresden (ab 1961 TU). – 1965–1968 Rektorin der TU Dresden. – Lieselott Herforth hat als erste die Szintillation einer organischen Flüssigkeit gemessen und erläutert. Die Liquid Solid Chromatography (LSC) ist die Methode, mit der die meisten Bestimmungen der Radioaktivität in der Nuklearmedizin durchgeführt werden.

Publikationen: Ultraschall. Leipzig 1958. – Radiophysikalisches und radiochemisches Grundpraktikum. Berlin 1959. – Praktikum der angewandten Radioaktivität. Berlin 1968. – Praktikum der Radioaktivität und der Radiochemie. Berlin 1981.

Ehrungen: 1969 Ordentliches Mitglied der DAW zu Berlin (später AdW der DDR); Mitglied der Leibniz-Sozietät.

Quellen: Lebenslauf in der Dissertation. – „Wer war Wer in der DDR" (2006), S. 294. – Archiv BBAW: Nachlaß Walter Friedrich, Nr. 543 (5 Briefe aus Leipzig und Dresden, 1954–1965) und Nr. 863 (4 Briefe an sie, 1958–1965). – Mitteilungen Konrad Landrock (Coswig), 25.2.2004, und Siegfried Niese (Wilsdruff), 10.12.2005.

Sekundärliteratur: Niese/Voss (2001). – Lingertat (2002).

Hertz, Mathilde (Carmen)
geb. 14.1.1891 Bonn
gest. 20.11.1975 Cambridge (Großbritannien)
Dr., Dr. habil., Biologie (Tierpsychologie)

Tochter des Physikers Heinrich Hertz (1857–1894), Cousine des Physikers Gustav Hertz (1887–1975). – Mit Schwester Johanna Sophia Hertz (1887–1967) in Bonn aufgewachsen und hier Abitur; Johanna Sophia studierte Medizin an der Universität Bonn, bis 1933 Ärztin in Bonn; im Haushalt Hertz lebte bis Frühjahr 1933 die Wissenschaftlerin Maria Gräfin von Linden (1869–1936). – Mathilde Hertz begann ein Studium der Philosophie an der Universität Bonn; 1910–1912 Kunststudium an der Hochschule Karlsruhe, 1912–1915 an der Kunstakademie Weimar; 1915 in Berlin; ab 1916 in München, zeitweilig Gehilfin im Deutschen Museum München. – Ab Wintersemester 1920/21 Zoologie-Studium an der Universität München. – Prom. am 11.2.1925 Universität München: „Beobachtungen an primitiven Säugetiergebissen" (25 S.), bei Richard Hertwig. Publ. in: Z. für Morphologie und Ökol. der Tiere, Abt. A, Bd. 4. – Zwei Jahre Hilfs-Assistentin bzw. Stipendiatin Universität München. – Von 1927 bis 1935 im Kaiser-Wilhelm-Institut für Biologie, Berlin-Dahlem, in der Abteilung Richard Goldschmidt, zuerst „sonstige Mitarbeiterin" (Stipendium der Notgemeinschaft der Deutschen Wissenschaft), ab 1.4.1929 Assistentin. Im Frühjahr 1933 von Entlassung bedroht, kann sie auf Intervention von Max Planck zunächst noch bleiben, muß aber zum 31.12.1935 ausscheiden. – Habilitation am 8.5.1930 an der Phil. Fak. der Universität Berlin in Zoologie (Tierpsychologie) mit der Habilitationsschrift „Die Organisation des optischen Feldes bei der Biene". Entzug der Lehrbefugnis am 2.9.1933. Betreuung der Dissertation von Mercedes Gaffron (1934). – Winter 1935/36 Emigration nach Großbritannien (u. a. Dank der Hilfe von Max von Laue); mit Mutter (gest. 1941) und Schwester (gest. 1967) in Cambridge. – Von 1936 bis September 1939 Forschungen als Stipendiatin am Zoological Department of the University of Cambridge; von September 1937 bis Januar 1938 Forschungsaufenthalt am Zoologischen Institut der Universität Bern. – September 1939 Abbruch der wissenschaftlichen Forschungen. – 1957 (krank, auf einem Auge fast blind) zu den Feierlichkeiten zum 100. Geburtstag des Vaters in Deutschland zu Besuch. – Beigesetzt im Familiengrab in Hamburg.

Quellen: Archiv HUB: Habilitation, Phil. Fak. Nr. 1244, Bl. 249-262. – MPG-Archiv: I, 1A, Nr. 534/4, Bl. 3, 7, 30 (Briefe M. Planck an Reichsmin. des Innern, 27.6.1933, 21.7.1933, 21.11.1933), Bl. 31 (Schreiben bzgl. Verbleiben von Mathilde Hertz, 3.1.1934). I, 1A, Nr. 1556/7, Bl. 30b (Kuratoriums-Sitzung, 23.2.1937, Bericht von v. Wettstein, zum Ausscheiden zum 1.1.1936). III, 50, Nr. 852 u. Nr. 853 (Briefwechsel v. Laue – Hertz, 1956 und 1957–1960). – Handbuch KWG, 1928, S. 195 („sonstige Mitarbeiter(in)"). – Handbuch KWG, 1936, Bd. 1, S. 174 („Assistentin"). – Naturwissenschaften, Bd. 18/1930, S. 488; Bd. 21/1933, S. 439; Bd. 22/1934, S. 359 und S. 46-47 (Rez.); Bd. 23/1935, S. 618-624 und S. 261-262; Bd. 24/1936, S. 36 sowie Bd. 25/1937, S. 492-493 (Artikel). – Kürschners Gelehrten-Kalender 1931, S. 1143 und 1935, S. 533. – List (1936), p. 14. – Archive S.P.S.L., Oxford: 199/6, pp. 161-394 (u. a. Empfehlungsbrief für M. Hertz von Gräfin von Linden) und 432/2. – Churchill College Archive, Cambridge: Meitner-Nachlaß, MTNR 5/8, folder 16 (Briefwechsel Lise Meitner mit Gustav Hertz). – Auskünfte Fam. Hertz (Malente). – American Phil. Society, Philadelphia: Wolfgang Köhler Papers (Briefe M. Hertz an W. Köhler, 1929 (4), 1931, 1932).

Sekundärliteratur: Richard Goldschmidt (über M. Hertz), in: Handbuch KWG, 1936, Bd. 2, S. 258-259. – Boedeker (1935/39) und Boedeker (1974, mit Fehlern). – Hertz (1977). – Deichmann (1992), S. 35, 36 und S. 351. – Jaeger (1996), S. 228-262, hier Publikationsliste von M. Hertz. – Kuhn (1996), S. 171-172 (über J. S. Hertz) und S. 182 (über M. C. Hertz). – Lemmerich (1998), S. 164 (zum Tod der Mutter). – Jahn (1998), S. 854 (Kurzbiographie von AV). – Vogt (2007).

Foto: Jaeger (1996), S. 228.

Heumann
Chemie

Von 1927 bis 1928 Doktorandin („Frl. Heumann") im Kaiser-Wilhelm-Institut für Silikatforschung. Berlin-Dahlem. – Ab 1928 Chemikerin in einem Hüttenbetrieb in Böhmen.

Quelle: MPG-Archiv: I, 1A, Nr. 2293/3, Bl. 104 (Eitel, Bericht 1927/28 zur Kuratoriumssitzung am 9.3.1928).

Heyden (Heiden), Maria
verh. Joerges
geb. 4.5.1912 Halle/S.
Dr., Physik

Von 1918 bis 1925 Vorschule und Lyzeen in Halle, Leipzig und Berlin. 1931 Reifeprüfung an realgymnasialer Studienanstalt Berlin-Charlottenburg. – 1931–1935 Studium der Physik an der TH Berlin-Charlottenburg. 1935 Diplom-Hauptprüfung. 1934–1937 am Physikalischen Institut der TH Berlin-Charlottenburg. – Prom. 1937 Dr.-Ing. TH Berlin: „Über die Feinstruktur der D(alpha)", bei Hans Geiger, Wilhelm Westphal. Publ. in: Zeitschrift für Physik, Bd. 106, S. 499-517. – 1938–1939 mit einem Stipendium an der Universität Kiel. – Vom 13.5.1939 bis 1943 wiss. Mitarbeiterin im Kaiser-Wilhelm-Institut für Physik, Berlin-Dahlem. – 1939 verh. Joerges, 2 Kinder (geb. 1942, 1943). – 1943–1953 wieder TH Berlin-Charlottenburg, Assistentin im Institut für Elektronen- und Ionenforschung.

Quellen: Lebenslauf in der Dissertation. – MPG-Archiv: I, 34, Nr. 25 (Versicherung). – Naturwissenschaften, Bd. 26/1938, S. 612 (Heyden, M. (Maria) und W. Wefelmaier. Eine natürliche beta–Radioaktivität des Cassiopeiums). – Auskunft Dr. Renate Tobies (die 1996 Frau Joerges interviewte).

Sekundärliteratur: Vogt (2000e), p. 193-194.

Hirsch, Lore (Karola Stefanie)
geb. 8.7.1908 Mannheim
gest. 15.10.1998 Dearborn, Michigan (USA)
Dr., Medizin

Tochter des 1928 verstorbenen Kaufmanns (Rohtabakhandlung in Mannheim) Erwin Hirsch und seiner Frau Marie, geb. Kiefer (1879-nach 1961). 1914–1927 Mädchen-Realgymnasium (Liselotteschule) in Mannheim, Ostern 1927 hier Abitur. Danach Kurs an einer privaten Handelsschule und einige Monate an einer Handelsschule in der Schweiz. Bis 1931 in der Firma ihres Vaters. – Von Wintersemester 1931/32 bis 1937 Studium der Medizin (11 Semester) an der Universität Heidelberg; Sommer 1937 Staatsexamen, im Juli 1937 Promotionsprüfung in den Fächern Innere Medizin (bei Oehme), Chirurgie und Kinderheilkunde. – 1936 Doktorandin am Kaiser-Wilhelm-Institut für medizinische Forschung, Heidelberg, im Institut für Physiologie von Otto Meyerhof; am Kaiser-Wilhelm-Institut gab es Anfeindungen gegen sie als „Nichtarierin". – Prom. 1936 Universität Heidelberg: „Über den Einfluß der Ascorbinsäure auf den Glykogengehalt der Leber hyperthyreotisierter Meerschweinchen", bei Oehme. Publ. in: Biochemische Zeitschrift, Bd. 287, 1936, 1.-2. Heft, S. 126-129. Die Arbeit entstand aus dem Arbeitskreis der Poliklinik. – Trotz erfolgreichen Abschlusses der Promotion verweigerte die Universität Heidelberg ihr die Aushändigung des Doktor-Diploms und verlangte seit 1937 Unterlagen über eine potentielle Anstellung im Ausland sowie den schriftlichen Verzicht auf eine Arzttätigkeit in Deutschland, „beides in dreifacher Ausfertigung". Nachdem sie im Februar 1939 versicherte, die „Auswanderung" bei den betreffenden deutschen Behörden angemeldet zu haben, wurde ihr im Mai 1939 das Doktor-Diplom nach Mannheim geschickt. – 1939 Medizinalpraktikantin im jüdischen Krankenhaus Hamburg. – 1939 Emigration, am 1.8.1939 in die Schweiz und von hier im Mai 1940 in die USA. Ihrer Mutter gelang ebenfalls im August 1939 die Rettung in die Schweiz und von hier 1941 nach Buenos Aires. – In den USA zunächst 1941–1943 Medizinalpraktikantin, 1943–1948 Spezialausbildung als Nervenärztin, danach Arbeit als Psychiaterin, seit den 1960er Jahren in Dearborn, Michigan.

Nachruf: http://www.obitcentral.com/obitsearch/obits/mi/mi-wexford4.htm

Quellen: MPG-Archiv: I, 1A, Nr. 540/2, Bl. 196 (R. Kuhn an F. Glum, 27.4.1936, Bericht über eine Denunziation („eine Anfrage der Staatspolizei") gegen sie und die anderen „nichtarischen" Mitarbeiter bei O. Meyerhof). – Universitätsarchiv Heidelberg: H–III–862/75 (Promotionsakten). – Stadtarchiv Mannheim: „Wiedergutmachungsunterlagen" („Judendokumentation"), 1960er Jahre; Auskunft Karen Strobel, 1.9.2005.

Sekundärliteratur: Vogt (2006a), S. 23.

Höner, Elisabeth
verh. Wolf
geb. 11.1.1910 (Berlin-)Spandau
gest. 16.9.2003 Würzburg
Dr. phil., Biologie

Nach Besuch der Lyzeen in Berlin-Spandau, Berlin-Schmargendorf und dem Oberlyzeum in Berlin-Dahlem, hier 1929 Abitur. – Ab 1929 insgesamt 7 Semester Studium der Biologie, bes. Genetik, Geographie und Chemie an der Universität Berlin. – Prom. am 20.6.1935 Universität Berlin: „Der Einfluss subletaler Temperaturen auf das crossing over in verschiedenen Entwicklungsstadien bei Weibchen von Drosophila melanogaster", bei Richard Hesse (zitiert 1 S. Goldschmidt), Carl Zimmer, angefertigt bei Richard Goldschmidt am Kaiser-Wilhelm-Institut für Biologie. Publ. in: Veröffentlichungen aus dem Kaiser-Wilhelm-Institut für Biologie, S. 310-335. – Mindestens seit Winter 1932/33 Doktorandin und 1935–1937 wiss. Gast im Kaiser-Wilhelm-Institut für Biologie, Berlin-Dahlem, in der Abteilung Richard Goldschmidt. – 1937–1945 wiss. Assistentin am Reichsgesundheitsamt Berlin, bis 1939 als Stipendiatin der Notgemeinschaft. – 1942–1945 beurlaubt und mit einem Forschungsauftrag der Notgemeinschaft (genetische Untersuchungen) wiss. Assistentin am Deutsch-Italienischen Institut für Meeresbiologie in Rovigno bzw. im Verlagerungsort Langenargen sowie am Institut für Erbpathologie in Würzburg. – Ab Mai 1945 zunächst Dolmetscherin, 1952–1953 wiss. Hilfskraft am Zoologischen Institut der Universität Würzburg bzw. 1953–1954 Assistentin (Stipendium der Notgemeinschaft); 1954–1965 wiss. Assistentin an der Bayerischen Landesanstalt für Wein-, Obst- und Gartenbau in Würzburg. – Verh. mit dem Genetiker Bruno ErichWolf (1908–1988), später Prof. Freie Universität Berlin; 1 Sohn Rainer Wolf.

Quellen: Archiv HUB: Phil. Fak. Nr. 784, Bl. 102-116. – MPG-Archiv: I, 1A, Nr. 1082/11, Bl. 12 (Umfrage in der KWG, 4.2.1933, hier: „Hohner", als Gast); Nr. 1254/3 (Genehmigung des REM, 15.3.1943 für E. Wolf); Nr. 1254/5 (Sept. 1944, E. Wolf seit 2 1/2 Jahren am Institut). III, 47, Nr. 1609 (Briefwechsel M. Hartmann – E. Wolf, 1950-1956). – Handbuch KWG, 1936, Bd. 1, S. 174 (wiss. Gast). – Naturwissenschaften, Bd. 21/1933, S. 438; Bd. 22/1934, S. 359; Bd. 23/1935, S. 418 u. Publ. angezeigt S. 432; Bd. 24/1936, S. 35; Bd. 25/1937, S. 393. – Auskünfte Helga Satzinger, 2.6.2004, Rainer Wolf, 5.8.2008.

Hofmann, Dorothea ?
geb. 2.2.1905 Leipzig
Dr. phil., Chemie

1924–1930 Studium der Naturwissenschaften, bes. Chemie an der Universität Leipzig, hier Lehrerinnen-Examen. – 1932–1933 Arbeit an der Dissertation im Institut der Charité Berlin, bei Peter Rona und PD Hans Kleinmann bis beider Entlassung 1933. – Prom. am 27.7.1934 Universität Berlin: „Die Zustandsform des Kalziums im Serum und die Fällung der Knochensalze. Ein Beitrag zu den Untersuchungen über die Kalkablagerung in tierischen Geweben" (Leipzig 1934, 43 S., nicht publ.), bei Wilhelm Schlenk, Max Bodenstein. – Mindestens von Juli 1935 bis 1936 Assistentin im Kaiser-Wilhelm-Institut für Biochemie, Berlin-Dahlem.

Quellen: Archiv HUB: Phil. Fak. Nr. 760, Bl. 56-73. – MPG-Archiv: I, 1A, Nr. 534/3. – Handbuch KWG, 1936, Bd. 1, S. 182.

Hogrebe, Eva-Maria
Dipl.-Phys., Physik

1940 und vom 6.9.1944 bis mindestens 1945 Mitarbeiterin im Kaiser-Wilhelm-Institut für Physik, Berlin-Dahlem (1944 „wiss. Hilfskraft", seit 19.1.1945 „wiss. Angestellte").

Quelle: MPG-Archiv: I, 34, Nr. 25 (Versicherung).

Holzapfel, Luise
geb. 14.3.1900 Höxter/Weser
gest. 21.9.1963 Berlin
Dr. rer. nat., Dr. habil., Chemie; Abteilungsleiterin im Kaiser-Wilhelm-/Max-Planck-Institut für Silikatforschung

Nach 9 Jahren Privatlyzeum Kirstein in Berlin-Charlottenburg Reifezeugnis. Danach 1 1/2 Jahre im Viktoria-Pensionat in Karlsruhe. Herbst 1929 nach 1 Jahr Abendgymnasium in Berlin-Charlottenburg Abitur des Reformrealgymnasiums. – Ab Wintersemester 1929/30 Studium (9 Semester) der Chemie, Physik, Technologie und Volkswirtschaft an der Universität Berlin. – Prom. am 14.10.1936 Universität Berlin: „Über die photochemische Verbrennung von Kohlenoxyd" (23 S.), bei Max Bodenstein, Peter Adolf Thiessen. – 1936–1939 mit Hilfe verschiedener Stipendien (Notgemeinschaft der Deutschen Wissenschaft, Stifterverband für die Deutsche Wissenschaft) wiss. Tätigkeit am Physikalisch-Chemischen Institut der Universität Berlin, bei Max Bodenstein und Friedrich Franz Nord (1889–1973). – Habilitation am 22.6.1943 an der Math.-Nat. Fak. der Universität Berlin in Chemie mit der Habilitationsschrift: „Organische Kieselsäureverbindungen". Ernennung zum Dozenten Februar 1944 an der Math.-Nat. Fak. der Universität Berlin. Ab März 1950 Privatdozent(in) an der TU Berlin (Umhabilitierung). – Von Nov. 1939 bis 1942/45 wiss. Mitarbeiterin, von 1942 oder 1945 bis 1962 Abteilungsleiterin im Kaiser-Wilhelm-Institut für Silikatforschung, Berlin-Dahlem. Leitete 1942–1944 das „Projekt Kieselsäure", hierfür Gelder vom Reichsforschungsrat bewilligt. – Vom 1.6.1945 bis Ende 1962 Abteilungsleiterin im Kaiser-Wilhelm-/Max-Planck-Institut für Silikatforschung, Außenstelle bzw. Zweigstelle Berlin-Dahlem, von 1945 bis 1952 provisorisch, ab 1.4.1952 vertraglich vereinbart. – Die Arbeitsgebiete von Holzapfel waren Photochemie (Diss. bei Bodenstein), Röntgenkinetik (bei Günther), Kryolyse (bei Nord), Siliziumchemie spezieller organischer Kieselsäureverbindungen sowie Forschungen zur Silikose.

Ehrungen: Februar 1942 Liesegang-Preis; 1952 gab es den Vorschlag (u. a. von Max von Laue) zur Ernennung als Wissenschaftliches Mitglied, nicht realisiert.

Quellen: Archiv HUB: Math. Nat. Fak. Nr. 108, Bl. 233-246. Habil. Math.-Nat. Fak. Nr. 33, Bl. 7-43. UK PA H 541. – MPG-Archiv: I, 42, Nr. 250 (PA 1939–1945). I, 1A, Nr. 2285/2 (Februar 1942, Mitteilung von Eitel an Generalverwaltung KWG); Nr. 2285/6 (Zeitungsausschnitt (Nov. 1944): „Kriegseinsatz der Wissenschaftlerin" – über Luise Holzapfel).

II, 1A, Personalia (2 Bände, 1940–1963). III, 50, Nr. 915 (Holzapfel an M. v. Laue, 1952, 1953 (Glückwünsche)). – Bundesarchiv Koblenz, Außenstelle Berlin (ehem. Document Center): Reichsforschungsrat. – Naturwissenschaften, Bd. 26/1938, S. 283-284 (Holzapfel, Luise und F. F. Nord. Modellversuch zur biologischen Bedeutung der Kryolyse); Bd. 28/1940 (zwei Artikel von Luise Holzapfel (19.12.1939 und 26.3.1940)). – Poggendorff VIIa, (1958), S. 541-542 (Eig. Mitteil.). – Boedeker (1974), S. 46.

Sekundärliteratur: Ausstellung in TU Berlin, im Dezember 1999. – Ausstellung in HU Berlin Dez. 1999 bis Jan. 2000. – Vogt (2000b), S. 80-86. – Vogt (2007).

Foto: MPG-Archiv: VI. Abt., 1.

Huizinga, J. J. (Han)
verh. Hassinger
Biologie
Groningen (Niederlande)
Staatsbürgerschaft Niederlande

Aus vermögendem Elternhaus kommend, 1924–1932 Studium der Biologie an der Rijksuniversiteit Groningen; Schülerin von Tine (Jantina) Tammers (1871–1947). – Von 1932/33 bis 1934/35 Doktorandin und 1937–1938 wiss. Gast im Kaiser-Wilhelm-Institut für Biologie, Berlin-Dahlem, in der Abteilung Max Hartmann. – 1939 (?) Promotion; verh. Hassinger.

Quellen: MPG-Archiv: I, 1A, Nr. 1082/11, Bl. 12 (Umfrage in der KWG, 4.2.1933, hier: „Hinzinga (Holl.)", als Gast). – Naturwissenschaften, Bd. 21/1933, S. 439; Bd. 22/1934, S. 360 (jeweils „Frl. Huizinga, Groningen"); Bd. 25/1937, S. 392; Bd. 26/1938, S. 343. – de Wilde (2002), S. 16-17 (Briefe 23.8.1932 u. 29.9.1932) sowie S. 20 (Fn 11), (Dank Ida H. Stamhuis).

Humphries,
Ph. D., Biologie (Zoologie)
Staatsbürgerschaft Irland

Von Mai 1935 bis Oktober 1936 wiss. Gast an der Hydrobiologischen Anstalt der Kaiser-Wilhelm-Gesellschaft, Plön. – 1936–1937 Vertretungsprofessur Zoologie in Irland. – April bis Mai 1937 wieder wiss. Gast („Miss Humphries") an der Hydrobiologischen Anstalt Plön.

Quelle: MPG-Archiv: I, 1A, Nr. 1083/3, Bl. 84.

I

Idelberger, Annemarie
geb. Schnayr
Dr. med., Medizin

Mindestens von 1936 bis 1937 („sonstige") Mitarbeiterin in der Deutschen Forschungsanstalt für Psychiatrie (Kaiser-Wilhelm-Institut), München, im Institut für Genealogie und Demographie.

Quellen: MPG-Archiv: I, 1A, Nr. 542/2, Bl. 66. – Handbuch KWG, 1936, Bd. 1, S. 193.

Ilse, Dora
geb. 9.10.1898 Honnef am Rhein
Dr., Biologie

Schulbesuch in Berlin, Abitur am Reformrealgymnasium in Berlin. – Ab 1918 Studium der Botanik und Zoologie an der Universität Berlin, bes. bei Karl Heider und Gottlieb Haberlandt; ab 1921 Studium an der Universität Göttingen, „mit Unterbrechungen" (Lebenslauf). – Prom. 1928 Universität Göttingen: „Über den Farbensinn der Tagfalter" (134 S.), bei Alfred Kühn. Publ. in: Zeitschrift f. vgl. Physiologie, Bd. 8, Heft 3/4, 1928. – Seit 1.7.1928 wissenschaftliche Assistentin am erbbiologischen Archiv der Provinzial-Kinder-Anstalt für seelisch Abnorme in Bonn (Leitung Otto Löwenstein). – Von 1931 bis 1932 wiss. Gast im Kaiser-Wilhelm-Institut für Biologie, Berlin-Dahlem, in der Abteilung Richard Goldschmidt. – 1932–1935 private Hilfskraft am Zoologischen Institut der Universität München bei Karl von Frisch (1886–1982). – 1935 Emigration, 1935–1952 Exil in Großbritannien, Unterstützung durch den AAC bzw. die S.P.S.L.; teilweise Arbeit als Biologie-Lehrerin an verschiedenen Schulen; keine Fortsetzung der wissenschaftlichen Forschungstätigkeit möglich. – 1950/51 in der Bundesrepublik Deutschland. – Vom 15.12.1952 bis 31.8.1955 Reader in Zoology am Universitätsinstitut für Biologie in Poona, Indien.

Quellen: Lebenslauf in der Dissertation. – Boedeker (1935/39). – Naturwissenschaften, Bd. 19/1931, S. 538 (Gast). – MPG-Archiv: III, 75 (NL Melchers, Korrespondenz), Bd. 3 (Dora Ilse an Melchers, München, 13.12.1951), Bd. 8 (Dora Ilse an Melchers, Poona, Indien, 26.9.1955). – Archive S.P.S.L., Oxford: file 504/3, pp. 449-634. – List (1936).

Sekundärliteratur: Häntzschel (1997), S. 258 u. S. 256-259.

Iwanowa-Kioseff
verh.
Biologie
Staatsbürgerschaft UdSSR oder Bulgarien

Von 1929 bis 1930 wiss. Gast („Frau Iwanowa-Kioseff") im Kaiser-Wilhelm-Institut für Biologie, Berlin-Dahlem.

Quelle: Naturwissenschaften, Bd. 18/1930, S. 487.

J

Jagla, Elly
geb. 23.12.1899 Kreuzburg
gest. 9.5.1981 Ludwigshafen
Dr., Chemie

1919 Abitur. – Ab Wintersemester 1920/21 Studium der Chemie, Physik und Hydrologie, zuerst an der Universität Breslau (3 Semester), dann an der Universität Berlin (7 Semester). – Nach Verbandsexamen zum Kaiser-Wilhelm-Institut für Chemie, Berlin-Dahlem. – Von Januar 1922 bis 1925 Doktorandin im Kaiser-Wilhelm-Institut für Chemie, in der Abteilung Kurt Hess. – Prom. am 7.8.1924 Universität Berlin: „Die Einwirkung von Kupferoxydammoniak auf Polyoxydverbindungen", bei Alfred Stock, Max Bodenstein, angefertigt bei Kurt Hess am Kaiser-Wilhelm-Institut für Chemie. – Vom 31.5.1927 bis 31.12.1961 Mitarbeiterin im Literaturbüro der Ammoniak-Abteilung der BASF bzw. Chemikerin im Ammoniaklabor des damaligen Werkes Oppau (heute Teil des Werkes Ludwigshafen).

Quellen: Archiv HUB: Phil. Fak. Nr. 626, Bl. 168-175. – Wiemeler (1996), S. 237-244. – Auskunft Dr. Susan Becker (28.9.2007 und 1.10.2007).

Joachimsohn, Käthe
geb. 18.12.1896 Berlin
ermordet 1943 KZ Auschwitz
Dr., Chemie

Bis 1913 Besuch des Lyzeums Friedrichstadt, dann des Gewerbelehrerinnenseminars des Lette-Vereins in Berlin. – Danach 3 Jahre Arbeit als Gewerbelehrerin. Nach privater Vorbereitung März 1922 Abitur an der Oberrealschule zu Sondershausen. – Sommersemester 1922 Studium der Chemie an der Universität Freiburg i. Br., Wintersemester 1922/23–1927/28 an der Universität Berlin, hier 1925 und 1926 Verbandsexamen. – Von April 1926 bis 1929/30 Doktorandin bzw. „sonstige" Mitarbeiterin im Kaiser-Wilhelm-Institut für physikalische Chemie und Elektrochemie, Berlin-Dahlem, Abteilung Herbert Freundlich. – Prom. am 14.5.1929 Universität Berlin: „Über die Bedeutung der Aufnahme von Ionen durch die Kolloidteilchen bei der Elektrolytkoagulation" (21 S.), bei Herbert Freundlich, Fritz Haber, angefertigt am Kaiser-Wilhelm-Institut für physikalische Chemie und Elektrochemie. –

Letzte Adresse in Berlin: Charlottenburg, Schillerstr. 60. – Mit sogen. 91. Alterstransport am 16.6.1943 in das KZ Theresienstadt, von dort in das Vernichtungslager Auschwitz.

Quellen: Archiv HUB: Phil. Fak. Nr. 683, Bl. 230-241. – Naturwissenschaften, Bd. 17/1929, S. 334 (Publ. G. Ettisch und K. (Käthe) Joachimsohn); Bd. 18/1930, S. 499 (Publ. Freundlich, K. (Käthe) Joachimsohn und Ettisch). – Gedenkbuch (1995), S. 585.

Sekundärliteratur: Vogt (2000a), S. 22. – Vogt (2007), S. 387.

Joerges, Maria *siehe* **Heyden**

Juda, Adele (Adda)
geb. 9.3.1888 München
gest. 31.10.1949 Innsbruck
Dr. med., Medizin; Projektleiterin in der Deutschen Forschungsanstalt für Psychiatrie (Kaiser-Wilhelm-Institut)
Staatsbürgerschaft Österreich

Nach Kindheit in Prag Studium der Medizin an der Universität München. 1926 mit ihrem Lehrer Ernst Rüdin nach Basel, 1928 nach München. – Prom. 1928 Med. Fak. Universität München: „Zum Problem der empirischen Erbprognosebestimmung. Über die Erkrankungsaussichten der Enkel Schizophrener". Publ. in: Zeitschrift für die gesamte Neurologie und Psychiatrie. 113. Band, Heft 4/5, S. 487ff („Aus der Psychiatrischen Klinik der Universität Basel (Prof. Rüdin) und der Genealogischen Abteilung der Deutschen Forschungsanstalt für Psychiatrie (K-W-I) München"). – Von Nov. 1928 bis 1945 Mitarbeiterin bzw. Assistentin sowie Projektleiterin in der Deutschen Forschungsanstalt für Psychiatrie (Kaiser-Wilhelm-Institut) in München, im Institut für Genealogie und Demographie unter Leitung von Ernst Rüdin. – Leiterin des Projekts „Höchstbegabung". Das Projekt sollte die Beziehungen zwischen psychiatrischen Erkrankungen und außergewöhnlichen Leistungen auf Grund genealogischer Analysen von Familien von Höchstbegabten feststellen. Bis 1944 hatte sie Akten über 430 herausragende Künstler und

Wissenschaftler sowie Vertreter aus Kultur, Politik und Wirtschaft des deutschen Sprachraums (geb. zwischen 1630 und der Mitte des 19. Jahrhunderts) angelegt. (Vgl. zu ihrem Projekt unter den NS-Bedingungen das spöttische Gedicht von Lydia Pasternak zur Faschingsfeier 1934, publ. in Weber (1993), S. 239 und in Vogt (2007), S. 337-338.) Erste Ergebnisse erschienen als Buch erst nach ihrem Tod 1953. Der englische Mediziner und Psychologe Eliot Trevor Oakeshott Slater (1904–1983), der von 1933 bis 1935 zeitweilig als wiss. Gast in der DFA weilte, publizierte 1959 die Liste der Musiker, die aus Judas Material stammte. – Ab 1945 ärztliche Leiterin eines Kinderheims bei Innsbruck und aktiv in der Jugendfürsorge tätig, Gründung einer „Zentralstelle für Familienbiologie" in Innsbruck.

Publikation: Höchstbegabung. Ihre Erbverhältnisse sowie ihre Beziehungen zu psychischen Anomalien. München 1953.

Quellen: MPG-Archiv: I, 1A, Nr. 1082/22, Bl. 24R (Umfrage in der KWG, 4.2.1933). – Handbuch KWG, 1936, Bd. 1, S. 193. – Naturwissenschaften, Bd. 25/1937, S. 410 (3 Publ. angezeigt). – Boedeker (1935/39). – Auskünfte von Oberarzt Dr. Matthias Weber (Max-Planck-Institut für Psychiatrie) an Annette Vogt. – Schriftenauswahl in: Keintzel/Korotin (2002), S. 337.

Sekundärliteratur: Weber, Matthias (1993), bes. S. 141, 144, 154, 244, 289 und 316. – Weber/Burgmair (1993, zur Höchstbegabtensammlung), Sp. 361-364. – Keintzel/Korotin (2002), S. 336-337. – Vogt (2007).

Foto: Historisches Archiv des MPI für Psychiatrie, München.

Justin, Eva
geb. 23.8.1909 Dresden
gest. 11.9.1966 Frankfurt/M.
Dr. rer. nat., Anthropologie; Kriminalpsychologie

Nach der Volksschule Besuch der Höheren Mädchenschule in Dresden-Neustadt; Abitur 1935 am Luisenstift in Dresden-Kötschenbroda. – Mehrjähriger praktischer Dienst in der Krankenpflege und 1934 staatliche Anerkennung als Krankenschwester. Zwei Jahre Praktikantin in dem erbbiologischen Laboratorium der Universitäts-Nervenklinik in Tübingen. Anschließend in der „Rassenhygienischen und Kriminalbiologischen Forschungsstelle" des Reichsgesundheitsamtes Berlin tätig. – Ab 1937 Studium (8 Semester) der Anthropologie, Erbpsychologie, Rassenhygiene, Kriminalbiologie und Völkerkunde an der Universität Berlin, u. a. bei Wolfgang Abel, Eugen Fischer, Kurt Gottschaldt und Fritz Lenz. – Prom. am 5.11.1943 Universität Berlin: „Lebensschicksale artfremderzogener Zigeunerkinder und ihrer Nachkommen" (Manuskript 210 S.), bei Eugen Fischer, Richard Thurnwald und Dr. Dr. Robert Ritter. Die von Justin „untersuchten" 148 Kinder wurden später im KZ Auschwitz ermordet. – Doktorandin im Kaiser-Wilhelm-Institut für Anthropologie, menschliche Erblehre und Eugenik, Berlin-Dahlem. – Ab 1936 Mitarbeiterin, ab 1941 Assistentin Robert Ritters (1901–1951), dem „Leiter des Kriminalbiologischen Instituts im Reichsgesundheitsamt und beim Reichssicherheitshauptamt" (Vorwort zur Diss., S. 1); sie war „kriminalbiologische Assistentin", die darüber entschied, ob verhaftete Jugendliche sterilisiert, in Heilanstalten oder KZ kamen und umgebracht wurden. Von 1938 bis 1943/44 führte sie „Untersuchungen" im Kinderheim St. Josefspflege in Mulfingen (Württemberg) durch, die von der DFG finanziert wurden, und drehte dabei Filmaufnahmen (vgl. den Dokumentarfilm „Auf Wiedersehen im Himmel", 1994). Von den 39 Kindern überlebten das Vernichtungslager Auschwitz nur 4. Eva Justin wurde für ihre Beteiligung an der Vorbereitung von Verbrechen nie zur Verantwortung gezogen und blieb Ritters Mitarbeiterin auch nach 1945, als er wieder ihr Vorgesetzter wurde. – Nach 1945 manipulierte sie die Fragebögen und wurde im „Entnazifizierungsverfahren" als „politisch nicht belastet" eingestuft. Ein Ermittlungsverfahren gegen Eva Justin wurde 1960 eingestellt. – Vom 1.3.1948 bis zu ihrem Tod war sie bei der Stadt Frankfurt/M. als Psychologin beschäftigt: zuerst als Kriminalpsychologin beim Stadtgesundheitsamt, dann als Erziehungsberaterin bei der Sozialverwaltung (Jugendamt), vom 12.10.1964 bis zum 11.9.1966 als Psychologin in der Nervenklinik. – 1998 erschienen die Erinnerungen des Zeitzeugen Otto Rosenberg (geb. 1927), der Justins „Forschungen" und die KZ Auschwitz-Birkenau, Dora-Mittelbau und Bergen-Belsen überlebte. – Seit 2000 befindet sich eine Gedenktafel am Frankfurter Stadtgesundheitsamt, zum Gedenken der ermordeten Sinti und Roma und mit Nennung von R. Ritter und E. Justin als Täter, die „nicht zur Rechenschaft gezogen" wurden.

Quellen: Archiv HUB: Math.-Nat. Fak. Nr. 192 (ohne Pagin.). – Institut für Stadtgeschichte Frankfurt/M., Auskunft 27.9.2007.

Sekundärliteratur: Pross/Aly (1989), S. 133. – Dokumentarfilm „Auf Wiedersehen im Himmel". Die Kinder von der St. Josefspflege, Film des Dokumentations- und Kulturzentrums

Deutscher Sinti und Roma, 1994. – Ilona Lagrene (1996), S. 41-47. – Ausstellungskatalog „Wir hatten noch gar nicht angefangen zu leben", Jugend-KZ Moringen und Uckermark, Dezember 1997 (Wander-Ausstellung, Internet: www.frauennews.de: ns-frauen (11.10.2004)). – Rosenberg (1998).

Foto: Gedenktafel in Frankfurt/M. (Dank Dr. Florian Schmaltz).

> MEHRERE HUNDERTTAUSEND EUROPÄISCHE ROMA UND SINTI WURDEN UNTER NATIONALSOZIALISTISCHER HERRSCHAFT ERMORDET. AN ÜBER 20.000 DEUTSCHEN ROMA UND SINTI WURDEN "RASSENBIOLOGISCHE" UNTERSUCHUNGEN DURCHGEFÜHRT ZWANGSSTERILISATION, INHAFTIERUNG UND FOLTER WAREN DIE VORSTUFE DES MASSENHAFTEN TODES IN DEN KONZENTRATIONS- UND VERNICHTUNGSLAGERN DER NAZIS.
>
> VON IN FRANKFURT AM MAIN LEBENDEN ROMA UND SINTI WURDEN:
> 172 PERSONEN IN "ZIGEUNERLAGERN" IN DER DIESEL- UND KRUPPSTRASSE INTERNIERT,
> 8 PERSONEN ZWANGSSTERILISIERT,
> 174 PERSONEN NACH AUSCHWITZ DEPORTIERT UND
> MINDESTENS 89 ROMA UND SINTI DORT ERMORDET.
>
> AB 1947 WAREN ZWEI MASSGEBLICH AN "RASSENBIOLOGISCHEN UNTERSUCHUNGEN" BETEILIGTE PERSONEN, ROBERT RITTER UND EVA JUSTIN, IM STADTGESUNDHEITSAMT FRANKFURT AM MAIN IN LEITENDER FUNKTION BESCHÄFTIGT. SIE WURDEN FÜR IHRE VERBRECHEN NICHT ZUR RECHENSCHAFT GEZOGEN. DIE BEIDEN NAMEN STEHEN STELLVERTRETEND FÜR DIEJENIGEN, DIE UNTER DEM DECKMANTEL VON WISSENSCHAFT UND FORSCHUNG ODER DURCH WEGSEHEN UND SCHWEIGEN DEN VÖLKERMORD AN ROMA UND SINTI ERMÖGLICHTEN.
>
> IN ACHTUNG VOR DEN OPFERN, ALS ERINNERUNG, MAHNUNG UND VERPFLICHTUNG

Gedenktafel am Frankfurter Stadtgesundheitsamt

K

Kaissling, Frida
Chemie

Von 1929 bis 1930 Doktorandin im Kaiser-Wilhelm-Institut für Silikatforschung, Berlin-Dahlem.

Quelle: MPG-Archiv: I, 1A, Nr. 2293/6, Bl. 152-153 (Eitel, zum 23.6.1930).

Karger, Ilse
verh. Brauer
geb. 2.1.1901 Berlin
gest. ca. 1978/79 Belmont, Mass. (USA)
Dr. phil., Physik, Mathematik

1907–1914 Besuch der Chamissoschule, 1914–1920 Studienanstalt dieser Schule, hier 1920 Reifezeugnis. – Ab 1920 Studium der Physik und Mathematik an den Universitäten Berlin und Heidelberg (1 Semester). – Vom 1.9.1922 bis Dezember 1923 Doktorandin im Kaiser-Wilhelm-Institut für Faserstoffchemie, Berlin-Dahlem. – Prom. am 9.5.1925 Universität Berlin: „Über die Dehnung von Einzelfasern und -Haaren" bei Arthur Wehnelt, Max Planck, angefertigt bei Michael Polanyi am Kaiser-Wilhelm-Institut. Publ. in: Z. für techn. Physik. – Seit September 1925 verh. mit dem Mathematiker Richard Dagobert Brauer (1901–1977), 1925–1933 an der Universität Königsberg, wegen der NS-Gesetze entlassen und Emigration 1933; 2 Söhne Ulrich (*1927) und Fred Günther (*1932), beide Mathematiker, Emigration 1934. – Stationen im Exil: Univ. of Kentucky, Princeton, 1935–1948 Assistant Prof. Univ. of Toronto (Kanada), 1948 Univ. of Michigan in Ann Arbor, 1952–1971 chair an d. Harvard University. – Ilse Brauer war ab 1945 als Mathematikerin (Assistant Professor) tätig: 1945–1949 Toronto, 1950–1952 Michigan, 1952–1954 Brandeis, 1955–1958 Boston; zuletzt in Belmont, Mass., lebend.

Quellen: Archiv HUB: Phil. Fak. Nr. 631, Bl. 202-210. – Biographical Memoirs, Richard Brauer, Nat. Ac. of Sciences. – American Men (& Women) of Science. Physical and Biol. Sci., 11. ed. 1976.

Karlson, Lieselotte *siehe* **Poschmann**

Kerb, Elisabeth
geb. Etzdorf
geb. 22.4.1892 bei Hannover
Dr. phil., Chemie (Biochemie)

1913–1917 Studium der Chemie, Physik, Technologie an der Universität Berlin. – Prom. am 10.1.1919 Universität Berlin: „Zur Kenntnis der phytochemischen Reduktionsprozesse" (34 S., vermutl. nicht publ.), bei Ernst Otto Beckmann, Emil Fischer, angefertigt bei Carl Neuberg. Widmung „Meinem Mann". – Von 1917 bis 1919 Doktorandin im Kaiser-Wilhelm-Institut für experimentelle Therapie, Berlin-Dahlem, Abteilung Biochemie. Erste Dissertation einer Frau an einem Kaiser-Wilhelm-Institut. – Verh. mit Dr. phil. Johannes Wolfgang Kerb.

Quelle: Archiv HUB: Phil. Fak. Nr. 585, Bl. 533-558.

Kinze, Lilli (Lilly)
verh. Kinze-Reschke
geb. 4.4.1908 Berlin
Dr. phil., Chemie

1928 Reifeprüfung in Berlin, danach Studium der Chemie, chemischen Technologie und Physik in Heidelberg, ab Wintersemester 1928/29 Universität Berlin. Außerdem Studium der Chemie an der TH Berlin-Charlottenburg, u. a. bei Karl Hofmann, Hugo Simonis und Max Volmer. Verbandsexamen 1932 und 1933. – Vom 20.6.1933 bis 28.6.1935 Doktorandin im Kaiser-Wilhelm-Institut für Chemie, Berlin-Dahlem, in der Abteilung Kurt Hess. – Prom. am 5.2.1936 Universität Berlin: „Über Derivate der 2,3,6-Tritosylglukose" (26 S.), bei Kurt Hess, Erich Tiede. – Ende Dez. 1946 schrieb sie O. Hahn aus Markoldendorf und bat um einen Posten für ihren Mann.

Quellen: Archiv HUB: Phil. Fak. Nr. 805, Bl. 127-140. – MPG-Archiv: I, 11, Nr. 351 (Personalliste). III, 14, Nr. 3500.

Kippert, Frieda
geb. 26.3.1902 Berlin
Dr. phil., Physik

Von Ostern 1909 bis Ostern 1916 Besuch des Fontane-Lyceums, ab 1916 der Studienanstalt der Chamisso-Schule in (Berlin-) Schöneberg, hier Ostern 1922 Abitur. – Von Sommersemester 1922 bis Sommersemester 1927 Studium der Physik und Mathematik Universität Berlin. – Prom. am 31.7.1928 Universität Berlin: „Messungen zur Zustandsgleichung des festen Argons" (16 S.), bei Max Bodenstein, Walther Nernst, angefertigt bei Fritz Simon. Unterstützung der „Gesellschaft für Lindes Eismaschinen" (Bereitstellung des reinen Argon). – Mindestens 1928 „sonstige Mitarbeiterin" im Kaiser-Wilhelm-Institut für Silikatforschung, Berlin-Dahlem.

Quellen: Archiv HUB: Phil. Fak. Nr. 672, Bl. 53-72. – Handbuch KWG, 1928, S. 190.

Knake, Else
geb. 7.6.1901 Berlin
gest. 8.5.1973 Mainz
Dr. med., Dr. habil., Prof.; Medizin und Zellforschung; Abteilungsleiterin im Kaiser-Wilhelm-Institut für Biochemie, später in der Max-Planck-Gesellschaft

1921 bis 1926 Studium der Medizin an der Universität Leipzig. – Prom. am 19.6.1929 Med. Fak. Universität Berlin: „Die Behandlung der Lebererkrankungen mit Insulin und Traubenzucker unter Berücksichtigung des Kindesalters". Publ. in: Z. für Kinderheilkunde Bd. 47, S. 503-516. – Am 20.2.1940 Habilitation an der Med. Fak. Universität Berlin: „Beitrag zur Frage der Gewebekorrelation". – Von April 1929 bis April 1932 wiss. Gast im Kaiser-Wilhelm-Institut für Biologie, Berlin-Dahlem, in der Gastabteilung Albert Fischer. – 1932–1935 Assistentin bei Ferdinand Sauerbruch, 1935–1943 Mitarbeiterin im Pathologischen Institut (Direktor Robert Rössle), Med. Fak. Universität Berlin; hier bis 1939 inoffizielle Leiterin der Abteilung für experimentelle Zellforschung (ehem. Rhoda Erdmanns Abteilung); von Sommersemester 1939 bis 1943 „Vorsteherin der III. Abt. für experimentelle Zellforschung (Gewebezüchtung) am Pathologischen Institut". – Vom 1.4.1943 bis 31.3.1963 (Emer.) Leiterin ihrer Abteilung in verschiedenen Instituten der Kaiser-Wilhelm-Gesellschaft bzw. Max-Planck-Gesellschaft in Berlin-Dahlem, im Einzelnen: 1943–1945 Abteilung für Gewebezüchtung im Kaiser-Wilhelm-Institut für Biochemie, 1945–1948 Gastabteilung im Kaiser-Wilhelm-Institut für physikalische Chemie und Elektrochemie, 1948–1950 Abteilung Knake im Kaiser-Wilhelm-Institut für Zellphysiologie, 1950–1953 Abteilung für Gewebeforschung an der Deutschen Forschungshochschule Berlin, 1953–1961 Abteilung für Gewebeforschung (bis 1955) bzw. Abteilung für Gewebezüchtung im Max-Planck-Institut für vergleichende Erbbiologie und Erbpathologie, 1962–1963 selbstständige „Forschungsstelle für Gewebezüchtung" in der Max-Planck-Gesellschaft. – Außerdem: 26.1.1946 – 18.6.1948 Prof. mit Lehrauftrag Med. Fak. Universität Berlin (später HUB), 16.8.1946 –

Else Knake

21.10.1946 Dekan der Med. Fak. Universität Berlin, 21.10.1946 – 11.2.1947 Prodekan der Med. Fak. Universität Berlin. Aus politischen Gründen von Rektor Johannes Stroux als Prodekanin abgesetzt (Febr./März 1947 „Fall Knake" in der Berliner Presse). – Seit 1948 Honorar-Professorin an der FU Berlin. – Wegen schwerer Krankheit (seit 1950) vorzeitig 1963 ausgeschieden; ab August 1970 in Mainz lebend.

Ehrungen: E. Knake sollte 1953 bzw. 1956-58 und zuletzt 1961 als Wissenschaftliches Mitglied der Max-Planck-Gesellschaft ernannt werden, aber die Vorschläge fanden in der zuständigen Biologisch-Medizinischen Sektion keine Mehrheit, obwohl sich 1954 Boris Rajewsky (damals Vorsitzender der Sektion) und 1961 Präsident Adolf Butenandt für sie einsetzten; Hans Nachtsheim (seit 1954) und Otto Warburg (seit 1958) gehörten zu den entschiedenen Gegnern, die sich durchsetzten.

Autobiographisches: Knake (1960), S. 241-250.

Quellen: Archiv HUB: Med. Fak. Nr. 964 (Promotionsunterlagen); Habilitationsunterlagen sowie PA Nr. 744. – MPG-Archiv: I, 1A, Nr. 2058. II, 1A, 23. SP v. 24.2.1956, S. 33f. II, 1A, PA Else Knake (2 Bände).

Sekundärliteratur: Lönnendonker (1988). – Tent (1988). – Vogt (1997a), S. 216-217. – Ruschhaupt (2003a), S. 153ff. – Satzinger (2004), bes. S. 118-133. – Vogt (2005), S. 331, 343. – Vogt (2007).

Fotos: Archiv FU Berlin. – MPG-Archiv: VI. Abt., 1.

Knipping, Thea
geb. Krüger
verh. Knipping-Krüger
geb. 21.9.1891 Neisse (Schlesien, heute Polen)
gest. nach 1960
Dr. phil., Physik

Da der Vater als Generalmajor in verschiedenen Städten weilte, Besuch der höheren Mädchenschulen in Berlin, Köln, Thorn und Straßburg sowie Privatunterricht zur Vorbereitung auf das Abitur, März 1912 am Friedrich-Realgymnasium zu Berlin. – 1912/13 zunächst 2 Semester Medizinstudium an der Universität Berlin, dann Wechsel an die Phil. Fak. und Studium der Physik und Chemie, insgesamt 12 Semester. Oktober 1916 bis 1918 Forschungsarbeit mit R. Holm am Physikalischen Institut der Universität Berlin, die kriegsbedingt abgebrochen werden mußte. – Auf Anregung von James Franck ab Herbst 1918 Arbeit an der Dissertation. – Prom. am 12.7.1920 Universität Berlin: „Ueber die Ionisierungsarbeit(en) und die Dissoziationsarbeit des Wasserstoffes", bei Arthur Wehnelt, Max Planck (schreibt eigenes Lob). – Seit Juli 1920 verh. mit dem Physiker Paul Knipping (1883–1935): bis 1914 AEG; 1914–1918 und 1918–1923 Kaiser-Wilhelm-Institut für physikalische Chemie und Elektrochemie; 1928–1935 a. o. Prof. TH Darmstadt; 1935 nach Motorradunfall gest. – Mindestens von März 1921 bis 1922/23 wiss. Mitarbeiterin („Frau Knipping") im Kaiser-Wilhelm-Institut für Faserstoffchemie, Berlin-Dahlem. – Mit Paul Knipping 1928 nach Darmstadt. 1 Sohn (geb. ca. 1925 – gefallen 1944 in Italien). – Um 1935 Umzug nach Wernigerode (Harz); zuerst 3/4 Jahr Arbeit in einem Laboratorium eines Leichtmetallwerkes, danach bis zur Kapitulation Arbeit in einem Lazarett. – Nach Mai 1945 Ausbildung im kirchlichen (evangelischen) Dienst und Arbeit im Oderbruch. 1950 Flucht in die Bundesrepublik, bis Ende 1953 in Regensburg kirchliche Arbeit. Wegen schwerer rheumatischer Erkrankung Abbruch dieser Arbeit, Krankenhaus- und Kuraufenthalte. – Auf Grund finanzieller Schwierigkeiten wandte sie sich im Mai 1954 hilfesuchend an Max von Laue (1879–1960), der zusammen mit Walter Friedrich (1883–1968) vereinbarte, daß sie als Witwe von Paul Knipping die Honorare der drei Autoren für die Wiederveröffentlichung der berühmten Publikation von 1912 (beim Barth Verlag Leipzig) sowie einen 50%igen Anteil bei Übersetzungen dieser Arbeit (vgl. den Vertrag vom 5.11.1954) erhalten soll. – Ab 1953 eine kleine Witwenpension von der TH Darmstadt; bei den Anspruchsberechnungen half erneut Max von Laue (u. a. durch Nachfrage bei James Franck). Im November 1955 suchte sie Unterkunft in Paderborn.

Quellen: Archiv HUB: Phil. Fak. Nr. 596, Bl.146-152. – MPG-Archiv: I, 1A, Nr. 2121, Bl. 95 (Personalliste 1921). I, 1A, Nr. 1165/2 (zu P. Knipping). III, 50, Nr. 1067 (Briefwechsel v. Laue – Knipping, 1954–1955). – Archiv BBAW: Nachlaß Walter Friedrich, Nr. 598 (1 Brief (4 S.), handschr. an Max v. Laue vom 17.8.1954 sowie Briefe von M. v. Laue an W. F. vom 7.7.1954, 25.8.1954, 1.11.1954, 8.11.1954 und 8.2.1960 sowie Vertrag mit Barth Leipzig vom 5.11.1954). – Poggendorff VIIa (1958), S. 805 sowie V, VI (zu P. Knipping). – Nekrolog auf Paul Knipping in: Rundschau technischer Arbeit, 15 (1935) Nr. 46 (Autor unbekannt).

Knoevenagel, Claudia (Elisabeth)
geb. 5.6.1909 Heidelberg
Dr. phil. nat., Dr. med.; Chemie (Pharmakologie, Physiologie), Medizin

Tochter des 1921 verstorbenen Chemie-Professors Emil Knoevenagel (1865–1921) und seiner in den USA geborenen Frau Elisabeth (1871–1943), geb. Wocher. Besuch der Mädchenrealschule in Heidelberg, hier März 1928 Abitur. – Von April 1928 bis 1931 Studium der Chemie an den Universitäten Heidelberg (1928–1931) und München (Sommersemester 1931); 1. Verbandsexamen November 1930, 2. Verbandsexamen Oktober 1932, beide in Heidelberg. Ab Wintersemester 1931 Beginn des Medizinstudiums in Heidelberg und Fortsetzung des Chemiestudiums. Mai 1934 Physikum. – Prom. am 26.2.1937 Naturwiss.-Math. Fak. Universität Heidelberg: „Azidoverbindungen in Eiweiss- und Zuckerchemie und Versuche zu Dipeptid und Disaccharidsynthesen", bei Karl Freudenberg (1886–1983). – Vom 1.3.1937 bis Februar 1939 Assistentin im Physiologischen Institut der Universität Heidelberg, bei Johann Daniel Achelis (1898–1963) und Waldemar Kutscher (*1898). – Daneben Fortsetzung des Medizin-Studiums, 30.10.1939 medizinisches Staatsexamen, Prom. am 6.5.1940 Universität Heidelberg. – 1939 und 1940 Publikationen zur Zucker-, Eiweiß- und Fermentchemie. – Vom 1.9.1940 bis Oktober 1941 Arbeit am Pharmakologischen Institut der Universität Heidelberg, bei Fritz Eichholtz (1889–1967), anfangs unbezahlt, von Sept. 1940 bis Okt. 1941 mit einem Stipendium der William G. Kerckhoff-Stiftung (1929 gegründet), Arbeit an der Habilitation (über den Mineralstoffwechsel), Abbruch aus finanziellen Gründen. – Ab 1.11.1941 wiss. Mitarbeiterin bei der IG Farbenindustrie Ludwigshafen, Werk Oppau, in der chemisch-medizinischen Forschung und als Ärztin tätig. – Vom 26.9.1944 bis Sommer 1945 wiss. Mitarbeiterin im Kaiser-Wilhelm-Institut für medizinische Forschung, Heidelberg, im Institut für Chemie von Richard Kuhn, bezahlt bis zum 31.3.1945 von der I. G. Farbenindustrie A. G., danach aus Etat von R. Kuhn. – Vom 1.4.1945 bis 31.12.1948 wiss. Assistentin im Institut für Chemie von Richard Kuhn, Arbeiten zur Entwicklung neuer Heilmittel, als Ärztin mit klinischen Versuchen zur Anwendung neuer Heilmittel betraut. – Von Juni 1946 bis August 1947 erkrankt, wegen der Krankheit Ausscheiden aus dem Institut; 1949 Anerkennung als Berufskrankheit und Anspruch auf Zahlungen, außerdem Hilfe für die Eröffnung der eigenen Arzt-Praxis; 1949 erneut Behandlung im berühmten Krankenhaus Speyerer Hof, Heidelberg.

Quellen: MPG-Archiv: I, 29, Nr. 12 (neue Nr. 69, Richard Kuhn an Generalverwaltung der KWG, Herbst 1944). I, 29, Nr. 179 (PA, 1944–1949, u. a. Lebenslauf (1944 und 1946) und Zeugnis (4.3.1949)).

Kobel, Maria
geb. 5.8.1897 Liegnitz (Schlesien, heute Polen)
gest. 14.8.1996 Kronberg/Taunus
Dr. phil., Chemie (Biochemie); Abteilungsleiterin im Kaiser-Wilhelm-Institut für Biochemie

1918 bis 1921 Studium der Chemie an der Universität Breslau. – Prom. 1921 Universität Breslau: „Über die in der Literatur als ‚Glyoxylharnstoff' bezeichneten Stoffe" (77 S., nicht publ.), bei Johann Heinrich Biltz. – Ab 1921 in Berlin. – Von 1925 bis 1936 im Kaiser-Wilhelm-Institut für Biochemie, Berlin-Dahlem: 1925–1928 Mitarbeiterin, 1928–1929 stellv. Abteilungsleiterin, 1929–1936 Abteilungsleiterin, Abteilung Tabakforschung. 1936 Ausscheiden wegen der zeitweiligen Schließung des Kaiser-Wilhelm-Instituts für Biochemie nach der Vertreibung von Carl Neuberg bis zur Einsetzung von Adolf Butenandt. – Ab 1936 am „Hofmann-Haus" in Berlin. – Mindestens seit 1941 Mitarbeiterin, später Leiterin einer Abteilung in der Beilstein-Redaktion in Berlin bzw. 1945 bis 1962 (emer.) Beilstein-Redaktion, Frankfurt/Main.

Publikationen: Aufsätze in der „Biochem. Z." (u. a. mit C. Neuberg) und in „Die Naturwissenschaften"; außerdem 5 Artikel von M. Kobel u. Eberhard Hackenthal, in: Bamann/Myrbäck (1941), Bd. 1, S. 68-73 u. S. 111-115 sowie Bd. 3, S. 2173-2196, S. 2197-2205, S. 2206-2213.

Quellen: Interviews von AV mit M. Kobel, 5.-7.7.1995. – Auskünfte Familie Kobel. – Dank an Beilstein-Redaktion, Frankfurt/M., Frühjahr 1995. – MPG-Archiv: I, 1A, Nr. 546/2, Bl. 59 und Bl. 67-69 (Okt./Nov. 1933, NSDAP-Denunziation gegen Kobel). I, 1A, Nr. 2053 (Akten der Abt. Tabakforschung). I, 1A, Nr. 2055, Bl. 113a (1936). I, 1A, Nr. 2056 (Neuberg, 1930, über Kobel). Protokoll der Senats-Sitzung, Nr. 62 (10.1.1936). – Handbuch KWG, 1928, S. 198. – Handbuch KWG, 1936, S. 182. – Naturwissenschaften, Bd. 17/1929 (S. 329) bis Bd. 23/1935; Bd. 25/1937, S. 378 (zur zeitweiligen Schließung des Kaiser-Wilhelm-Instituts). – American Phil. Society, Philadelphia: Nr. 815, Neuberg Papers (Briefwechsel, 1948–1956). – Poggendorff VI (1936), S. 1346 (Eig. Mitteil.); VIIa (1956), S. 812. – Jahrbuch MPG, 1961, Teil II, S. 98 (Abteilung erwähnt, aber nicht die Abteilungsleiterin). – Parthey (1995).

Sekundärliteratur: Lieben (1970), bes. S. 257, 369, 520. – Engel (1982), S. 11-16. – Nordwig (1983), S. 49-53. – Engel (1984). – Engel (1994), S. 296-342. – Vogt (1997a), S. 214-215. – Vogt (1997c), S. 130-134. – Ogilvie/Harvey (2000), Vol. 1, p. 711. – Conrads/Lohff (2006). – Werle (2007), S. 122-124 (Brief C. Neubergs an M. Kobel, 17.8.1948, aber mit falschen Angaben zu Kobel). – Vogt (2007).

Maria Kobel

Fotos: MPG-Archiv: VI. Abt., 1 (s. Abb.) – Bild (1950er Jahre, aus Besitz der Familie an AV), erstmals publiziert in „MPG-Spiegel", H. 4/1997, S. 62-64.

Koblick, Helen
Dr. med., Medizin

Von 1933 bis 1935 Assistentin (Mitarbeiterin) im Kaiser-Wilhelm-Institut für Anthropologie, menschliche Erblehre und Eugenik, Berlin-Dahlem. – 1935 an das Tuberkulose-Krankenhaus in Chemnitz.

Quellen: MPG-Archiv: I, 1A, Nr. 2404/3, Bl. 49g und 49h (Tätigkeitsbericht Juli 1933 – April 1935). – Lösch (1997), S. 568.

Koch, Lucia
Dipl.-Landwirt
Montevideo (Uruguay)

Von 1937 bis 1938 wiss. Gast im Kaiser-Wilhelm-Institut für Züchtungsforschung, Müncheberg/Mark.

Quelle: Naturwissenschaften, Bd. 26/1938, S. 343.

Köppen, Nina (Nina Michailovna)
geb. 10.9.1907 Moskau
Dipl.-Ing., Mineralogie, Petrographie
Staatsbürgerschaft Rußland bzw. UdSSR, dann „Volksdeutsche", später Bundesrepublik Deutschland

1924 Mittelschule in Leningrad beendet. – 1926–1930 Studium am Bergbau-Institut in Leningrad (Gornyij Institut) und Abschluß mit (vergleichbar) Diplom (Dipl.-Ing.). – Veröffentlichungen (in Russisch): Mineralogische Untersuchungen von Eisenerzen aus Chalikovo. – Kristallographische Untersuchungen von Kassiteriten aus Kolyma. – Vom 18.2.1943 bis April/Mai 1945 wiss. Mitarbeiterin im Kaiser-Wilhelm-Institut für Silikatforschung, Berlin-Dahlem, und 1945–1971 wiss. Mitarbeiterin im Kaiser-Wilhelm-/Max-Planck-Institut für Silikatforschung in der Rhön, ab 1950 in Würzburg (ab 1971 Fraunhofer-Gesellschaft). –

Eine Tochter Natalja (geb. 11.4.1932 in Leningrad). – Schwester Lydia Köppen (geb. 8.7.1921 in Petrograd) von 1943 bis April 1945 Laborhilfe im Kaiser-Wilhelm-Institut für Silikatforschung.

Quellen: MPG-Archiv: I, 42, Nr. 277. I, 42, Nr. 276 (zu Lydia Köppen). II, 1A, Personalkartei, MPI für Silikatforschung. – Poggendorff VIIa, S. 840 (Eig. Mitt., Veröff. seit 1953).

Körner, Sophie-Lotte
Dr., Medizin

1937/38 wiss. Gast im Kaiser-Wilhelm-Institut für Hirnforschung, Berlin-Buch, in der Anatomischen Abteilung von Hugo Spatz. – Zu dieser Zeit Ärztin am Ludwig Hoffmann-Hospital in Berlin-Buch.

Quelle: Naturwissenschaften, Bd. 26/1938, S. 354.

Krämer, Elisabeth
Dr., Medizin

1932/1933 Assistentin in der Deutschen Forschungsanstalt für Psychiatrie (Kaiser-Wilhelm-Institut), München, in der Serologischen Abteilung von Felix Plaut.

Quelle: MPG-Archiv: I, 1A, Nr. 1082/22, Bl. 24 (Umfrage in der KWG, 4.2.1933).

Kraft, Christel
verh. Andersen
Dipl.-Ing., Chemie; Laborleiterin im Kaiser-Wilhelm-Institut für Silikatforschung

Vom 15.5.1928 bis 31.12.1930 zuerst Mitarbeiterin, ab 1.6.1928 Leiterin des glasanalytischen Laboratoriums im Kaiser-Wilhelm-Institut für Silikatforschung, Berlin-Dahlem; leitete u. a. eine Untersuchung über Eisensilikatgläser. – Ab 6.6.1930 verh. Andersen (Eitel, 1930; nach Parthey: Andresen). – Wegen Heirat zum 31.12.1930 Ausscheiden aus dem Institut (vgl. sogen. „Doppelverdiener-Regelung"); Nachfolgerin wurde „Fräulein Dipl.-Ing. Marie Heckter aus Hannover".

Quellen: MPG-Archiv: I, 42, Nr. 285 (PA 1928–1930). I, 1A, Nr. 2293/4, Bl. 121-122 (Eitel, Bericht, zum 12.3.1929, zum Eintritt); Nr. 2293/6, Bl. 153 (Eitel, zum 23.6.1930, „Frau Andersen-Kraft"). I, 1A, Nr. 2294/1, Bl. 15 (Eitel zum 5.5.1931, zum Ausscheiden und zur Nachfolge). – Naturwissenschaften, Bd. 18/1930, S. 306; Bd. 19/1931, S. 554; Bd. 20/1932, S. 453. – Parthey (1995).

Sekundärliteratur: Vogt (2007).

Kratochwil
Dr., Biologie

Von 1943 bis 1945 wiss. Assistentin im Kaiser-Wilhelm-Institut für Kulturpflanzenforschung, Tuttenhof bei Wien, in der genetischen Abteilung.

Quelle: Archiv BBAW: Nachlaß Stubbe, Nr. 9 (Personalbestand des Kaiser-Wilhelm-Instituts, 8.8.1945).

Kreibohm, Frieda
Leiterin des technischen Rechenbüros im Kaiser-Wilhelm-Institut für Strömungsforschung

Mindestens seit 1930 als Rechnerin im technischen Rechenbüro im Kaiser-Wilhelm-Institut für Strömungsforschung, Göttingen. Mindestens seit 1935 Leiterin („Vorstand") des technischen Rechenbüros im Institut, das 1935/36 aus 7 Rechnerinnen bestand.

Quellen: MPG-Archiv: I, 1A, Nr. 1082/2 (Umfrage in der KWG, 4.2.1933). III, 61, Nr. 882 (Glückwunsch an L. Prandtl, 6.3.1930). – Handbuch KWG, 1936, Bd. 1, S. 158.

Kretschmer, Herta
geb. 27.10.1903 Berlin
Dr., Biologie

Besuch des Lyzeums, danach Oberlyzeums. – 1924 Immatrikulation an der Universität Berlin und Studium der Botanik und Chemie, im Sommersemester 1927 an der Universität Innsbruck, danach wieder bis 1929 Universität Berlin. – Von 1929 bis 1930 Doktorandin im Kaiser-Wilhelm-Institut für Biologie, Berlin-Dahlem, in der Abteilung Max Hartmann (als Gast geführt). – Prom. am 4.6.1930 Universität Berlin: „Beiträge zur Cytologie von Oedogonium", bei Max Hartmann, Hans Kniep, angefertigt am Kaiser-Wilhelm-Institut für Biologie. Publ. in: Archiv für Protistenkunde, Bd. 71, 1930, S. 101-138. War erste Dissertation im Fach Biologie an einem Kaiser-Wilhelm-Institut. – 1930–1932 Assessor, 1932–

1937 Lehrerin an verschiedenen höheren Schulen. – Seit 1933 Mitglied der NSDAP. – Ab 1942 Einsatz in der Lehrerbildung im Osten. – 1946–1950 Internierung in Jamlitz, Mühlberg und Buchenwald. – 1950–1963 Arbeit in mikrobiologischen Laboratorien in Thüringen. – Ab 1970 in Cottbus lebend.

Quellen: Archiv HUB: Phil. Fak. Nr. 699, Bl. 89-101. – Naturwissenschaften, Bd. 18/1930, S. 488 (als Gast). – Harmsen, T.: Blinde Gefolgschaft – deutscher Weg bis heute. Die bedrängende Lebensbeichte der ehemaligen Nationalsozialistin Herta Kretschmer. In: Berliner Zeitung Nr. 121 vom 26./27.5.1990, S. 9 mit Foto (Dank Ekkehard Höxtermann).

Krüger, Deodata
geb. 13.9.1900 Prenzlau
gest. 15.4.1945 Ottenhagen/Uckermark (gef.)
Dr.-Ing., Chemie

Etwa von 1919 bis 1923 Chemiestudium an der TH Berlin-Charlottenburg. – Prom. 1923 TH Berlin-Charlottenburg: „Die polarimetrische Bestimmung der Apfelsäure" (220 S.). – 1923 bis etwa 1928 Assistentin an der TH Berlin-Charlottenburg. – 1928/1929 zuerst Mitarbeiterin im Kaiser-Wilhelm-Institut für Faserstoffchemie, von 1929 bis 1933 Mitarbeiterin, darunter mindestens von Februar bis Oktober 1933 „unbesoldet", im Kaiser-Wilhelm-Institut für physikalische Chemie und Elektrochemie, seit 1936 wiss. Gast im Kaiser-Wilhelm-Institut für Silikatforschung, alle Berlin-Dahlem. – Seit 1938 wiss. Mitarbeiterin in der Forschungsabteilung der „Sächsischen Zellwolle Plauen". – Ab 1941 außerdem Lehrauftrag an der TH Berlin-Charlottenburg. – Im April 1945 beim beabsichtigten Besuch Berlins versehentlich bei den Kampfhandlungen erschossen (15.4. oder 28.4. als Todesdatum in Literatur). – Deodata Krüger verfaßte drei Fachbücher, darunter das Standardwerk über Celluloseacetate, sowie über 90 Aufsätze.

Patente, 1931 und 1931/36: Krüger, Deodata, Höhn, Fritz (Kaiser-Wilhelm-Institut für Physik. Chemie) Patent-Nr. 519877(12o.6)1647. Verfahren zur Acetylierung von Cellulose. 25.1.27.–A1647 (1931). – Krüger, Deodata (Kaiser-Wilhelm-Institut für Faserstoffchemie) Patent-Nr. 632256(120,6)1915. Verfahren zur Ermittlung der für die Acetylierung einer bestimmten Cellulosesorte erforderlichen Katalysatormenge. 7.8.31.–A1915 (1936).

Quellen: Boedeker (1935/39). – MPG-Archiv: I, 1A, Nr. 1082/3, Bl.3a-3c (Umfrage in der KWG, 4.2.1933); Nr. 541/4, Bl. 64; Nr. 541/5, Bl. 77; Nr. 546/3, Bl. 108 (Okt./Nov. 1933). – Naturwissenschaften, Bd. 16/1928, S. 445 (Artikel Herzog, D. Krüger); Bd. 17/1929,

S. 339 (Artikel Herzog, D. Krüger); Bd. 25/1937, S. 391 (Publ. D. Krüger); Bd. 26/1938, S. 341 (Publ. Krüger, Rudow). – „Methoden der Fermentforschung". 1941 (mehrere Beiträge). – Poggendorff VI, S. 1412; VIIa, S. 926-927. – Patent-Datei Hartung.

Sekundärliteratur: Brita Engel (1996), S. 297-304. – Brita Engel (1999), S. 171-172.

Krüger, Gerda von
geb. 11.1.1907 Itzehoe (Holstein)
Dr. phil., Chemie

Nach dem Besuch verschiedener Schulen, darunter der Privatschule von Frl. Pelteson 1923 Reifezeugnis. Danach Ausbildung in der Landwirtschaft, u. a. Geflügelzucht, sowie Erlernen der englischen, französischen und spanischen Sprache. Ab Ostern 1927 Besuch der Vorbereitungsanstalt des Herrn Dr. Vogt in Berlin. Abitur Ostern 1928. – Ab Sommersemester 1928 Studium der Chemie und Physik an der Universität Berlin. 1930 und 1931 Verbandsexamen, danach Anfertigung der Dissertation im Chemischen Institut der Universität Berlin. – Prom. am 12.7.1933 Universität Berlin: „I. Zur Kenntnis einiger Phosphor und Fluor enthaltender Verbindungen. II. Über die Sorption von Gasen durch Kalium-benzolsulfonat" (55 S.), bei Wilhelm Schlenk, PD Willy Lange. – Bis Oktober 1933 Hilfsassistentin im Chemischen Institut der Universität Berlin bei Willy Lange. 1933 bis 1934 Mitarbeiterin im Laboratorium der Zement-Industrie in Berlin-Karlshorst. 1934 bis 15.3.1936 Mitarbeiterin im Werklaboratorium der Portlandzementfabrik Hamburg, Werk Itzehoe, hier Leiterin des Werklaboratoriums. – Wollte wissenschaftlich tätig sein, könnte 1936 als Privatassistentin an die Universität Münster. – Vom 15.3.1936 bis zum 31.12.1936 Mitarbeiterin („Aushilfe") im Kaiser-Wilhelm-Institut für Silikatforschung, Berlin-Dahlem, in der Abteilung von Dr. Hans Ernst Schwiete. – Ab 1937 vermutlich Universität Münster.

Quellen: Archiv HUB: Phil. Fak. Nr. 744/10, Bl. 122-136. – MPG-Archiv: I, 1A, Nr. 2298/6, Bl. 108. I, 42, Nr. 295 (PA, 1936).

Kruyt, Truus
verh. de Vries
geb. 17.9.1912 Utrecht
Staatsbürgerschaft Niederlande

Tochter des niederländischen Physikochemikers Hugo Rudolph Kruyt (1882–1959). – Studium der Chemie; unklar ist, ob sie auch promovierte. – Von Oktober 1933 bis vermutlich März 1934 wiss. Gast im Kaiser-Wilhelm-Institut für Chemie, Berlin-Dahlem, in der Abteilung Otto Hahn. Hier lernte sie ihren späteren Mann, den Chemiker Jan de Vries (1910–1995) kennen, der von Oktober bis Dezember 1933 bei Otto Hahn arbeitete. – Eine Publ. 1935 mit ihrem Vater, in dessen Institut in Utrecht sie zeitweilig arbeitete, ab Mitte 1935 im physikalischen Institut. – Heirat 1939, die Familien de Vries und Hahn waren bis in die 1960er Jahre befreundet. Jan de Vries war später nicht mehr wissenschaftlich tätig, auch nicht Truus Kruyt-de Vries.

Quellen: MPG-Archiv: I, 11, Nr. 351 (Personallisten). – Auskünfte von Dr. Horst Kant, Aug. 2001 und Sept. 2007.

Sekundärliteratur: Kant (2005), bes. S. 302.

Ku, Z. W.
Dr., Physik
Schanghai (China)

Mindestens von 1938 bis 1939 wiss. Gast im Kaiser-Wilhelm-Institut für Physik, Berlin-Dahlem.

Quellen: Naturwissenschaften, Bd. 27/1939, S. 333; Bd. 28/1940, S. 483 (Gast).

L

Lange, Hertha (Herta)
Lange-Cosak
Dr., Medizin, Neurochirurgie

Aus Breslau kommend, von 1937 bis 1938 und erneut 1941 wiss. Gast im Kaiser-Wilhelm-Institut für Hirnforschung in Berlin-Buch, in der Anatomischen Abteilung bei Hugo Spatz. – Mindestens 1941/42 Assistentin in der Neurochirurgischen Klinik, Direktor Wilhelm Tönnis, an der Med. Fak. der Universität Berlin.

Quellen: Naturwissenschaften, Bd. 26/1938, S. 354; Bd. 29/1941, S. 450. – Med. Fak. Universität Berlin, Personalverzeichnis, 1941/42. – MPG-Archiv: II, 20 B, Nr. 160 (Manuskript, „Frau Dr. Lange", nach 1948).

Langer, Gertrud
geb. 17.11.1902 Leipzig
Dr., Chemie

1909 bis 1919 Besuch einer höheren Schule für Mädchen in Leipzig, dann Städtische Studienanstalt, hier Abitur. – 1922–1926 Studium der Chemie an der Universität Leipzig, besonders im Laboratorium für angewandte Chemie bei Carl Paal. – Prom. 1929 Universität Leipzig: „Über kolloide Palladiumamalgame und deren katalytische Wirkungen" (120 S.), bei Carl Paal und Max Le Blanc. Widmung: „Meinem Onkel Dr.-Ing. e. h. Hans Holzwarth". – Mindestens 1937 wiss. Mitarbeiterin im Kaiser-Wilhelm-Institut für physikalische Chemie und Elektrochemie, Berlin-Dahlem.

Quellen: Boedeker (1935/39). – Lebenslauf in Dissertation. – MPG-Archiv: I, 1A, Nr. 541/5, Bl. 100.

Laski, Gerda (eigentlich Gerhardine)
geb. 4.6.1893 Wien
gest. 24.11.1928 Berlin
Dr., Physik; Abteilungsleiterin im Kaiser-Wilhelm-Institut für Faserstoffchemie
Staatsbürgerschaft Österreich

1905 bis 1913 Besuch des Privat-Mädchen-Obergymnasiums des Wiener „Vereins für erweiterte Frauenbildung". – 1908, mit 15 Jahren, Übertritt zum Katholizismus. – Juli 1913 Reifeprüfung mit Auszeichnung. – Von Oktober 1913 bis 1918 Studium der Naturwissenschaften, insbesondere der Physik, an der Universität Wien. – Prom. 1917 Universität Wien: „Groessenbestimmung submikroskopischer Partikeln aus optischen und mechanischen Effekten", bei Ernst Lecher (1856–1926) und Franz Exner (1849–1926). Publ. in: Sitzungsberichte der Wiener AdW, 126 (IIa), (1917), S. 601-648; Auszug in: Annalen der Physik 53 (1917), S. 1-26. – 1918–1919 Assistentin bei Peter Debye an der Universität Göttingen. – Ab Mai 1920 bei Heinrich Rubens (1865–1922) am Physikalischen Institut der Universität Berlin, offiziell von Wintersemester 1921/22 bis Wintersemester 1923/24 hier Assistentin. 1923 Forschungsgeld vom Kaiser-Wilhelm-Institut für Physik zur Züchtung von Mischkristallen bewilligt. – Von 1924/25 bis 1926/27 Abteilungsleiterin der „Ultrarotabteilung" (Untersuchung chemischer Substanzen mittels ultraroter Strahlung) im Kaiser-Wilhelm-Institut für Faserstoffchemie, Berlin-Dahlem, finanziert von der Notgemeinschaft der Deutschen Wissenschaft. Wegen fehlender Finanzierung Auflösung der Abteilung. Betreuung der Dissertation von Sibylle Tolksdorf, Universität Berlin 1928. – 1926–1927 Nebenvertrag mit dem Kaiser-Wilhelm-Institut für Silikatforschung (beide Kaiser-Wilhelm-Institute waren im selben Gebäude untergebracht). – Ende 1927 an der Physikalisch-Technischen Reichsanstalt (PTR) „freiwillige Mitarbeiterin" in der Präsidialabteilung von Friedrich Paschen (1865–1947), um 1928 ein Ultrarotforschungs-Laboratorium einzurichten. Laski erhielt 1927 und 1928 ein monatliches Stipendium des Kaiser-Wilhelm-Instituts für Physik auf Vorschlag von Max von Laue. – Starb nach schwerer Krankheit im Berliner Augusta-Hospital.

Publikationen: Naturwissenschaften, Bd. 14/1926 (Publ. Laski/Tolksdorf); Bd. 16/1928, S. 445 (Publ. annotiert).

Nachruf: Sibylle Tolksdorf, in: Physik. Z. 30 (1929) Nr. 13 (1.7.1929), S. 409-411, mit Publikationsliste und Foto.

Quellen: Archiv Universität Wien (Promotionsunterlagen): Phil. Fak. PN 4352, Rigorosum-Protokoll, Curriculum Vitae. – Archiv HUB: Personalverzeichnisse der Universität Berlin. – MPG-Archiv: III, 19, Nr. 497, Bl. 1-2 und Bl. 4 (Laski an P. Debye, 15.9.1919 und 18.5.1920). I, 42, Nr. 305 (Personalbogen, 1926–1927). I, 1A, Nr. 2293/3, Bl. 104, Bl. 105; Nr. 2293/4, Bl. 123 (Eitel über den Verlust durch Weggang Laskis zur PTR und nach Tod). I, 1A, Nr. 1663/1, Bl. 199-205 u. Bl. 216; Nr. 1663/2, Bl. 266 u. Bl. 274. I, 1A, Nr. 1666/1, Bl. 128-129 (wegen Unterstützung für Laski und Vergabe eines Stipendiums, 1927–1928, vom Kaiser-Wilhelm-Institut für Physik). – Tätigkeitsbericht der PTR für 1927, Personalverzeichnis (Stand: 1.2.1928), S. 67. – Poggendorff V (1926), S. 710; VI (1938), S. 1470.

Sekundärliteratur: Globig (1994), S. 71. – Vogt (2000c), S. 214-218. – Ogilvie/Harvey (2000), Vol. 2, p. 748. – Denz/Vogt (2005), S. 15-17. – Vogt (2007).

Fotos: Nachruf (1929). – MPG-Archiv: VI. Abt., 1: KWI für Silikatforschung.

Lassen, Marie-Thérèse
Dr. med.
Staatsbürgerschaft Frankreich

Von Nov. 1929 bis Okt. 1930 wiss. Gast im Kaiser-Wilhelm-Institut für Anthropologie, menschliche Erblehre und Eugenik, Berlin-Dahlem, in der Abteilung von Otmar von Verschuer.

Quellen: Naturwissenschaften, Bd. 20/1932, S. 438 (Publ. angezeigt). – Lösch (1997), S. 568, 577.

Lerche, Witta
geb. 10.6.1906 (Berlin-) Lichterfelde
gest. März 1943 Berlin
Dr., Biologie

1925 Abitur an der Oberrealschule (Berlin-) Zehlendorf. – Ab Ostern 1927 Studium der Naturwissenschaften, insbesondere Zoologie und Botanik, 2 Semester an der Universität

Freiburg i. Br. und 9 Semester an der Universität Berlin. – Von 1931 bis 1937 zuerst Doktorandin, dann wiss. Gast im Kaiser-Wilhelm-Institut für Biologie, Berlin-Dahlem, in der Abteilung Max Hartmann. – Prom. am 22.2.1937 Universität Berlin: „Untersuchungen über Entwicklung und Fortpflanzung in der Gattung Dunaliella", bei Max Hartmann, Kurt Noack, angefertigt am Kaiser-Wilhelm-Institut für Biologie. Publ. in: Archiv für Protistenkunde, Bd. 88, 1937, S. 236-268. – 1937/38 wiss. Gast an der Zoologischen Station in Neapel. – Von 1938 bis 1943 wieder im Kaiser-Wilhelm-Institut für Biologie tätig (unklar, ob als Mitarbeiterin, Stipendiatin oder Gast), in der Abteilung Max Hartmann; arbeitete hier mindestens 1942/43 mit Hans Bauer (1904–1988) zusammen. – Im März 1943 infolge Bombardierung Berlins gestorben.

Quellen: Archiv HUB: Math.-Nat. Fak. Nr. 115, Bl. 183-199. – MPG-Archiv: III, 47, Nr. 870 (Briefwechsel Hartmann – Lerche, 1935–1942), Nr. 560, Bl. 6 (Brief von J. Hämmerling an M. Hartmann, 22.3.1943). – Naturwissenschaften, Bd. 21/1933, S. 439; Bd. 22/1934, S. 359; Bd. 24/1936, S. 25; Bd. 25/1937, S. 392 und Bd. 25/1937, S. 685 (Rezension); Bd. 26/1938, S. 343; 27/1939, S. 343; 28/1940, S. 493 (Gast). – Lerche, Witta. Bericht, in: „Die Ärztin" 17 (1941) Heft 2, S. 54-56 (Bericht über Vortrag von Max Hartmann im Harnack-Haus).

Leux, Irmgard
verh. Henschen
geb. 1.9.1895 Elbing (Ostpreußen, heute Polen)
Dr. phil., Musikwissenschaftlerin

1915 Abitur am humanistischen Gymnasium in Stargard. 1916–1921 Studium der Musikwissenschaft, Literaturgeschichte und Philosophie an den Universitäten Berlin und München. 1917–1919 gleichzeitig Schülerin der Berliner Hochschule für Musik. – Prom. am 22.7.1921 Universität München. 1921–1929 teilweise wissenschaftlich, teilweise literarisch tätig. – Von 1929 bis 1934/35 wiss. Mitarbeiterin im Kaiser-Wilhelm-Institut für Hirnforschung, Berlin-Buch, zuerst als unbesoldete Assistentin, ab 1.4.1930 als etatmäßige Assistentin, in der Psychologischen Abteilung. Hier Arbeit über das künstlerische Schaffen von Hermann Gudermann. – Verh. mit dem schwedischen Hirnforscher Folke Henschen, eine Tochter. – Nach 1935 in Schweden lebend. – Publizierte 1978 in Schweden (in Deutsch) zur Musikgeschichte (Dank Michael Hagner).

Publikation: Leux-Henschen, Irmgard: Joseph Martin Kraus in seinen Briefen. Stockholm, Svenski Musikhistoriski Arkiv, 1978 (Reihe Musik in Schweden).

Quellen: MPG-Archiv: I, 1A, Nr. 1082/21, Bl. 22a-22c (Umfrage in der KWG, 4.2.1933). I, 21, Nr. 12/4 (Curriculum vitae, 1930). – Naturwissenschaften, Bd. 19/1931, S. 543 (Publ.); Bd. 20/1932, S. 441 (Publ.); Bd. 22/1934, S. 370 (Publ.).

Foto: MPG-Archiv: VI. Abt., 1: Kaiser-Wilhelm-Institut für Hirnforschung, Mitarbeiter (vgl. Frontispiz).

Levi, Hilde
geb. 9.5.1909 in Frankfurt/M.
gest. 26.7.2003 Hellerup bei Kopenhagen
Dr. phil., Physik, Radiochemie, Autoradiographie

Besuch des Oberrealgymnasiums in Frankfurt/M. – 1928 Abitur und Beginn des Studiums der Physik und Chemie an den Universitäten München (3 Semester), Frankfurt/M. (1 Semester) sowie Berlin (4 Semester). – Prom. am 9.5.1934 Universität Berlin: „Ueber die Spektren der Alkalihalogen-Dämpfe" (70 S.), bei Peter Pringsheim, Fritz Haber, angefertigt bei Dr. Hans Beutler am Kaiser-Wilhelm-Institut für physikalische Chemie und Elektrochemie, Berlin-Dahlem. – Universität Berlin, 19.12.1938: Doktor-Titel entzogen (Bl. 135b). – Von 1932 bis 1934 Doktorandin im Kaiser-Wilhelm-Institut für physikalische Chemie und Elektrochemie, Berlin-Dahlem. – 1934 Emigration. 1934–1940 bzw. bis 1947 wiss. Mitarbeiterin im Institut for Teoretisk Fysik, Kopenhagen (Niels-Bohr-Institut), zuerst mit Hilfe von Stipendien, darunter der Danish Branch of the International Federation of University Women. 1935–1940 Assistentin von George de Hevesy (1885–1966), mit ihm mehrere Artikel zur Anwendung der Indikatortechnik in der Biologie publiziert. – Während der

Besetzung Dänemarks und der Nazi-Verfolgung im September 1943 Flucht nach Schweden; hier Anstellung am Wennergren Institute for Experimental Biology in Stockholm. – Nach der Befreiung Dänemarks Rückkehr an das Niels-Bohr-Institut, das die biologischen Forschungen jedoch auslagerte. 1947–1948 zu einem Forschungsaufenthalt in den USA. 1948–1979 (Emer.) Arbeit (später als Dozentin) am Zoophysiological Laboratory des dänischen Nobelpreisträgers August Krogh (1874–1949). Außerdem Konsultantin für das Gesundheitswesen bei der Gesetzgebung über den Strahlenschutz und Leitung der ersten Kurse für Ärzte zur Anwendung radioaktiver Isotope. Nach ihrer Emeritierung Konsultantin im historischen Archiv des Instituts for Teoretisk Fysik Kopenhagen (Niels-Bohr-Archive); verfaßte eine Biographie über George de Hevesy (1985). – Zuletzt in Hellerup bei Kopenhagen lebend.

Publikationen: Beutler, H. und H. Levi.: Über die Spektren der Alkalihalogen-Dämpfe. In: Z. für Elektrochemie, 1931, Nr. 8a, S. 1-6 (Aus dem Kaiser-Wilhelm-Institut für ph. Ch. u. El.ch., Berlin-Dahlem). – Levi, H.: Lise Meitner (dänisch). In: Store Kvinder. Ed. Edith Rode og Kis Pallis. Kobenhavn, Carit Andersens Forlag, 1947, pp. 289-300 (Dank Jens Hoyrup). – Levi, H.: George de Hevesy: 1 August 1885 – 5 July 1966. In: Nuclear physics. A 98 (1967) 1, p. 1-24. – Levi, H.: George de Hevesy. Copenhagen 1985. – Arrhenius, Gustav, u. H. Levi: The era of cosmochemistry and geochemistry, 1922–1935. In: George de Hevesy Festschrift. Budapest, 1988, pp. 11-136.

Nachruf: Aaserud, Finn: Hilde Levi 1909–2003. In: Niels Bohr Archive. http://www.nba.nbi.dk (August 2003).

Quellen: Archiv HUB: Phil. Fak. Nr. 757, Bl. 130-153. – Naturwissenschaften, Bd. 21/1933, S. 430 (Publ. H. Beutler und H. Levi); Bd. 22/1934, S. 351 (Publ. H. Beutler und H. Levi); Bd. 23/1935 (Publ. J. Franck, H. Levi, Kopenhagen). – Archive S.P.S.L., Oxford: file 333/12. – List (1936). – Churchill College Archive, Cambridge: Meitner-Nachlaß (Briefwechsel Meitner – Levi). – Chicago University, Regenstein Library, special collections: Franck Papers (letters Levi – Franck). – Video-Interview mit Peter Nolte im Oktober 2002.

Sekundärliteratur: Nielsen (1991), S. 156-157 (Dank Sigrid Dauks). – Nolte (2001), S. 36. – Ogilvie/Harvey (2000), Vol. 2, pp. 778-779.

Fotos: MPG-Archiv: VI. Abt., 1: KWI für physikalische Chemie u. Elektrochemie. – Nolte (2001), S. 36 (privat). – Gedenkbuch KWG (2008), Abb. 36, S. 420.

Lieber, Clara
verh. Nothhacksberger
geb. 10.7.1902 Indianapolis, Indiana
gest. Dez. 1982 Indianapolis, Indiana
Chemie
Staatsbürgerschaft USA

Vom 15.9.1936 bis Ende Oktober 1939 wiss. Gast im Kaiser-Wilhelm-Institut für Chemie, in der Abteilung Lise Meitner, nach dem erzwungenen Weggang von ihr in der Abteilung Otto Hahn; beteiligt an den Forschungen von L. Meitner, O. Hahn und F. Straßmann. – Im Sommer 1939 in Paris. Am 1.11.1939 Rückkehr in die USA über Genua. In den USA als Röntgenologin und in verschiedenen Hilfsorganisationen tätig, nicht mehr wissenschaftlich. – 1948–1969 in Paris lebend, ab 1948 verh. mit Otto Nothhacksberger (1905–1975), keine Kinder. – Ab April 1969 in Salzburg lebend. – Seit 1983 Otto Nothhacksberger Memorial Fund an der Indiana University School of Music eingerichtet, außerdem seit 1997 ein Otto Nothhacksberger Endowed Chair.

Publikationen: Die Spaltprodukte aus der Bestrahlung des Urans mit Neutronen: die Strontium-Isotope. In: Naturwissenschaften, Bd. 27/1939, S. 421-423 (Dank an Hahn und Straßmann, KWI für Chemie, 24. Mai 1939). – In 3 Artikeln von Hahn/Straßmann „Dank an Frl. Cl. Lieber und Frl. I. Bohne", in: Naturwissenschaften, Bd. 27/1939, S. 15, 95 und 164.

Quellen: MPG-Archiv: I, 11, Nr. 351 (Personallisten, hier: 15.9.1936 – Okt. 1939). III, 14, Nr. 2529 u. Nr. 3154 (Briefwechsel mit O. Hahn, 1940–1969). – Churchill College Archive, Cambridge: Meitner-Nachlaß (Briefwechsel Meitner-Lieber), MTNR 5/21B (Hahn an LM, 25.10.39, Edith Hahn an LM, 3.11.39, jeweils zur Abreise von C. Lieber aus Berlin (Dank Jost Lemmerich)) – Naturwissenschaften, Bd. 25/1937, S. 337 (Publ.); Bd. 26/1938, S. 337 (Publ. im Druck); Bd. 27/1939, S. 337 (2 Publ. angezeigt). – Lemmerich (1998), S. 92 (v. Laue an L. Meitner, 4.7.1940). – Interview mit Frau Brunner, Annette Vogt, 9.1.1999. – Otto Nothhacksberger Memorial Fund, mit Jugendfoto. – Landeshauptarchiv Koblenz: Best. 700, Nr. 193 (Kondolenz 1980), Nr. 194 (Korrespondenz mit F. Straßmann, 1958–1982; nicht ausgewertet).

Sekundärliteratur: Krafft (1981).

Foto: Otto Nothhacksberger Memorial Fund, Indiana, Jugendfoto.

Liebscher, Erica
geb. 26.3.1897
Chemie

Ausbildung in einer Lehranstalt für technische Assistentinnen. Erste Anstellung in der Industrie ab 1.12.1916. Weitere Anstellungen in der Industrie bis Ende März 1923. – Vom 1. April 1923 bis mindestens 1945 im Kaiser-Wilhelm-Institut für Lederforschung, Dresden, als technische Assistentin für chemische und histologisch-mikroskopische Arbeiten tätig und regelmäßig an Publikationen als Co-Autorin beteiligt.

Quellen: MPG-Archiv: I, 1A, Nr. 1792/6, Bl. 297 und Bl. 299 (Dir. Max Bergmann an Arndt, 13.5.1933). I, 1A, Nr. 1797/3 (Überblick über Institutsarbeit 1934–1940 u. Publikationsliste). – Handbuch KWG, 1928, S. 188 (Laborantin), – Handbuch KWG, 1936, Bd. 1, S. 173 (techn. Assistentin). – Gesammelte Abhandlungen des Kaiser-Wilhelm-Instituts für Lederforschung, Bd. II (1925-26) bis Bd. V (1933–1936); insgesamt bei 15 Publ. Co-Autorin. – Naturwissenschaften, Bd. 17/1929, S. 336 bis Bd. 21/1933, S. 437; Bd. 28/1940, S. 491 (1 Publ.); Bd. 29/1941, S. 438 (2 Publ.) – Parthey (1995).

Lieseberg, Claudia
Dr., Physik

Vom 9.12.1940 bis 1941 (?) wiss. Mitarbeiterin im Kaiser-Wilhelm-Institut für medizinische Forschung in Heidelberg, in der Abteilung Isolde Hausser.

Quelle: MPG-Archiv: I, 1A, Nr. 540/3.

Lilienfeld, Flora (Flora Alice)
geb. 1886 Lemberg (Galizien)
gest. 1977 (in Japan)
Dr., Biologie

Geboren in einer Rechtsanwaltsfamilie, Ausbildung als Botanikerin, vermutlich an der Universität Lemberg; erste wiss. Veröffentlichungen ab 1910. – Bis 1915 Mitarbeiterin von Carl Correns. Vom 1.8.1915 bis 1933 wiss. Assistentin (Mitarbeiterin) im Kaiser-Wilhelm-Institut für Biologie, Berlin-Dahlem, in der Abteilung von Carl Correns, als Nachfolgerin von Gertrud von Ubisch. Bis zur Emigration 1934/35 im Kaiser-Wilhelm-Institut für Biologie, dann in der Abteilung Richard Goldschmidt. – 1935/36 Emigration. 1936 in Tokio. Später am National Institute of Genetics in Mishima tätig.

Quellen: MPG-Archiv: I, 1A, Nr. 1552, Bl. 104 und weitere (Haushaltspläne, 1915–1919). I, 1A, Nr. 1553, Bl. 60-60R (Haushaltsplan 1919/20). – Handbuch KWG, 1928 („sonstige Mitarbeiterin"). – Handbuch KWG, 1936, Bd. 2, S. 249 („jetzt in Tokyo"). – Gedenkbuch KWG (2008), S. 259, mit Foto.

Foto: Gedenkbuch KWG (2008), Abb. 37, S. 421.

Lindschau, Margarete
geb. 12.5.1909 Jahrsdorf bei Hohenwestedt
Dr., Biologie

Nach Besuch der Volks- und der Mittelschule mittlere Reifeprüfung 1924. Ab Ostern 1925 Besuch des Oberlyzeums in Itzehoe und März 1928 Abitur. – Ab Sommersemester 1928 Studium der Naturwissenschaften und Mathematik an der Universität Kiel, im Wintersemester 1929/30 Universität Berlin, danach wieder Universität Kiel. – Prom. 1933 Universität Kiel: „Beiträge zur Zytologie der Bromeliaceae" (24 S.), bei Georg Tischler und PD Curt Hoffmann. Publ. in: Planta, 20. – 1935 Stipendiatin, vermittelt durch den Akademischen Arbeitsdienst, im Kaiser-Wilhelm-Institut für Züchtungsforschung, Müncheberg/Mark.

Quellen: Boedeker (1935/39) B. 726. – Lebenslauf in der Dissertation. – Handbuch KWG, 1936, Bd. 1, S. 175.

Linge, Lieselotte
Chemie

Seit 1.11.1931 Mitarbeiterin im Kaiser-Wilhelm-Institut für medizinische Forschung in Heidelberg, im Institut für Chemie bei Richard Kuhn; mindestens 1932/33 als „unentgeltliche" Mitarbeiterin geführt; 1938 noch hier.

Quellen: MPG-Archiv: I, 1A, Nr. 1082/19, Bl. 20d (Umfrage in der KWG, 4.2.1933). I, 1A, Nr. 2564/4, Bl. 143 (1938, wegen Beihilfe zur Kur).

Loesch, Maria (Marie) von
geb. 21.7.1905 Stephansdorf, Krs. Neumarkt (Schlesien, heute Polen)
Dr., Chemie

Im Elternhaus Privatunterricht, 1919–1924 Besuch der Schule in Liegnitz und hier Abitur. – Ab Sommersemester 1924 Chemiestudium an der Universität Breslau. Verbandsprüfungen 1927 und 1929. – Prom. 1933 Universität Breslau: „Über einige neue Hydrazine und isomere Stoffe" (43 S.), bei Ernst Koenigs und Johann Heinrich Biltz. Widmung: „Gewidmet meinen Eltern". – Vom 18.12.1936 bis Winter 1937 wiss. Mitarbeiterin im Kaiser-Wilhelm-Institut für physikalische Chemie und Elektrochemie, Berlin-Dahlem. – Von Wintersemester 1937/38 bis mindestens 1941 außerplanmäßige Assistentin am Institut für Bodenkunde, Direktor Hans Kuron, an der Landwirtschaftlich-Tierärztlichen Fakultät der Universität Berlin.

Quellen: Lebenslauf in der Dissertation – MPG-Archiv: I, 1A, Nr. 541/5, Bl. 94. – Archiv HUB: Personal-Verzeichnisse der Universität.

Lotz, Irmgard
verh. Flügge-Lotz
geb. 16.7.1903 Hameln
gest. 22.5.1974 Stanford (USA)
Dr., Mathematik, Mechanik (Aerodynamik), Strömungsforschung; Abteilungsleiterin im Kaiser-Wilhelm-Institut für Strömungsforschung in Göttingen; 1961 full professor Stanford University

Besuch der Volksschule in Frankenthal (Pfalz), dann Lyzeum in Mönchengladbach und Hannover sowie Realgymnasial-Studienanstalt in Hannover, hier 1923 Abitur. – 1923–1927 Studium der Mathematik und ihrer Anwendungen an der TH Hannover. 1927 Diplom-Hauptprüfung Mathematik. 1927–1929 Assistentin am Lehrstuhl für praktische Mathematik und darstellende Geometrie an der TH Hannover. – Prom. 1929 TH Hannover: „Die Erwärmung des Stempels beim Stauchvorgang" (78 S.), bei Georg Prange und Horst von Sanden. – Von 1929 bis 1938 zuerst Mitarbeiterin (Assistentin), von 1934 bis 1938 Gruppenleiterin bzw. – inoffiziell – Abteilungsleiterin im Kaiser-Wilhelm-Institut für Strömungsforschung, Göttingen, bei Ludwig Prandtl. Er schätzte ihre Leistungen so sehr, daß er sie 1937 für eine „Forschungsprofessur" vorschlug. – 1938 Heirat mit dem Mathematiker und Aerodynamiker Dr. Wilhelm Flügge (18.3.1904 Greiz – 19.3.1990 Los Altos, California),

Dr.-Ing., Privatdozent für Angewandte Mechanik an der Math.-Nat. Fak. der Universität Göttingen, vom 18.2.1932 bis 1938 Mitarbeiter im Kaiser-Wilhelm-Institut für Strömungsforschung, Göttingen. Seither Irmgard Flügge-Lotz. Keine Kinder. – Ab Oktober 1938 lebte das Forscher-Ehepaar Flügge-Lotz in Berlin. Von 1938 bis April 1945 arbeitete er als Abteilungsleiter in der Deutschen Versuchsanstalt für Luftfahrt (DVL) in Berlin-Adlershof, sie als Beraterin („Konsultant"). Beide waren in der Redaktion des „Zentralblatt für Mechanik". – Irmgard Flügge-Lotz gehörte seit 1941 zu den (vier) Gutachtern für Preisaufgaben der Lilienthal-Gesellschaft (LGL) in Berlin. – Im Frühjahr 1944 wurden Teile der DVL nach Saulgau am Bodensee transportiert. Hier wurden beide in der Französischen Zone interniert und in das Team im „Centre de Technique de Wasserburg" integriert. – Von 1946 bis Herbst 1948 war Irmgard Flügge-Lotz Forschungsgruppenleiterin bei der ONERA in Paris (French National Office for Aeronautical Research). Durch Vermittlung von Prof. Stephen P. Timoshenko (1878–1972) in Stanford gelang beiden die Ausreise aus Frankreich und die Einreise in die USA im Herbst 1948. – Seit Oktober 1948 an der Stanford University: Wilhelm Flügge Professor, Irmgard Flügge-Lotz nur Lecture, erst 1961 full professor. Sie war die erste Frau in Stanford, die Prof. in den Ingenieurwissenschaften wurde. – Irmgard Flügge-Lotz leistete wesentliche Arbeiten zur Aerodynamik, darunter zur Grenzschichttheorie. Nach einer Arbeit von ihr zur Lösung von Differentialgleichungen bei der Verteilung des Auftriebs von Tragflächen (Berechnung der Antriebsverteilung, 1931) ist die „Lotz-Methode" benannt. Sie gilt als Erfinderin des Autopiloten. Später arbeitete sie zur automatischen Regelungstechnik und publizierte 2 Standardwerke (1953, 1958).

Publikationen: Discontinuous Automatic Control. Princeton, Princeton University Press, 1953. – Discontinuous and Optimal Control. New York, McGraw-Hill, 1958.

Ehrungen: 1971 Kármán lecture des American Institute for Aeronautics and Astronautics (als erste Wissenschaftlerin); 1973 Ehrendoktor der University of Maryland.

Nachrufe: Obituary of Irmgard Flügge-Lotz. In: New York Times, 23 May 1974. – Spreiter, John R. et al.: In memoriam Irmgard Flügge-Lotz (1903–1974). In: IEEE Transactions on Automatic Control 20 (1975), p. 183.

Quellen: MPG-Archiv: III, 61, Nr. 2167 u. Nr. 2168 (Vorträge im Kolloquium „Besprechung von Fragen der angewandten Mechanik"; 5 Vorträge von I. Lotz, 1932–1936). I, 44, Nr. 175, Bl. 26-28 (Prandtl an Herrn Ministerialrat A. Baeumker, Chef des Forschungswesens im Reichsluftfahrtministerium, 19.2.1937, Vorschlag für „Forschungsprofessur" für I. Lotz). III, 61, Nr. 2062 u. Nr. 2063 (Gutachter für Preisaufgaben der LGL 1941 und 1942). III, 61, Nr. 456 (Briefwechsel Prandtl – Flügge-Lotz (40 Blatt), 1930–1950). – Handbuch KWG, 1936, Bd. 1, S. 157 (Assistentin). – Naturwissenschaften, Bd. 20/1932, S. 454 (2 Publ.); Bd. 21/1933, S. 428 (3); Bd. 22/1934, S. 350; Bd. 23/1935, S. 425; Bd. 24/1936, S. 31; Bd. 25/1937, S. 384. – Prof. Werner Albring (1914–2007), Dresden, 18.11.1998, Interview mit Annette Vogt. – Poggendorff VIIb, S. 1431-1432 (zu I. Flügge-Lotz). – Poggendorff VIIb, S. 1430-1431 (zu W. Flügge).

Sekundärliteratur: Spreiter (1975). – Sichermann (1980), p. 241-242. – Spreiter/Flügge (1987). – Vogt (2000e), bes. pp. 199-204. – Ogilvie/Harvey (2000), Vol. 1, pp. 456-457. – Vogt (2007).

Fotos: Internet 1996. – Poster, Internet, 2004.

Lu Chang *siehe* **Lu** Hsiu-Chen

Lu Hsiu-Chen
verh. Lu Chang (Schang)
geb. 20.7.1914 Peking (China)
gest. 1987/88 Beijing (Peking) (VR China)
Dr., Prof.; Angewandte Mechanik, Aerodynamik
Staatsbürgerschaft China, VR China

1930 bis 1934 Studium an der Universität Peking. 1934–1937 Lehrerin an einem Gymnasium. – Im August 1937 nach Deutschland. Von Oktober 1937 bis Sommersemester 1938 Studium an der TH Berlin-Charlottenburg, u. a. bei Hans Geiger und Jürgen Hamel.

Lu Chang am Grab Prandtls

Von Wintersemester 1938/39 bis 1942 Studium der Mathematik und Mechanik an der Universität Göttingen, u. a. bei Ludwig Prandtl. – Mindestens 1938 bis 1939 Doktorandin im Kaiser-Wilhelm-Institut für Strömungsforschung, Göttingen, bei Ludwig Prandtl. – Prom. am 11.3.1943 Universität Göttingen: „Aufrollung eines zylindrischen Strahls durch Querwind", bei Ludwig Prandtl, Albert Betz. – 1942–1943 in Berlin lebend. Nach ihrer Heirat mit Chang Wei 1942 und der Geburt einer Tochter (31.12.1942) ab Frühjahr 1943 wieder berufstätig, im September 1943 in Luckenwalde. – Von 1943 bis Frühjahr 1945 wiss. Mitarbeiterin im Kaiser-Wilhelm-Institut für Strömungsforschung, Göttingen, bei Ludwig Prandtl. – Ab 1950 Prof. am Peking (Beijing) College of Aeronautics, jetzt Prof. Lu Shijia. Baute am College eine Ausbildungs- und Forschungssektion für Aerodynamik auf und richtete ein Forschungslabor für Aerodynamik ein. In den 1960er Jahren übersetzte sie L. Prandtls „Strömungslehre" ins Chinesische und publizierte das Buch. – 1983/84 wurde aus dem College die Beijing (Peking) University of Aeronautics and Astronautics.

Quellen: Archiv Universität Göttingen: Promotionsunterlagen, Math.-Nat. Fak. – MPG-Archiv: I, 44, Nr. 1009, Bl. 1-8 (Briefwechsel mit Prandtl). – Auskünfte von und Dank an Zhang Baichun und Fan Fa-ti, ehem. Stipendiaten am Max-Planck-Institut für Wissenschaftsgeschichte.

Sekundärliteratur: Vogel-Prandtl (1993), S. 172-173, mit Foto (s. Abb.).

Lüers, Thea
geb. Hasenjäger
geb. 15.2.1907 Mettmann bei Düsseldorf
gest. 1990 Bad Krotzingen
Dr. med., Psychiatrie, Neurologie, Genetik, Zytogenetik

Nach dem Abitur Studium der Medizin an den Universitäten Köln, Bonn, Berlin, Paris, Marburg und Wien. 1935 Promotion und Approbation. – 1935–1936 Volontärassistentin bei Hugo Spatz an der DFA für Psychiatrie (Kaiser-Wilhelm-Institut) München. – 1936–1938 und 1941–1945 Assistentin am Kaiser-Wilhelm-Institut für Hirnforschung, Berlin-Buch, in der Abteilung von Hugo Spatz; hier Arbeiten zu anatomischen Besonderheiten bei Hirn- und Nervenerkrankungen. – Oktober 1938 bis Juli 1941 klinische und wissenschaftliche Assistentin bei O. Pötzl in Wien; Ausbildung als Psychotherapeutin. – Seit 1941 verheiratet mit dem Biologen und Genetiker Herbert Lüers (1910–1978); keine Kinder. – 1945 wissenschaftliche Assistentin an der DFA für Psychiatrie (Kaiser-Wilhelm-Institut) in München bei Willibald Scholz. – 1948–1953 in Berlin-Ost, am Institut für Medizin und Biologie der DAW unter Leitung von Walter Friedrich (1883–1968) in Berlin-Buch. – 1953 Übersiedlung nach Berlin-West, Herbert Lüers wird Prof. für Allgemeine Biologie und Genetik an der FU, Thea Lüers arbeitet nun zu zytogenetischen Untersuchungen der menschlichen Chromosomen. – Ca. 300 Publikationen. – 1989 erschien postum ihr autobiographischer Roman

„Im Schatten des Vaters", Verlag Frieling & Partner Berlin. – Nachlaß unter Verwaltung von Prof. Dr. K. Sperling, Berlin.

Quellen: Luise Pasternak (2002), S. 19-21. – Archiv BBAW: Nachlaß Walter Friedrich, Nr. 609 (1 Glückwunschschreiben 1954). – MPG-Archiv: II, 1A, Personalkartei. Va, 136, Nr. 1 (Thea Lüers: Geheimnisse des Gehirns. Weg und Werk des Hirnforscherehepaares Cécile und Oskar Vogt. Typoskript, 148 S.).

Lusmann-Perelmann, Genia
geb. 2.8.1900 Pilvischki (Litauen)
Dr., Chemie (Biochemie)
Staatsbürgerschaft Litauen

1918 Gymnasium in Minsk beendet. – Studium der Chemie, Physik und Technologie 1921 an TH Brünn (ČSR), 1922–1925 an Universität Berlin. – Prom. am 12.10.1926 Universität Berlin: „Untersuchungen über die alkoholische Gärung und die Milchsäurebildung" bei Carl Neuberg, Hermann Thoms. Publ. in: Biochem. Z., Bd. 165, H. 1/3, S. 238-244 und Bd. 174, H. 4/6, S. 425-439. – Von Januar 1925 bis April 1926 Doktorandin im Kaiser-Wilhelm-Institut für Biochemie, Berlin-Dahlem. – 1927 in New York (USA), Suche nach akademischer Arbeit.

Quellen: Archiv HUB: Phil. Fak. Nr. 647, Bl. 314-346. – Parthey (1995). – Naturwissenschaften, Bd. 14/1926, S. 1244 (insgesamt 3 Publ., jeweils in der „Biochem. Zeitschrift", 1 mit Neuberg, 2 mit Günter Gorr; aber als Genia Perlmann). – American Phil. Society, Philadelphia: Simon Flexner Papers (Brief 16.3.1927, Dr. Jenny Perlman, New York, Bitte um Hilfe bei Arbeitssuche).

Lwoff, Marguerite
geb. Bourdaleix
geb. 1905
gest. 1979
Dr., Physiologie, Mikrobiologie, Virusforschung
Staatsbürgerschaft Frankreich

Seit 1925 verh. mit André Lwoff (1902–1994), Nobel-Preis für Physiologie oder Medizin mit François Jacob und Jacques L. Monod, 1965. – Nach dem Studium an der Universität in Paris forschte sie zusammen mit ihrem Ehemann, ab 1929 in seinem Laboratorium am Institut Pasteur in Paris. Sie publizierte sowohl allein als auch mit André Lwoff und J. L. Monod. – In den 1930er Jahren Gastaufenthalte in Heidelberg, London und Cambridge. – Von 1932 bis 1935 wiss. Gast im Kaiser-Wilhelm-Institut für medizinische Forschung in Heidelberg, im Institut für Physiologie bei Otto Meyerhof. – 1940 Monographie über die Rolle von Hämathin. – Nach 1945 Forschungen des Ehepaares über Bakteriophagen und Viren mit Jacques Monod und François Jacob. – In den 1960er Jahren Gastaufenthalt am California Institute of Technology bei Renato Dulbecco. – Danach im Krebsforschungs-Laboratorium von André Lwoff arbeitend. Im Unterschied zu den 1930er bis 1940er Jahren wurde sie in den 1950er und 1960er Jahren nur noch als Hilfskraft ihres Ehemannes wahrgenommen und so von dessen Schülern tradiert (vgl. Monod/Borek (1971)).

Publikation: Recherches sur le pouvoir de synthèse des flagellés trypanosomides. Paris, Masson, 1940.

Quellen: MPG-Archiv: I, 1A, Nr. 1082/19, Bl. 20a (Umfrage in der KWG, 4.2.1933, aber nur ihr Mann genannt). – Naturwissenschaften, Bd. 21/1933, S. 445; Bd. 22/1934, S. 368.

Sekundärliteratur: Monod/Borek (1971, to honor A. Lwoff), mit Fotos. – Pycior (1996), Appendix, p. 285. – Stenzel (1992), S. 182. – Ogilvie/Harvey (2000), Vol. 2, pp. 812-813. – Kazemi (2006), S. 195–198.

Lyon, Hilda M.
Mechanik, Strömungsforschung
Staatsbürgerschaft Großbritannien

Im Winter 1932/33 wiss. Gast im Kaiser-Wilhelm-Institut für Strömungsforschung, Göttingen.

Quellen: MPG-Archiv: I, 1A, Nr. 1082/2, Bl. 1c-1f (Umfrage in der KWG, 4.2.1933). – Lyon, Hilda M. A theoretical analysis of longitudinal dynamic stability in gliding flight. HM Stationery Office, 1942 (in: Michael Steckner (1997), Bibliographie).

M

Maas, Gertrud
geb. 6.3.1894 Friedrichroda/Thüringen
Dr. rer. nat., Anthropologie

Besuch des Lyzeums, danach des Oberlyzeums in Weimar, hier 1913 Reifeprüfung. 1 Jahr am Lyzeum (Berlin-) Lichterfelde-Ost, dort 1914 Lehrbefähigung für Lyzeen; anschließend Turnlehrerinnenausbildung in Altona. Hilfslehrerin am Großherzoglichen Sophienstift. 1917–1920 Wohlfahrtsausbildung in Hamburg. 1922 staatliche Anerkennung für das Fach Wohlfahrtspflege, 1940 die für das Fach Gesundheitsfürsorge. – Seit 1919 verschiedene Anstellungen in der Sozial- und Wohlfahrtspflege in Altona, Parchim (1922), ab 1928 in Hessen-Nassau, ab 1933 in Hannover, ab 1935 in Rostock-Stadt. – 1938 Reichssiegerin im Reichsberufswettkampf der DAF (Deutsche Arbeitsfront), daraufhin Beurlaubung, um Vorlesungen über „Rassenbiologie" an der Universität Berlin zu hören. Fortsetzung des Studiums mit dem Ziel der Promotion und der Absicht, die Leitung einer Volkspflegeschule übernehmen zu können, Studium der Rassenbiologie, Anthropologie und Politischen Pädagogik. – Prom. am 28.7.1943 Universität Berlin: „Die Kinderzahl in Ehen mit und ohne Ehestandsdarlehen" (MS 52 S. + 40 S. Anhang), bei Fritz Lenz, Wolfgang Abel. – Von 1942 bis 1943 Doktorandin im Kaiser-Wilhelm-Institut für Anthropologie, menschliche Erblehre und Eugenik, Berlin-Dahlem.

Quellen: Archiv HUB: Math.-Nat. Fak. Nr. 190, Bl. 72-85. – Lösch (1997), S. 570.

Magnussen, Karen
geb. 9.2.1908 Bremen
gest. 19.2.1997 bei Bremen
Dr., Biologie

1928 bis 1932 Studium der Naturwissenschaften, besonders der Biologie, an den Universitäten Freiburg i. Br. und Göttingen. – Prom. 1933 Universität Göttingen: „Untersuchungen zur Entwicklungsphysiologie des Schmetterlingsflügels" (33 S.), bei Alfred Kühn. Publ. in: Roux' Archiv f. Entwicklungsmechanik, Bd. 128. – Seit Juni 1931 Mitglied der NSDAP; BDM-Referentin, Mitglied im NSLB, Mitglied im Deutschen Akademikerinnen-Bund. – 1933–1941 als Assessorin in verschiedenen Schulen und außerdem im Rahmen der NS-Rassenpropaganda tätig. – Von 1941 bis 1945 im Kaiser-Wilhelm-Institut für Anthropologie, menschliche Erblehre und Eugenik, Berlin-Dahlem (als einzige Wissenschaftlerin), von 1941 bis 1943 DFG-Stipendiatin (Projekt zur Zwillings-Augenforschung), von 1943 bis 1945 wiss. Assistentin (Mitarbeiterin). – Von 1941 bis 1945 war sie hier an der „Forschung" mit Organproben ermordeter Häftlinge des KZ Auschwitz beteiligt. Für ihre Teilnahme an NS-Verbrechen nie zur Rechenschaft gezogen. – Ab 1950 Biologie-Lehrerin am Mädchengymnasium im Land Bremen, an der Karlstraße, danach am Gymnasium in der Kurt-Schumacher-Allee, 1970 Pensionierung. – Beerdigt in Bremen.

Quellen: Boedeker (1935/39) (B. 886). – Lösch (1995), S. 236 – Lösch (1997), S. 408-415, S. 485, S. 570. – Auskunft Dr. Hans Hesse, Göttingen.

Sekundärliteratur: Hesse (2000). – Hesse (2001).

Maier, Anneliese (Anna Elisabeth Regine)
geb. 17.11.1905 Tübingen
gest. 2.12.1971 Rom
Dr., Philosophie, Wissenschaftsgeschichte; Wissenschaftliches Mitglied der Max-Planck-Gesellschaft, mehrfach Akademiemitglied

Tochter des Philosophie-Professors Heinrich Maier (1867–1933) und seiner Frau Anna, geb. Sigwart (1870–1953), Tochter des Philosophen Christoph Sigwart (1830–1904). Nach Schulbesuch und Abitur (1923 in Heidelberg) Studium der Philosophie sowie der Physik und Mathematik an der Universität Berlin. – Prom. am 30.7.1930 Universität Berlin: „Kants Qualitätskategorien" (76 S., publ.), bei Eduard Spranger und Wolfgang Köhler. – Nach der Promotion bis 1935 weitere Studien, Reisen sowie Mitarbeit beim Vater (seit 1922 Prof. für Philosophie an der Universität Berlin und OM der Preußischen AdW), 1934–1935 Herausgabe zweier Bände des Werkes ihres Vaters („Philosophie und Wirklichkeit") aus dem Nachlaß. – Vom 1.2.1936 bis 1939 wissenschaftliche Hilfsarbeiterin im Unternehmen Leibniz-Ausgabe der Preußischen AdW; ab 1.1.1938 Beurlaubung und mit einem DFG-Stipendium Forschungen in Rom. – Vom 1.1.1938 bis 31.3.1943 Stipendiatin der DFG, ab 1.4.1943 Assistentin im Kaiser-Wilhelm-Institut für Kunst- und Kulturwissenschaft im Palazzo Zuccari in Rom (der „Bibliotheca Hertziana"), im Teilinstitut für Kulturwissenschaft unter Werner Hoppenstedt (1883–1971), auch Leiterin der Teil-Bibliothek. – 1945–1952 Arbeiten für die Bibliotheca Vaticana (bezahlt von Kardinal Giovanni Mercati (1866–1957), da die Bibliothek Frauen offiziell nicht anstellen durfte); 1952 erschienen zwei von ihr erstellte Handschriftenkataloge. – Ostern 1943 Übertritt zum Katholizismus. – Ab 1950 erhielt sie

Anneliese Maier

Forschungsbeihilfen der Max-Planck-Gesellschaft. Eine engere Anbindung an die ab 1953 wieder zur Max-Planck-Gesellschaft gehörenden „Bibliotheca Hertziana" als Abteilungsleiterin für Wissenschafts- und Kulturgeschichte scheiterte; statt dessen (jährlich steigende) Forschungsbeihilfen der Max-Planck-Gesellschaft bis zu ihrem Tod 1971. – Seit 1952 Mit-Hrsg. der Zeitschrift „Archive for History of Exact Sciences"; seit 1965 Fach-Gutachterin für die US National Science Foundation.

Publikationen: Kants Qualitätskategorien. Berlin 1930 (= Diss.). – Die Mechanisierung des Weltbildes im 17. Jahrhundert. Leipzig 1938. – Das Problem der intensiven Größe in der Scholastik. Leipzig 1939 (KWI, Rom). – Die Impetustheorie der Scholastik. Wien 1940 (KWI, Rom). – An der Grenze von Scholastik und Naturwissenschaft. Studien zur Naturphilosophie des 14. Jahrhunderts. Essen, 1943 (KWI, Rom). – Studien zur Naturphilosopie der Spätscholastik. Roma, in der Reihe „Storia e Letteratura": Bd. 1: Die Vorläufer Galileis im 14. Jahrhundert. Roma 1949 (2. Aufl. 1966; 3. Aufl. 1977 = St. e L., 22); Bd. 2: Zwei Grundprobleme der scholastischen Naturphilosophie. Das Problem der intensiven Größe. Die Impetustheorie. Roma 1951 (als 2. Aufl., vgl. 1939 und 1940; 3. erw. Aufl. 1968 = St. e L., 37); Bd. 3: An der Grenze von Scholastik und Naturwissenschaft. Roma 1952 (als 2. Aufl., vgl. 1943 = St. e L., 41); Bd. 4: Metaphysische Hintergründe der spätscholastischen Naturphilosophie. Roma 1955 (= St. e L., 52); Bd. 5: Zwischen Philosophie und Mechanik. Roma 1958 (= St. e L., 69). – Ausgehendes Mittelalter. Gesammelte Aufsätze zur Geistesgeschichte des 14. Jahrhunderts. 3 Bände: Bd.1, Roma 1964 („Storia e Letteratura", 97); Bd. 2, Roma 1967 („Storia e Letteratura", 105); Bd. 3, Roma 1977 („Storia e Letteratura", 138, Ed. Agostino Paravicini Bagliani). – Zwei Untersuchungen zur nachscholastischen Philosophie. Die Mechanisierung des Weltbildes im 17. Jahrhundert. Kants Qualitätskategorien. Roma 1968 (2. Aufl., siehe 1938 und 1930 = „Storia e Letteratura", 112). – Codices Burghesiani Bibliothecae Vaticana. Città del Vaticano 1952 (495 S.). – Der letzte Katalog der päpstlichen Bibliothek von Avignon (1594). Roma 1952 (65 S.). – Bibliothecae Apostolicae Vaticanae codices manuscripti recensiti. Codices Vaticani Latini. Codices 2118-2192. In: Bibliotheca Vaticana 1961, pp. X-250. – Der Katalog der päpstlichen Bibliothek in Avignon vom Jahr 1411. In: Archivum Historiae Pontificiae 1 (1963), pp. 97-177.

Ehrungen: 1949 Korr. Mitglied der AdW in Mainz; Dez. 1951 Professoren-Titel, Land NRW, Universität Köln; 14.12.1954 Wissenschaftliches Mitglied der Max-Planck-Gesellschaft; 1958 Ord. Mitglied der Académie International pour l'Histoire des Sciences Paris; 1962 Korr. Mitglied der AdW Göttingen; 1966 Korr. Mitglied der Bayerischen AdW München; 1966 Sarton Medal (History of Science Society); 1970 Mitglied der Medieval Academy of America.

Nachrufe: Lehmann-Brockhaus, Otto: Anneliese Maier. In: Mitteilungen aus der MPG, 1972, Heft 1, S. 9-11 (mit Foto). – Odier, Jeanne Bignami: Obituary. In: Revista di Storia della Chiesa in Italia, 20 (1972), pp. 245-248. – Schmaus, M. (Nachruf). In: Jahrbuch der Bayerischen AdW, 1972, S. 250-258. – Grant, E. (necrologe) In: Archives Internat. d'Hist. des Sciences, 24 (1974), pp. 143-144.

Bibliographien: Bagliani (1977), Bd. 3, S. 617-626. – Maierù (1981), pp. 15-23.

Quellen: Archiv HUB: Phil. Fak. Nr. 704, Bl. 1-16. – MPG-Archiv: II, 1A, 19. Senatssitzung, S. 9f. II, 1A, PA A. Maier (2 Bände). III, 34, Nr. 55 u. Nr. 92 (NL W. Hoppenstedt). I, 6 (Bibl. Hertziana; kommt sie nicht vor). III, 47, Nr. 932 (2 Briefe an M. Hartmann, 31.3. u. 20.4.1943). – Archiv BBAW: II-VIII, 176, 177, 178. II-III, 39 (Personalia OM Heinrich Maier). II-IV-125 (Personalia Anneliese Maier, 1941–1943). – Naturwissenschaften, Bd. 27/1939, S. 366; Bd. 28/1940, S. 513 (Publ.). – Bayer. AdW München, Mitglieder-Verzeichnis, S. 97. – NDB Bd. 15 (1987), S. 696-697 (Monika Renneberg). – Auskunft Petra Hoffmann. – Liane Zeil (1989), S. 68.

Sekundärliteratur: Maierù (1981). – Sargent (1982). – Vogt (2004). – Maierù/Sylla (2005). – Vogt (2007).

Fotos: MPG-Archiv: VI. Abt., 1. – 50 Jahre MPG, Bd. 2, S. 215.

Marx, Lore
geb. 1.2.1899 Karlsruhe
gest. 1964 Los Angeles (USA)
Dr., Biologie

Nach Besuch der Schule und Abitur in Karlsruhe 1920, Studium der Naturwissenschaften, besonders der Biologie an den Universitäten Karlsruhe (1920), Freiburg i. Br. (1922/23), München (1923) und Heidelberg (1926–1928). – Prom. 1929 Universität Heidelberg: „Entwicklung und Ausbildung des Farbkleides beim Feuersalamander nach Verlust der Hypophyse" (36 S.). Publ. in: Roux Archiv f. Entwicklungsmechanik, Bd. 114. – Von 1928 bis 1930/31 wiss. Mitarbeiterin im Kaiser-Wilhelm-Institut für Biologie, Berlin-Dahlem. – 1931–1932 Assistentin an den Städtischen Krankenanstalten in Mannheim. – 1933 Emigration. 1934–1936 wiss. Mitarbeiterin im Institut für Pathol. Physiologie der Universität Kopenhagen. – 1936 Emigration nach New York, USA. – Bruder Walter Marx (1907–1984) war Chemiker und bereits 1934 in die USA emigriert. – Von 1954 bis mindestens 1956 als

Wissenschaftlerin am Max-Planck-Institut für Züchtungsforschung, Zweigstelle Baden, mit Mitteln der DFG zur Bearbeitung von Problemen der Resistenzzüchtung beschäftigt.

Quellen: Boedeker (1935/39), Promotion. – Naturwissenschaften, Bd. 18/1930, S. 487; Bd. 19/1931, S. 538. – List (1936). – Archive S.P.S.L., Oxford: 202/4, pp. 100-115. – Auskunft Dr. Keßler, Universitätsarchiv Heidelberg. – MPG-Archiv: III, 75 (NL Melchers), Korrespondenz, Band 9 (Knapp an Melchers (1.2.1956), Melchers an Knapp (14.2.56), Knapp an Melchers (2.3.56)). – Biographisches Handbuch der ... Emigration, Vol. II, Part 2, p. 785 (unter Walter Marx: sister Lore Marx).

Maschlanka, Hildegard
Dr., Biologie

Von September 1941 bis mindestens Dezember 1943 als Stipendiatin im Deutsch-Italienischen Institut für Meeresbiologie in Rovigno (Italien) bzw. nach Verlagerung in Langenargen am Bodensee. Ab März 1943 Zusammenarbeit mit Joachim Hämmerling.

Quellen: MPG-Archiv: I, 1A, Nr. 1254/1 (29.9.1941, ohne Pagin.); Nr. 1254/4 (Dez. 1943). III, 47, Nr. 560, Bl. 6 (Brief von J. Hämmerling an M. Hartmann, 22.3.1943).

Maxim, Marie (Maria)
geb. 25.12.1890 Bukarest
Dr., Chemie
Staatsbürgerschaft Rumänien

Im Juni 1908 in Jassy die Matura (Abitur) des humanistischen Gymnasiums. – Beginn des Studiums der Naturwissenschaften an der Universität Bukarest. Naturwissenschaftliches Abitur (Matura) abgelegt. – Ab 1909 Studium der Chemie an den Universitäten Leipzig (2 Semester), 1910 München und ab 1911 Bonn. – Prom. 1914 Universität Bonn: „Über Sulfonylide der Naphtalinreihe" (30 S.), bei Richard Anschütz. Widmung: „Meinen lieben Eltern". – Vom 1.7.1913 bis 1.8.1914 wiss. Mitarbeiterin (Assistentin) im Kaiser-Wilhelm-Institut für Chemie, Berlin-Dahlem, in der Abteilung von Ernst Otto Beckmann. – 1959 in Bukarest lebend.

Quellen: Lebenslauf in der Dissertation. – Boedeker (1935/39). – MPG-Archiv: I, 11, Nr. 351 (Personalliste). III, 14, Nr. 2832 (Brief an O. Hahn, 1959).

Mayer, Erna
geb. 20.3.1909 Dortmund
Dr. phil., Arbeitsphysiologie

Vom 1.4.1937 bis 15.3.1938 Mitarbeiterin (wiss. Hilfskraft) im Kaiser-Wilhelm-Institut für Arbeitsphysiologie, Dortmund.

Quellen: MPG-Archiv: I, 4, Nr. 97 (Personallisten, Nr. 233). I, 4, Nr. 289 (Personaliabuch, S. 22, Nr. 233).

McClintock, Barbara
geb. 16.6.1902 Hartford, Connecticut
gest. 2.9.1992 Cold Spring Harbor, New York
Ph. D., Biologie, Genetik; Nobelpreis 1983
Staatsbürgerschaft USA

Nach Besuch der Erasmus Hall High School in Brooklyn, New York, Studium der Biologie, Genetik und Zellbiologie an der Cornell University, Ithaca, NY; 1923 Bachelor, 1925 M. A. – Prom. 1927 (Ph. D.) an der Cornell University, Ithaca, NY. – 1927–1931 Assistentin und Instrukteur, Cornell University, 1931–1933 Forschungsstipendium vom National Research Council. – Von 1933 bis 1934 wiss. Gast (Guggenheim Fellowship) im Kaiser-Wilhelm-Institut für Biologie, Berlin-Dahlem, in der Abteilung Richard Goldschmidt. – 1934–1936 wiss. Mitarbeiterin an der Cornell University, Stipendium der Rockefeller Foundation. 1936 bis 1941 weitere Stipendien. – Ab Juni 1941 am Forschungsinstitut Cold Spring Harbor Laboratory/New York: zuerst Gast, dann Assistentin, von 1942 bis zur Emeritierung 1967 Professorin, ab 1967 Distinguished Service Member. – Mit der Entdeckung der „springenden Gene" am Maiskolben 1944/45 begründete sie eine neue Richtung in der Genetik.

Ehrungen: 1983 Nobelpreis für Physiologie oder Medizin für ihre Leistung bei der Entdeckung beweglicher Strukturen der Erbmasse.

Nachrufe: Obituary, in: New York Times, 4.9.1992. – Fedoroff, Nina F.: Barbara McClintock. 16 June 1902 – 2 September 1992. Elected For. Mem. R. S. 1989. In: Biographical Memoirs of Fellows of the Royal Society London, 40 (1994), pp. 265-280, Bibliographie pp. 277-280.

Quellen: Naturwissenschaften, Bd. 22/1934, S. 359. – Buckner (1997), p. 311.

Sekundärliteratur: Fox-Keller (1983). – Buckner (1997), pp. 310-318. – Comfort (1996), pp. 274-280. – Stenzel (1992), S. 189–190. – Ogilvie/Harvey (2000), Vol. 2, pp. 862-864. – Kazemi (2006), S. 204-207.

Fotos: Fox-Keller (1983), p. 131. – Fedoroff (1994), p. 266. – Comfort (1996), p. 275. – Kazemi (2006), S. 205.

Meitner, Lise (Elise)
geb. 7.11.1878 Wien
gest. 27.10.1968 Cambridge (Großbritannien)
Dr., Dr. habil., Prof.; Physik, Kernphysik; Abteilungsleiterin im Kaiser-Wilhelm-Institut für Chemie, Wissenschaftliches Mitglied des Kaiser-Wilhelm-Instituts bzw. der Max-Planck-Gesellschaft, mehrfach Akademiemitglied, Foreign Member Royal Society London
Staatsbürgerschaft Österreich (ab 1955 Österreich und Schweden)

1901 Matura an einem Gymnasium in Wien (extern). – 1901–1906 Studium der Mathematik und Physik an der Universität Wien. – Prom. am 1.2.1906 Universität Wien (als zweite Frau): „Wärmeleitung in inhomogenen Körpern", bei Franz Exner (1849–1926). Publ. in: II. Phys. Inst. Wien, Bd. v115, Abt. IIa, 125. – Einführung in das Studium der Radioaktivität im Institut von Stefan Meyer (1872–1949). – 1907 Fortsetzung des Studiums an der Universität Berlin bei Max Planck; Bekanntschaft mit dem fast gleichaltrigen Otto Hahn und Beginn der gemeinsamen Forschungen zur Radioaktivität. – Vom 1.10.1912 bis Juli 1938 (offiziell bis 30.9.1938) im Kaiser-Wilhelm-Institut für Chemie, Berlin-Dahlem: zuerst als wiss. Gast, 1914/1917 bis 1938 als Leiterin der physikalisch-radioaktiven Abteilung, 1.10.1913 Wissenschaftliches Mitglied des Kaiser-Wilhelm-Instituts für Chemie (als erste Frau in der Kaiser-Wilhelm-Gesellschaft). – Zugleich 1913–1915/16 Assistentin bei Max Planck am Institut für Theoretische Physik der Universität Berlin (erste Assistentin an der Berliner Universität). – 1916–1917 als Röntgenassistentin in Lazaretten der österreichisch-ungarischen Armee. – 1917 Entdeckung des Protaktiniums. – 1919 Professoren-Titel verliehen. – Am 31.10.1922 Habilitation an der Universität Berlin (ohne Probevortrag und Kolloquium), als erste Physikerin an einer Universität in Deutschland. 1926 (nicht beamtete) außerordentliche Professorin an der Universität Berlin. Im September 1933 Entzug der Lehrbefugnis (venia legendi) auf Grund des sogen. „Gesetzes zur Wiederherstellung des Berufsbeamtentums" vom 7.4.1933 an der Universität Berlin. – Auf Bitten u. a. von Max Planck, Otto Hahn und Max von Laue Verbleiben im Kaiser-Wilhelm-Institut für Chemie und keine Emigration angestrebt (fälschlicherweise in der List (1936) genannt). – 1935 erschien das Buch „Der Aufbau der Atomkerne" von Lise Meitner und Max Delbrück. 1934–1938 enge Zusammenarbeit der Abteilungen von O. Hahn und L. Meitner und Nennung als „Abteilung Hahn-Meitner". – Lise Meitner, Otto Hahn und Fritz Straßmann arbeiteten an der Erforschung der Transurane, die im Dezember 1938 zur Entdeckung der Kernspaltung führte, u. a. in Konkurrenz zu den Arbeiten von Irène (1897–1956) und Frédéric Joliot-Curie (1900–1958) in Paris. – Ab 1936 waren keine öffentlichen Auftritte in NS-Deutschland mehr möglich. Am 12.3.1938 Einmarsch der Hitler-Wehrmacht in Österreich und „Anschluß". Daraufhin am 13. Juli 1938 Flucht über die Niederlande und Dänemark nach Schweden, Exil in Stockholm. Bei der Flucht Lise Meitners halfen: Max von Laue, Paul Rosbaud, Otto Hahn, Elisabeth Schiemann, Dirk Coster in den Niederlanden, Niels Bohr in Kopenhagen, Manne Siegbahn in Stockholm; James Franck schickte aus den USA sofort im März 1938 eine „Bürgschaft" an die Botschaft der USA in Deutschland. – 1938–1960 in Stockholm tätig, ab 1946 Leiterin der Kernphysikalischen Abteilung an der Technischen Hochschule Stockholm. – Im Januar 1939 interpretierten Lise Meitner und Otto Robert Frisch (1904–1979) als erste die Resultate der Versuche von Otto Hahn und Fritz Straßmann, berechneten die bei der Uranspaltung freiwerdende Energie und führten die Bezeichnung „Kernspaltung" („fission") ein. – 29.10.1948 wieder Wissenschaftliches Mitglied der Max-Planck-Gesellschaft. Die finanzielle „Wiedergutmachung" zog sich hin. – 1960 Übersiedlung nach Cambridge (GB) zu ihrem Neffen Otto Robert Frisch. – Bei London neben ihrem jüngsten Bruder Walter Meitner beigesetzt; Grabinschrift: „A physicist, who never lost her humanity".

Publikationen: Bibliographie im Nachruf von O. R. Frisch (1970), pp. 416-420.

Ehrungen: 1.10.1913 Wissenschaftliches Mitglied des Kaiser-Wilhelm-Instituts für Chemie (bis 1938); 1919 Professoren-Titel; 1924 (als erste Frau) Silberne Leibniz-Medaille der Preußischen AdW Berlin; 1925 Ignaz-Lieben-Preis der Österreichischen AdW; 1926 Mitglied der Leopoldina Halle (1937 „gestrichen"); 1926 Korr. Mitglied der AdW zu Göttingen (1938 „gelöscht"); 1926 nichtbeamtete a.o. Professorin Universität Berlin; 1928 Ellen-Richards-Preis in den USA; 1941 Mitglied der AdW Göteborgs; 1945 Mitglied der AdW Schwedens; 1947 Preis für Wissenschaft und Kunst der Stadt Wien; 1948 Wissenschaftliches Mitglied der Max-Planck-Gesellschaft; 1948 (als erste Frau) Korr. Mitglied der Österreichischen AdW;

Lise Meitner

1949 Max-Planck-Medaille der Deutschen Physikalischen Gesellschaft (mit Otto Hahn); 1949 (als erste Frau) Korr. Mitglied der DAW zu Berlin; 1954 Otto-Hahn-Preis; 1955 (als erste Frau) Foreign Member of the Royal Society, London; 1957 Mitglied des Ordens Pour le Mérite für Wissenschaften und Künste; 1962 Schlözer-Medaille der Universität Göttingen; 1965 Enrico-Fermi-Preis der US-Atomic Energy Commission (mit Otto Hahn und Fritz Straßmann); Nominierungen für den Nobel-Preis: 1934, 1936, 1937, 1941, 1943 Meitner allein; 1924, 1925, 1929, 1930, 1933, 1934, 1936, 1940, 1941, 1942 Hahn/Meitner; 1946, 1947, 1948 Meitner/Frisch; 1992 Benennung des Elements 109 als „Meitnerium"; Briefmarken: 1978 in Österreich und 1988 Deutsche Bundespost.

Autobiographisches: Meitner (1954, 1964).

Nachrufe: Frisch, Otto Robert: Lise Meitner. Elected For. Mem. R. S. 1955. In: Biographical Memoirs of Fellows of the Royal Society, London 1970, Vol. 16, pp. 404-420; Bibliography pp. 416-420. – Straßmann, Fritz: Lise Meitner 7.11.1878-27.10.1968. In: Mitteilungen aus der MPG (1968) H. 6, S. 373-376.

Quellen: Archiv Universität Wien: Promotionsunterlagen. – Archiv HUB: Phil. Fak. 1238, Bl. 173–191 (Habilitation). – MPG-Archiv: I, 1A, Nr. 1665/3, Bl. 79-80 (1924) u. Bl. 102-103 (1924/25, zu Stipendien vom Kaiser-Wilhelm-Institut für Physik); II, 1A, PA Meitner; Va, 9; III, 14 (Briefwechsel Hahn – Meitner). – Naturwissenschaften, Bd. 6/1918 bis Bd. 27/1939, S. 323. – Parthey (1995). – Archiv ÖAW (zur Akademiemitgliedschaft). – Archiv BBAW: II-X, 6, Bd. 3 (zur Leibniz-Medaille) und zur Mitgliedschaft (ab 1949). – Churchill College Archive, Cambridge: Meitner-Nachlaß (Findbuch: Jost Lemmerich), u. a. Briefwechsel Schiemann – Meitner. – Briefwechsel Meitner – von Laue, Hrsg. Lemmerich (1998). – List (1936). – Archive S.P.S.L., Oxford: 335/1, pp. 1-75. – Poggendorff V, S. 831 (Eig. Mitt.); VI, S. 1696; VIIa, S. 254-255. – Biographisches Handbuch der ... Emigration, Vol. II, Part 2, pp. 798-799. – DSB, Vol. 9, pp. 260-263 (O. R. Frisch).

Sekundärliteratur (Auswahl): Levi (1947), pp. 289-300. – Krafft (1978). – Karlik (1979). – Krafft (1981). – Crawford et al. (1987). – Watkins (1993). – Kerner (1992, 1995). – Rife (1992, engl. 1999). – Sime (1995). – Sime (1996, dt. 2001). – Scheich (1997). – Vogt (1997a, 2000c). – Ogilvie/Harvey (2000), Vol. 2, pp. 877-879. – Sexl/Hardy (2002), S. 7 u. S. 143 (hier Geburtsdatum 17.11.1878). – Keintzel/Korotin (2002), S. 509-513 (merkwürdige Literaturangaben). – Lemmerich (2003). – Denz/Vogt (2005), S. 28-33. – Vogt (2007).

Fotos: MPG-Archiv: VI Abt., 1. – Veröff. Archiv MPG, Bd. 2 (1989). – 50 Jahre MPG, Bd. 2, S. 127. – Archiv BBAW.

Mendrzyk, Hildegard
geb. 27.2.1905 Ortelsburg (Ostpreußen)
Dr., Chemie

Zuerst Privatunterricht, nach der Übersiedlung nach Berlin-Steglitz im Winter 1911/1912 Besuch der Privatschule von Frl. Gunkel, danach eines Lyzeums. Ab Ostern 1918 an der Studienanstalt (Auguste Viktoria Schule) in Berlin-Steglitz und dort Ostern 1924 Reifeprüfung. – Von Sommersemester 1924 bis Wintersemester 1927/28 Studium der Chemie an der Universität Berlin. – Prom. am 30.7.1930 Universität Berlin: „Cellulosecinnamate und ihr Abbau" (65 S.), bei Fritz Haber, Max Bodenstein, angefertigt am Kaiser-Wilhelm-Institut für Faserstoffchemie bei Reginald O. Herzog. – Von November 1927 bis Dezember 1929 Doktorandin und von 1929 bis 1930 (unbezahlte) Mitarbeiterin im Kaiser-Wilhelm-Institut für Faserstoffchemie, Berlin-Dahlem.

Quellen: Archiv HUB: Phil. Fak. Nr. 704, Bl. 27-39. – Naturwissenschaften, Bd. 18/1930, S. 505 (Publ. G. Frank und H. Mendrzyk); Bd. 19/1931, S. 552 (Publ. G. Frank und H. Mendrzyk).

Meyer-Heydenhagen, Gisela
verh. Lemme
geb. 5.5.1910 St. Petersburg (Rußland)
Dr., Anthropologie

Bis Sommer 1914 in St. Petersburg lebend, danach in Berlin. – 1929 Reifeprüfung, 1929–1933 Studium der Anthropologie, Zoologie, Völkerkunde und Philosophie an der Universität Berlin. – Prom. am 9.5.1934 Universität Berlin: „Die palmaren Hautleisten bei Zwillingen", bei Eugen Fischer, Richard Hesse, angefertigt am Kaiser-Wilhelm-Institut für Anthropologie, menschliche Erblehre und Eugenik. Publ. in: Z. für Morphologie und Anthropologie, 1934, Bd. XXXIII, Heft 1, S. 1-43. – Von Herbst 1931 bis Herbst 1933 Doktorandin im Kaiser-Wilhelm-Institut für Anthropologie, menschliche Erblehre und Eugenik, Berlin-Dahlem, bei Eugen Fischer. – Ab 1934 wiss. Statistikerin im „Reichsamt für Volksgesundheit"; leitet sogen. rassenbiologische Seminare beim BDM. – Seit Sept. 1937 verh. Lemme.

Quellen: Archiv HUB: Phil. Fak. Nr. 757, Bl. 207-217. – Lösch (1997), S. 341, 570.

Meyn
Dr., Arbeitsphysiologie

Mindestens im April 1940 Mitarbeiterin (?) im Kaiser-Wilhelm-Institut für Arbeitsphysiologie, Dortmund.

Quelle: MPG-Archiv: I, 1A, Nr. 533/4.

Michaelis, Hedwig
geb. Wolff
geb. 11.12.1912 Köln
Chemie, Arbeitsphysiologie

Vom 6.11.1939 bis zum 31.7.1945 Mitarbeiterin (?) im Kaiser-Wilhelm-Institut für Arbeitsphysiologie, Dortmund.

Quellen: MPG-Archiv: I, 4, Nr. 97 (Personallisten, Nr. 332, kein Eintrag als was). – Naturwissenschaften, Bd. 29/1941, S. 448-449 (Publ. G. Lehmann und Hedwig Michaelis).

Möller, Erika
geb. 11.1.1922 Fürstenberg/Oder (heute Eisenhüttenstadt)
Chemie

Vom 1.8.1943 bis zum 31.10.1943 als Hilfs-Assistentin (Kriegseinsatz) im Kaiser-Wilhelm-Institut für Chemie, Berlin-Dahlem, in der Abteilung Otto Hahn. – Chemiestudentin.

Quelle: MPG-Archiv: I, 11, Nr. 351 (Personalliste).

N

Neuberg, Irene (Stephanie bzw. Stefanie)
verh. Rabinowitsch (Roberts), verh. Forrest
geb. 20.8.1908 (Berlin-) Charlottenburg
gest. 1994 in Kalifornien (USA)
Dr. phil., Chemie (Biochemie)

Ältere Tochter von Franziska Helene (Hela), geb. Lewinski (1884–1929), und Carl Neuberg (1877–1956). – Besuch der staatlichen Gertraudenschule in Berlin-Dahlem, danach des Reform-Realgymnasiums (Auguste-Viktoria-Schule) in Berlin-Steglitz, hier Abitur Ostern 1927. Anschließend 4 Monate Studienaufenthalt in Paris. – Ab Wintersemester 1927/28 Studium der Chemie und Physik an der Landwirtschaftlichen Hochschule in Berlin (1 Semester), danach an der Universität Berlin (10 Semester). 1929 und 1931 Verbandsexamina. – Prom. am 7.10.1932 Universität Berlin: „Untersuchungen in der 3-Kohlenstoffreihe und Gewinnung von Zuckern aus ihren Hydrazonen", bei Wilhelm Schlenk, Max Bodenstein, angefertigt am Kaiser-Wilhelm-Institut für Biochemie bei Carl Neuberg. Widmung: „Im Andenken an meine Mutter". Publ. in: Biochem. Z. Bd. 255, 1932, S. 1-37. – Von 1930 bis 1933 Doktorandin im Kaiser-Wilhelm-Institut für Biochemie, Berlin-Dahlem. – Mitglied der Deutschen Chemischen Gesellschaft (bis 1933). – Im Frühjahr 1933 Emigration nach Paris, hier Arbeit am Institut Pasteur; 1934 Heirat mit dem Chemiker Bruno Rabinowitsch (1908–1968), in den USA Namensänderung in Roberts; eine Tochter Joan, eine Enkeltochter Joan Armer. – Über Istanbul und Palästina ca. 1938/39 Emigration in die USA, nach New York. – Ab 1940/41 wissenschaftliche Zusammenarbeit mit dem Vater in New York, bis zu seinem Tod; mehrere gemeinsame Publikationen (Publ. 1946, Irene S. Roberts, Carl N.). – Später verh. Irene S. Forrest (Publ. 1953, mit Carl N.). – 1956–1961 Leitung des Biochemischen Forschungslaboratoriums des Veterans Administration Hospital in Brockton/Mass. – 1961–1980 Leitung des Biochemischen Forschungslaboratoriums des Veterans Administration Hospital in Palo Alto, Kalifornien; außerdem Forschungen an der Stanford University und der University of San Francisco. – Schwester Marianne (1911–1987), verh. Lederer, seit 1938 im Exil in Kalifornien lebend; technische Assistentin (für Nuklearmedizin) am Veterans Administration Hospital in Los Angeles.

Patent: Collatz, Herbert, Neuberg, Irene Stefanie (Kaiser-Wilhelm-Institut für Biochemie) Patent-Nr. 557564(12o,7)3779. Verfahren zur Reindarstellung von Zuckern und Zuckerlösungen. 8.8.31.–A3779 (1932).

Quellen: Archiv HUB, Phil. Fak. Nr. 739, Bl. 45-58. – Naturwissenschaften, Bd. 18/1930, S. 491 (1 Publ. Irene Stephanie N.); Bd. 19/1931, S. 541 (2 Publ., eine mit Clara Ostendorf); Bd. 20/1932, S. 439 (1 Publ.); Bd. 21/1933, S. 444 (4 Publ., eine mit H. Collatz). – Patent-Datei Hartung. – Auskünfte von Dr. Michael Engel.

Sekundärliteratur: Conrads/Lohff (2006).

Nothacksberger, Clara *siehe* **Lieber**

O

Oberlies, Friedl (Fridl, Frida)
geb. Kauth
geb. 18.4.1900 Öttingen
Dr., Physik; Bibliotheksleiterin im Kaiser-Wilhelm-Institut für Faserstoffchemie und danach im Kaiser-Wilhelm-Institut für Silikatforschung

1906 bis 1910 Besuch der Volksschule in Öttingen. 1910–1916 Höhere Mädchenschule (Lyzeum) in Hof. 1916–1919 zu Hause. 1920–1921 Sekretärin und Bibliothekarin bei Geheimrat Prof. Dr. Hans Vaihinger in Halle/S. – 1922 private Vorbereitung auf die Reifeprüfung. Sept. 1922 (externe) Reifeprüfung am Realgymnasium in Leipzig-Lindenau. – 1922–1928 Studium der Physik, Mathematik und Astronomie an der Universität Würzburg. – Juni 1924 Heirat mit dem Archäologen und damaligen Assistenten an der Universität Würzburg Dr. Hermann Oberlies. – Prom. am 27.7.1928 Universität Würzburg: „Bestimmung der Gitterkonstanten an der Mischkristallreihe KCl-KBr", bei Friedrich Harms. – Vom 18.2.1929 bis 1.4.1934 wissenschaftliche Sekretärin bei Direktor Reginald O. Herzog und Bibliotheksleiterin im Kaiser-Wilhelm-Institut für Faserstoffchemie, Berlin-Dahlem. Vor allem mit der Herausgabe des Handbuches „Technologie der Textilfasern" beschäftigt. Nach Schließung des Instituts infolge der Vertreibung von R. O. Herzog und der ungesicherten Finanzsituation vom 1.4.1934 bis 1945 wiss. Mitarbeiterin und Bibliotheksleiterin am Kaiser-Wilhelm-Institut für Silikatforschung, Berlin-Dahlem, auch nach 1945 am Max-Planck-Institut für Silikatforschung, Würzburg.

Ehrungen: 1955 Industriepreis (Deutsche Glastechnische Gesellschaft).

Patente: Dietzel, Adolf, Oberlies, Frida (Kaiser-Wilhelm-Institut für Silikatforschung) Patent-Nr. 724063(32a,25)1747. Verfahren zum Färben von Hohlglasfäden oder -fasern. 12.5.39 (1942). – Dietzel, Adolf, Oberlies, Frida (Kaiser-Wilhelm-Institut für Silikatforschung) Patent-Nr. 741088(32a,25). Verfahren und Vorrichtung zum fortlaufenden Erzeugen von Glasfasern. 1.3.38 (1943). – Dietzel, Adolf, Oberlies, Frida (Kaiser-Wilhelm-Institut für Silikatforschung) Patent-Nr. 746078(32a,25). Vorrichtung zum fortlaufenden Erzeugen von Glasfasern. Zusatz zum Patent 741088. 13.3.38 (1943). – Dietzel, Adolf, Oberlies, Frida (Kaiser-Wilhelm-Institut für Silikatforschung) Patent-Nr. 766179(32a,25). Verfahren und Düse zum Erzeugen hohler Spinnfäden aus Glas oder glasartigen Massen. (1945).

Quellen: Lebenslauf in der Dissertation. – Boedeker (1935/39, hier: Frieda Oberlies). – MPG-Archiv: I, 1A, Nr. 2123/5, Bl. 75-76 (Eitel, zum 19.3.1934). I, 42, Nr. 342 (PA, 1934–1945). – Naturwissenschaften, Bd. 30/1942, S. 625 (Publ.); Bd. 31/1943, S. 531 (Publ.). – Poggendorff VIIa (1959), S. 458 (Fridl) (Eig. Mitt.). – Parthey (1995), S. 201 (hier Frida). – Patent-Datei Hartung.

Sekundärliteratur: Vogt (2007).

Oparsky, Gretel
Medizin (Psychiatrie)

Mindestens vom 7.9.1942 bis 1943 Assistentin in der Deutschen Forschungsanstalt für Psychiatrie (Kaiser-Wilhelm-Institut) in München, im Institut für Genealogie und Demographie bei Ernst Rüdin.

Quelle: MPG-Archiv: I, 1A, Nr. 542.

Oppenheimer, Gertrud
geb. 1893
Dr., Chemie

Von 1922 bis 1926 Mitarbeiterin im Kaiser-Wilhelm-Institut für Biochemie, Berlin-Dahlem. – 1926–1933 Direktor des Zell-Laboratoriums der Berliner Elektrizitätswerke. – 1933 Emigration. – 1933–1936 in Paris und Graz tätig; 1936 Mitarbeiterin im Analytical and Synthetic Laboratory Ltd. London.

Quelle: List (1936), p. 23.

Orendi, Fini
Dr., physikalische Chemie

Mindestens vom 5.10.1939 bis 1940 wiss. Mitarbeiterin im Kaiser-Wilhelm-Institut für physikalische Chemie und Elektrochemie, Berlin-Dahlem.

Quelle: MPG-Archiv: I, 1A, Nr. 541/5.

Ostendorf, Clara
verh. Gaffron-Ostendorf
geb. 1901 Düsseldorf
gest. 1990 Falmouth, Mass. (USA)
Biochemie

Absolvierte zu Beginn der 1920er Jahre die berühmte Internats-Schule in Salem. – Von 1930 bis 1933 Gast oder Mitarbeiterin im Kaiser-Wilhelm-Institut für Biochemie, Berlin-Dahlem. – 1933 cand. phil. Clara Gaffron-Ostendorf. – Verh. mit Hans Gaffron (1902–1979), Biochemiker, zusammen 1937 Emigration in die USA; 1940 Sohn Peter geboren. Arbeitete zeitweilig im Laboratorium ihres Mannes mit. – Schwägerin von Mercedes Gaffron.

C. Ostendorf (erste Reihe Zweite von links)

Quellen: MPG-Archiv: I, 1A, 1082/17, Bl.18a (Umfrage in der KWG, 4.2.1933). – Naturwissenschaften, Bd. 19/1931, S. 541 (Publ. angezeigt); Bd. 24/1936, S. 41 (Publ. angezeigt). – Biographisches Handbuch der ... Emigration, Vol. I, Part 1, p. 354. – Georginia van der Rohe (2001), S. 147. – Gedenkbuch KWG (2008), S. 200-201, mit Foto.

Foto: Gedenkbuch KWG (2008), Abb. 20, S. 404.

Ottenstein, Berta
geb. 27.2.1891 Nürnberg
gest. 17.6.1956 bei Concord/Mass. (USA)
Dr. phil., Dr. med., Dr. habil., Prof.; Chemie und Dermatologie, Biochemie der Haut
Staatsbürgerschaft ab 1951 USA

Geboren als jüngstes von sechs Kindern in einer Nürnberger Kaufmannsfamilie erhielt sie eine exzellente Schulbildung. Nach dem Abitur zunächst Studium der Chemie. – 1914 Prom. Universität Erlangen: „Beiträge zur Kenntnis der Platinmetalle" (51 S.) – 1914–1919 Medizinstudium an den Universitäten Erlangen und München. 1919 Prom. zum Dr. med. an der Universität München. – 1920–1924 Assistenz-Ärztin am Städtischen Hospital in Stuttgart. Vom 1.2.1924 bis 1927 Assistentin und Leiterin der Kolloidchemischen Abteilung des klinischen Laboratoriums der Universität Jena bei Alexander Gutbier. – Von März bis Dezember 1927 wiss. Gast oder Mitarbeiterin im Kaiser-Wilhelm-Institut für Biochemie, Berlin-Dahlem. – Von Januar bis Mai 1928 bei Peter Rona an der Universität Berlin. – Durch Vermittlung von Siegfried Thannhauser an die Universität Freiburg i. Br., hier ab 1.10.1928 Assistentin bei Georg Alexander Rost, Leiter der dermatologischen Klinik. Im Juni 1931 Habilitation in Dermatologie als erste Frau in Deutschland an der Med. Fak. der Universität Freiburg i. Br. mit der Arbeit „Untersuchungen über den Gehalt der Haut und des Blutes an diastatischem Ferment und dessen biochemischer Bedeutung bei Hautkrankheiten". 1931–1933 Privatdozentin. Wegen NS-Gesetzgebung entlassen und vertrieben. – Emigration. – 1933–1935 Assistentin an der Hautklinik der Universität Budapest. – 1935–1945 Dozentin an der Istanbul University und Leiterin des chemischen Labors der Dermatological Clinic der Istanbul University. – Ab Juli 1945 in den USA, zuerst Arbeit im Labor von Siegfried Thannhauser am Boston Dispensary im New England Medical Center. Ab 1947 research fellow am Skin Department von Francis M. Thurmon in Boston. – Berta Ottenstein lehnte 1947 einen Ruf an die Hamburger Klinik Eppendorf ab. Als Zeichen sogen. „Wiedergutmachung" wurde sie 1951 apl. Prof. an der Universität Freiburg i. Br., infolge des „Wiedergutmachungsverfahrens" 1956 planmäßige Professur. – Bei einem Badeunfall bei Concord in Massachusetts gestorben. – Berta Ottenstein gehörte zu den prominentesten Dermatologen und den Begründern („pioneer", Weyers) der Biochemie der Haut.

Quellen: Archive S.P.S.L., Oxford: Baeck-List of DGS, Hartshorne-List. – List (1936), p. 62. – Univ.-Archiv Erlangen, Prom. – Univ.-Archiv Freiburg i. Br., Habilitation und Professur. – Boedeker, (1935/39), S. LXXVI. – Boedeker (1974), S. 95 (mit Fehlern). – Naturwissenschaften, Bd. 16/1928 u. Bd. 17/1929. – Biographisches Handbuch der ... Emigration, Vol. II, Part 2, p. 881 (mit Fehlern). – Weyers (1998), table. – Bibliographie (Liste der Publikationen, 1921–1955) in: Schmialek (1996), S. 89-98.

Sekundärliteratur: Schmialek (1996). – Weyers (1998). – Scherb (2002), S. 132-134 u. S. 183.

Fotos: Schmialek (1996). – Scherb (2002), S. 133.

P

Pariser, Käthe (Käte)
geb. 17.3.1893 Berlin
Dr., Biologie

Vom 6. bis 10. Lebensjahr Privatunterricht, danach 5 Jahre Hesselingsche Höhere Töchterschule in Berlin, anschließend 4 Jahre private Gymnasialvorbereitung. 1911 Reifeprüfung am Königstädtischen Realgymnasium in Berlin. – Von Wintersemester 1913/14 bis 1919 Studium der Zoologie und Chemie an der Universität Berlin, ein Semester an der Universität Frankfurt/M. – Sommer 1917 Hilfsdienst in einer chemischen Fabrik. – Prom. am 11.2.1919 Universität Berlin: „Beiträge zur Biologie und Morphologie der einheimischen Chrysopiden", bei Karl Heider, Willy Kükenthal. Publ. in: Archiv für Naturgeschichte, Jg. 1917, Abt. A, H. 11, S. 1-57 (mit 26 Textfiguren u. 2 Tafeln). – Von 1924 bis 1930 Mitarbeiterin, 1930 bis 1934/35 inoffizielle Mitarbeiterin im Kaiser-Wilhelm-Institut für Biologie, Berlin-Dahlem, in der Abteilung von Richard Goldschmidt. – Emigration. 1936 in Madrid. – 1937: Berlin W 62, Kurfürstenstr. 16/3; letzte Adresse vor der zweiten Emigration: Berlin, Tiergartenstr. 8a. – Emigration (ca. 1939) nach Sydney, Australien.

Quellen: Archiv HUB: Phil. Fak. Nr. 586, Bl. 378-423. – Handbuch KWG, 1928 („sonstige Mitarbeiterin"). – Handbuch KWG, 1936, Bd. 2, S. 253 („jetzt Madrid"). – Naturwissenschaften, Bd. 12/1924, S. 1169 bis Bd. 18/1930 regelmäßig. – Mitgliederverzeichnis, Deutsche Gesellschaft für Vererbungswissenschaft, 1937 (in MPG-Archiv: III, 2, Nr. 10). – Auskunft Centrum Judaicum Berlin (Frau Hank).

Pascal, Valéria
geb. Andrescu
Dr., Biochemie
Staatsbürgerschaft Rumänien

Studium der Chemie in Rumänien. – Von Januar 1937 bis September 1938 wiss. Gast (Doktorandin) im Kaiser-Wilhelm-Institut für Biochemie, Berlin-Dahlem. Arbeit an der Dissertation „Untersuchungen über Inhaltsstoffe der Stierhoden" bei Adolf Butenandt. – Prom. 1939 oder 1940 an der Universität Bukarest. – Später an einer Bukarester Frauenklinik und am Krebsforschungsinstitut in Bukarest tätig.

Quellen: MPG-Archiv: I, 1A, Nr. 1083/3, Bl. 86 (9.4.37). – Kinas (2004), S. 140, mit Foto.

Pasternak, Lydia (Lydia Elisabeth)
verh. Pasternak-Slater
geb. 8.3. (21.3.) 1902 Moskau
gest. 4.5.1989 Oxford
Dr. phil., Chemie; Dichterin und Nachdichterin
Staatsbürgerschaft Rußland bzw. UdSSR; Großbritannien (durch Heirat)

Zur Familie Pasternak gehörten: der Maler Leonid Osipovich Pasternak (1862–1945) und seine Frau, die Pianistin Rosalia (Roza) Isidorovna Kofman (1867–1939, auch Rosa Kaufmann), sowie ihre vier Kinder: der Dichter Boris Leonidovich Pasternak (1890–1960), der Architekt Aleksandr Leonidovich Pasternak (1893–1982), die promovierte Philosophin Josephine Leonidovna Pasternak, verheiratete Pasternak, (1900–1993) und die promovierte Chemikerin Lydia Leonidovna Pasternak, verheiratete Pasternak-Slater (1902–1989). – 1910–1918 Besuch des Mädchen-Gymnasiums von Mansbach in Moskau. – 1919–1921 zunächst an der II. Moskauer Universität Studium der Medizin, dann an der I. Moskauer Universität (Lomonosov-Universität) in der naturwissenschaftlichen Fakultät Anatomie, Physik, Chemie und Botanik sowie erste Examina. – 1921 mit den Eltern und der Schwester nach Berlin. 1921–1925 Fortsetzung des Studiums an der Universität Berlin. 1922 und 1923 chemische Verbandsexamina. 1925 Ergänzungsprüfung an der Universität Berlin (als Ausländerin notwendig). – Prom. am 21.12.1926 Universität Berlin: „Beitrag zur Kenntnis der halogenierten Tyrosinderivate" (24 S.), bei Hermann Thoms, Alfred Stock, angefertigt bei Karl Wilhelm Rosenmund, Pharmazeutisches Institut. – 1927 und 1928 Stellensuche und Ausbildung als Fotografin. – Vom 1.8.1928 bis Ostern 1935 wiss. Mitarbeiterin (Assistentin) in der Deutschen Forschungsanstalt für Psychiatrie (Kaiser-Wilhelm-Institut) in München, in der chemischen (Gast-) Abteilung von Irvine H. Page (1901–1991). Hier arbeiteten die zwei Assistentinnen Dr. Lydia Pasternak und Dr. Margarethe Bülow sowie die Stipendiaten Dr. Eugen Müller (Bayern) und Dr. Karl

Bossert. Die Abteilung untersuchte die Wirkung chemischer Substanzen im Gehirn und war an der Entwicklung der Neurochemie beteiligt. – Bis 1934 hingen im Kasino der DFA Zeichnungen von Leonid Pasternak. Zur Faschingsfeier 1934 verfasste Lydia Pasternak ein spöttisches Gedicht über die Veränderungen am Institut wegen der NS-Regierung bzw. deren Politik (publ. in Weber (1993), S. 239 und in Vogt (2007), S. 337-338). – Auf Grund der Schließung der Abteilung und der Unmöglichkeit, in NS-Deutschland bleiben und arbeiten zu können, Versuche der Emigration. – 1935 Abreise nach Großbritannien, im Dezember 1935 in Oxford Heirat mit dem englischen Mediziner und Psychologen Eliot Trevor Oakeshott Slater (28.8.1904–15.5.1983), 1934 Gastwissenschaftler in der DFA in München. Aus der Ehe (geschieden 1946) gingen vier Kinder (2 Söhne und 2 Töchter) hervor; eine wissenschaftliche Tätigkeit war nicht mehr möglich. – Nachdem Boris Pasternak 1958 den Literatur-Nobelpreis bekam, übersetzte Lydia Pasternak-Slater Gedichte ihres Bruders ins Englische; außerdem verwaltete sie mit ihrer Schwester Josefine (September 1938 aus München nach Großbritannien emigriert) den künstlerischen Nachlaß ihres Vaters (1936 aus Berlin nach Großbritannien emigriert). Später eigene Gedichtbände publiziert: Before Sunrise. (Engl.) London, Mitre Press, 1971. Vspyshki magniia. (Russ.; Flashes of Magnesium) Geneva 1974. – Familiengrab: Wolvercote Cemetry, Oxford.

Nachrufe: Obituary programme, Mai 1989, BBC (Isaiah Berlin and Christopher Barnes) BBC Russian Service. – Lydia Pasternak Slater, Poet, Is Dead at 87. In: New York Times, May 19, 1989.

Quellen: Archiv HUB: Phil. Fak. Nr. 650, Bl. 231-258. – MPG-Archiv: I, 1A, Nr. 1082/22, Bl. 24R (Umfrage in der KWG, 4.2.1933). – Naturwissenschaften, Bd. 19/1931, S. 545 (Page und Pasternak); Bd. 20/1932, S. 443; Bd. 21/1933, S. 452 (Pasternak und Page); Bd. 22/1934, S. 373; Bd. 23/1935, S. 446 (Pasternak und Page); Bd. 25/1937, S. 410 (Publ. E. Slater). – Poggendorff VI, S. 1937; VIIb, S. 3806-3822. (zu Page). – Oxford, Pasternak-Archive (privat): Korrespondenz, Fotos. – Interview AV mit Ann Pasternak-Slater, März 1998 in Oxford. – Craig, Raine: Slater, Lydia Elisabeth Leonidovna Pasternak (1902–1989), biochemist, poet, and translator. In: Oxford Dictionary of National Biography, 2004. – Film „The Pasternaks" (1978, Nick Gifford).

Sekundärliteratur: Stern (1954), S. 128f, 154. – Page (1962). – Who was who. Vol. VIII: 1981–1990, London 1991, p. 699 (zu E. Slater). – Weber (1993), S. 238, S. 239 (Gedicht), S. 247. – Vogt (1998b), S. 39-45. – Ogilvie/Harvey (2000), Vol. 2, pp. 985-986. – Vogt (2005), S. 328-329, 331-337, 343. – Vogt (2007).

Biographien über Boris Pasternak und seine Familie: Barnes (1989, Vol. 1), Barnes (2000, Vol. 2). – Buckman (1974). – Fleishman (1990). – Mark (1997). – Evgenij Pasternak (1989). – Lydia Pasternak in Mark (1997), Josefine Pasternak in Mark (1997). – Thun (1994). – Familienkorrespondenz (2000).

Fotos: Oxford, Pasternak-Archive (privat). – Barnes (1989). – Gedenkbuch KWG (2008), Abb. 44, S. 428.

Peters, Elisabeth
verh. Goethe
Biologie

Von 1932 bis 1933 Rockefeller-Stipendiatin im Kaiser-Wilhelm-Institut für Biologie, Berlin-Dahlem. Ende September 1933 „ausgeschieden". – 1955 verh. Goethe; im April 1955 bei Familie Melchers in Tübingen zu Besuch.

Quellen: MPG-Archiv: I, 1A, Nr. 546/2, Bl. 84 u. Bl. 106. III, 75, Korrespondenz, Bd. 8 (Brief Melchers an Dermont Dawson, April 1955).

Petrova, Jarmila
geb. 20.5.1900 Olmütz (Olomouc)
gest. 2.1.1972 Prag
Dr., Physik, Radiobiologie
Staatsbürgerschaft Tschechoslowakei

Tochter des bekannten tschechischen Mathematikprofessors Karel Petr (gest. 1950). – Studium der Mathematik und Physik an der Karls-Universität Prag. Prom. 1926 an der Naturwiss. Fak. der Karls-Universität Prag. Dissertation über Radioaktivität, bei J. Heyrovsky und Strba-Böhm. – Ab 1928 eine von 4 „wiss. Beamten" am Radiologischen Institut in Prag. – Von 1926 bis 1928 sowie 1937/38 wiss. Gast (jeweils für den Aufenthalt zahlend) im Kaiser-Wilhelm-Institut für Chemie, Berlin-Dahlem, in der physikalisch-radioaktiven Abteilung von Lise Meitner. – 1928–1945 wiss. Mitarbeiterin am Radiologischen Institut in Prag, auch unter den erschwerten Bedingungen während der Nazi-Okkupation. – Ab Mai 1945 Wiederaufbau des Instituts. – Petrova arbeitete dann sowohl an der Biologischen Fakultät der Universität Prag als auch in einem Institut der Akademie der Wissenschaften der ČSSR. – Nach kurzer Krankheit 1972 gestorben.

Quellen: MPG-Archiv: I, Nr. 11 (Personalliste). – Handbuch KWG, 1928, S. 178 („sonstige Mitarbeiter"). – Naturwissenschaften, Bd. 17/1929, S. 333; Bd. 18/1930, S. 497; Bd. 26/1938, S. 337. – Churchill College Archive, Cambridge: Meitner-Nachlaß, MTNR 5/13, folder 4 (Briefwechsel Petrova – Meitner, Sommer 1947). – Auskünfte von Dr. Jaroslav Folta und Zdenka Crkalová (beide Prag) sowie Frau Meinert; Dank für Übersetzungen aus dem Tschechischen an Prof. Dr. Hubert Laitko.

Sekundärliteratur: Tesinska (2004).

Philip, Ursula (Anna-Ursula)
geb. 6.9.1908 Berlin
gest. 18.6.1995 Newcastle upon Tyne (Großbritannien)
Dr., Biologie (Genetik)
Staatsbürgerschaft Großbritannien (ab 1946)

1914 bis 1919 Besuch der Fürstin-Bismarck-Schule in (Berlin-) Charlottenburg, 1919–1925 der Elisabeth-Schule in Berlin-Lichterfelde und 1925–1928 der Gertrauden-Schule in Berlin-Dahlem, hier Reifezeugnis. – Ab Sommersemester 1928 Studium der Mathematik, Biologie und Zoologie an den Universitäten Berlin (1 Semester), Freiburg i. Br. (3 Semester), 1930–1933 wieder Berlin. 1929 an der Universität Freiburg i. Br. außerdem akademisches Turn- und Sportlehrerinnenexamen. – Von April 1931 bis Mai 1933 Doktorandin im Kaiser-Wilhelm-Institut für Biologie, Berlin-Dahlem, in der Abteilung Richard Goldschmidt, dort von 1932 bis 1933 außerdem Bibliothekarin. – Am 20.7.1933 Promotionsprüfung, zwischen Vertreibung und Entlassung aus dem Kaiser-Wilhelm-Institut und Emigration. – Prom. am 14.12.1934 Universität Berlin: „Die Paarung der Geschlechtschromosomen von Drosophila melanogaster, untersucht an Translokationen des langen Armes des Y-Chromosomen nebst einem cytologisch-genetischen Beweis der Morganschen Theorie des Faktorenaustausches", bei Paula Hertwig, Richard Hesse, angefertigt bei Curt Stern am Kaiser-Wilhelm-Institut für Biologie. Publ. in: Z. für induktive Abstammungs- und Vererbungslehre, Bd. 67, Nr. 1 (1934), S. 446-476. – 1933/34 Emigration nach London. – Dank des Academic Assistance Council (AAC, der späteren S.P.S.L.) Stipendium für das Department of Zoology, University College London. Hier 1934–1947 mit Hilfe verschiedener Stipendien wiss. Mitarbeiterin in der Gruppe von J. B. S. Haldane (1892–1964) am Department of Zoology, University College London. 1946 Einbürgerung (nach Antrag von 1938). – Ab 1947 Lecturer in Zoology am King's College, University of Newcastle upon

Tyne. 1961–1973 (emer.) Senior Lecture in Zoology, University of Newcastle upon Tyne. – 1957 Member, 1977 Fellow British Eugenics Society.

Publikation: Genetics and Eugenics in post war Germany. 1965-65, ER vol. 56.

Quellen: Archiv HUB: Phil. Fak. Nr. 767, Bl. 96-114. – Naturwissenschaften, Bd. 20/1932, S. 436; Bd. 21/1933, S. 438-439. – List (1936). – Archive S.P.S.L., Oxford: 203/1, pp. 1-38 und 438/3, pp. 371-384. – Auskünfte von Prof. Sahotra Sakar und Prof. Raphael Falk an Annette Vogt. – British Eugenics Society, Members List. – American Phil. Society, Philadelphia: Curt Stern Papers (Briefe 1947, 1967, 1973). – Auskunft Gerry Dane, Newcastle University, 9.10.2007.

Sekundärliteratur: Kalmus (1991), p. 59. – Ogilvie/Harvey (2000), Vol. 2, p.1016. – Vogt (2002b), bes. S. 119. – Vogt (2003), S. 120-122. – Vogt (2007).

Ploetz-Radmann, Maria
geb. Radmann
geb. 9.1.1911 (Berlin-) Wilmersdorf
Dr., Anthropologie

Ab Ostern 1918 Besuch des Richard-Wagner-Lyzeums in Berlin-Lichtenberg, hier Ostern 1931 Reifeprüfung. – Ab Sommersemester 1931 Studium der Anthropologie, Zoologie, Völkerkunde, Chemie und Physik an der Universität Berlin und 1 Semester an der Universität Innsbruck. – Prom. am 30.6.1937 Universität Berlin (Prüfung am 19.2.1936): „Die Hautleistenmuster der unteren beiden Fingerglieder der menschlichen Hand", bei Eugen Fischer, Hans F. K. Günther, angefertigt am Kaiser-Wilhelm-Institut für Anthropologie, menschliche Erblehre und Eugenik bei Eugen Fischer. Publ. in: Z. für Morphologie und Anthropologie, 1937, Bd. 36, H. 2, S. 281-310. – Von 1935 bis 1936 Doktorandin im Kaiser-Wilhelm-Institut für Anthropologie, menschliche Erblehre und Eugenik, Berlin-Dahlem.

Quellen: Archiv HUB: Phil. Fak. Nr. 849, Bl. 202-216. – Lösch (1997), S. 341, 572.

Popoff, Idalia (auch Popov)
Biologie, Hirnforschung
Staatsbürgerschaft UdSSR

Verh. mit Nikolaj Popoff (Nikolaj Semenovich Popov), Leningrad, später Moskau, wiss. Mitarbeiter am Hirnforschungs-Institut in Moskau. – Von 1929 bis 1930 als Forscher-Ehepaar wiss. Gast im Kaiser-Wilhelm-Institut für Hirnforschung, Berlin-Buch.

Quellen: Naturwissenschaften, Bd. 17/1929, S. 331; Bd. 18/1930, S. 495. – Parthey (1995). – MPG-Archiv: I, 1A, Nr. 1084/7 (Zarapkin, Information, Ende 1942). – Rokitjanskij (2001), S. 646.

Poschmann, Lieselotte (Liselotte)
verh. Karlson, Karlson-Poschmann
geb. 17.2.1912 Essen
gest. 5.3.1994 Marburg
Dr. rer. nat., Chemie (Biochemie)

Von 1922 bis 1928 Besuch der Mittelschule in Essen, dann bis 1932 des Oberlyzeums, hier Reifeprüfung. – Ab Sommersemester 1932 Studium der Chemie (6 Semester) an der Universität Münster. Im Dezember 1934 1.Verbandsexamen. Vom Sommersemester 1935 bis Wintersemester 1936/37 Fortsetzung des Chemiestudiums an der TH Danzig, hier Februar 1937 das 2. Verbandsexamen (bei Adolf Butenandt). – Von Februar 1937 bis 1939 Doktorandin im Kaiser-Wilhelm-Institut für Biochemie, Berlin-Dahlem. – Prom. am 15.11.1939 Universität Berlin: „Über Versuche zum Aufbau und zur Umwandlung der Seitenkette in der Pregnanreihe" (30 S.), bei Adolf Butenandt, Friedrich Hermann Leuchs. Förderung durch die DFG. – Nach Abschluß der Dissertation wiss. Assistentin am Kaiser-Wilhelm-Institut für Biochemie; Arbeiten zur Isolation des Lockstoffs des Seidenspinners. – Seit Febr. 1945 verh. mit Peter Karlson (1918–2001), Schüler und Mitarbeiter von Adolf Butenandt. Sommer 1945 schied L. Karlson-Poschmann aus dem Institut aus. – Publikationen in Liebigs Ann. Chem. 1951 und 1952.

Quellen: Archiv HUB: Math.–Nat. Fak. Nr. 153, Bl. 93–111. – BA Koblenz: R 73: Beihilfe der Notgemeinschaft (DFG), Nr. 13693. – Veröffentlichungen MPG-Archiv, Bd. 10/1997.

Sekundärliteratur: Karlson (1990), S. 122, 136, 140, 186. – Satzinger (2004), S. 115. – Kinas (2004), S. 106-107.

Fotos: Karlson (1990), S. 107 u. S. 141 (Hochzeitsfoto 1945). – Kinas (2004), S. 107.

Pruckner, Franziska
geb. 9.5.1902 München
Dr., Chemie; kommissarische Abteilungsleiterin in der Deutschen Forschungsanstalt für Psychatrie (Kaiser-Wilhelm-Institut), München

Besuch der Seminarübungsschule, der höheren Mädchenschule und des Neuen Realgymnasiums in München, hier 1921 Reifeprüfung. – 1921 an der Universität München immatrikuliert. Von November 1921 bis Juli 1924 Besuch des anorganischen Praktikums im Bayerischen Staatslaboratorium, Abteilung Wilhelm Prandtl; Vorlesungen u. a. bei Kasimir Fajans, Wilhelm Wien und Richard Willstätter. Im Oktober 1925 an die Universität Leipzig, hier 1925–1931 Studium der Chemie, Physik und Mathematik. 1926 und 1928 Verbandsexamen. – Prom. 1931 Universität Leipzig: „Energetische Untersuchungen über die photochemische Umwandlung des ortho-Nitrobenzaldehyds in ortho-Nitrosobenzoesäure" (59 S.), bei Fritz Weigert und Max Le Blanc, angefertigt in der photochemischen Abteilung des Physikalisch-Chemischen Instituts der Universität Leipzig. Bis Okt. 1931 Assistentin bei Fritz Weigert. Von Jan. 1932 bis August 1934 Volontärassistentin bei Kasimir Fajans am Physikalisch-Chemischen Institut München. – Von Aug./Sept. 1934 bis Febr. 1936 Assistentin (bezahlt Dank der Rockefeller Foundation) in der Deutschen Forschungsanstalt für Psychiatrie (Kaiser-Wilhelm-Institut) in München, im Serologischen Institut von Felix Plaut (offizielle Anstellung vom 1.4.1935 bis 29.2.1936). Von Februar bis November 1936 noch unbezahlt an der DFA tätig, mit Fortführung der Arbeiten von Felix Plaut betraut, der wegen der NS-Gesetze Ende 1935 seine Anstellung verlor. – Von November 1936 bis Mai 1944 Assistentin, von 1937 bis 1944 ordentliche Assistentin, an der TH München, im Organisch-Chemischen Institut bei Hans Fischer (1881-31.3.1945) und Betreuung seiner Physikalisch-chemischen Abteilung. Hans Fischer wollte ab 1939, daß sie habilitiert, was sie wegen der NS-Bedingungen ablehnte. Von Januar 1943 bis Mai 1945 Arbeit an einem Forschungsauftrag, den der Reichsforschungsrat finanzierte, auch, nachdem sie aus politischen Gründen von Fischer im März 1944 gebeten wurde, zu kündigen. – Von 1946 bis 1953 wieder an der Deutschen Forschungsanstalt für Psychatrie: vom 1.2.1946 bis 1949 kommissarische Leiterin des Serologischen Instituts (d. h. der Serologischen Abteilung), von der Amerikanischen Besatzungsmacht eingesetzt, von den Kollegen ignoriert und boykottiert und von der Generalverwaltung der KWG (Dr. Telschow) zunächst weder akzeptiert noch bezahlt. Auf Grund dieser Situation Stellensuche, vor allem im Ausland (in Amsterdam beim Verlag Elsevier und in Großbritannien). Von 1949 bis zum 15.10.1953 Assistentin in der Serologischen Abteilung der DFA.

Quellen: Lebenslauf in der Dissertation. – Boedeker (1935/39). – MPG-Archiv: III, 14, Nr. 3374 (2 Briefe an O. Hahn, Frühjahr 1946; hier Bl. 4-5 Lebenslauf (bis 1946)). III, 14, Nr.

876 (Hahn – Fajans, 1952 wg. Pruckner). – Handbuch KWG, 1936, Bd. 1, S. 192. – Churchill College Archive, Cambridge: Meitner-Nachlaß, MTNR 5/14, folder 6 (Brief an Lise Meitner 1931 mit Bitte um Unterstützung bei Stellensuche). – MPIP-HA: Verwaltung, Rechnungslisten (Mikrofiche) 1935/36; DFA, Rechnungsbücher 1945–1953. – Auskünfte von Oberarzt Dr. Matthias M. Weber.

Sekundärliteratur: Vogt (2007).

Puttkamer, Ellinor (Elinor) von
geb. 18.7.1910 Versin/Pommern (Wierszyno, heute Polen)
gest. 13.11.1999 Bonn
Dr. phil. (Geschichte Osteuropa), Prof.; Botschafterin a. D.

Geboren in der Familie des Landwirts (Großgrundbesitzer, Generallandschaftsrat) Andreas von Puttkamer (1869–1934) und seiner Frau Ele (Else), geb. von Zitzewitz, erhielt sie bis zu ihrem 15. Lebensjahr Privatunterricht. 1925–1926 Besuch eines Privatlyceums in Berlin-Charlottenburg, 1927–1929 der Oberrealschule in Köslin (Koszalin), hier Ostern 1929 Abitur. – Von Wintersemester 1930/31 bis 1936 Studium der Geschichte, Germanistik und Philosophie an den Universitäten Köln, Marburg, Berlin, Innsbruck (7 Semester). Außerdem Polnisch- und Russisch-Unterricht und im Herbst 1934 Archivstudien im Archiv des französischen Außenministeriums in Paris. – Prom. am 30.6.1937 Universität Berlin: „Frankreich, Rußland und der polnische Thron 1733. Ein Beitrag zur Geschichte der französischen Ostpolitik" (116 S.), bei Hans Uebersberger und Walter Elze. – Von August 1936 bis 1945 Mitarbeiterin (Assistentin, Referentin) am Kaiser-Wilhelm-Institut für ausländisches öffentliches Recht und Völkerrecht, Berlin-Mitte. Zusätzlich von 1940 bis 1942 Studium der Rechtswissenschaften an der Universität Berlin. – 1945–1946 Lehrkraft an der Universität Heidelberg, 1946–1949 Fakultätsassistentin an der Rechts- und Wirtschaftswissenschaftlichen Fakultät der Universität Mainz. – Ab März 1949 Regierungsrätin in der Trizonen-Verwaltung in Frankfurt/M., mit der Gründung der Bundesrepublik im Bundesjustizministerium, hier Oberregierungsrätin. – 1951 Habilitation an der Phil. Fak. der Universität Bonn mit der Schrift: „Die polnische

Nationaldemokratie", venia legendi für „Vergleichende Verfassungsgeschichte und osteuropäische Geschichte", hier Dozentin 1951, apl. Prof. 1963. – Seit 1953 im Auswärtigen Amt, die erste Frau, die die Bundesrepublik Deutschland als Botschafterin vertrat. Legationsrätin I. Klasse (1961), Gesandtschaftsrätin I. Klasse. 1956–1960 politische Referentin des Ständigen Beobachters der Bundesrepublik Deutschland bei den Vereinten Nationen (UNO) in New York. 1960–1969 Leiterin des Referats „Vereinte Nationen, Internationale weltweite Organisationen". – Von Januar 1969 bis zum 31.3.1974 (Pensionierung) Botschafterin beim Europarat in Strasbourg. – 1976–1987 in der Schriftleitung der Zeitschrift „Baltische Studien", außerdem seit 1974 Mitglied im „Adelsrechtsausschuß". Nach schwerer Krankheit gestorben.

Publikationen: Frankreich, Rußland und der polnische Thron 1733. Königsberg und Berlin 1937 (= Diss.). – Die polnische Nationaldemokratie, Schriftenreihe des Instituts für Deutsche Ostarbeit Krakau, Sektion Geschichte, Band 4, Krakau 1944 (vgl. Habilitationsschrift, Biewer (2000)). – Föderative Elemente im deutschen Staatsrecht seit 1648. Göttingen/Berlin/Frankfurt/M. 1955. – Die Bundesrepublik Deutschland und die Vereinten Nationen. Zus. mit Heinz Dröge und Fritz Münch. München 1966. – Der Europarat aus der Sicht der Bundesrepublik Deutschland. In: Das Europa der Siebzehn. Bilanz und Perspektiven nach 25 Jahren Europarat. Bonn 1974. – Geschichte des Geschlechts von Puttkamer. 2 Bände. Neustadt an der Aisch (2. Aufl.) 1984.

Ehrung: 1972 Großes Verdienstkreuz des Verdienstordens der Bundesrepublik Deutschland.

Nachruf: Biewer, Ludwig: In memoriam Ellinor von Puttkamer. In: Baltische Studien. Pommersche Jahrbücher für Landesgeschichte. Neue Folge, Bd. 86, Marburg 2000, S. 145-147.

Quellen: Archiv HUB: Phil. Fak. Nr. 849, Bl. 217-237. – Boedeker (1970), S. 66. – Auskunft Ludwig Biewer (25.9.2007).

Sekundärliteratur: Fromm (1997), S. 142-143 (21.7.1933). – Scheidemann (2000), S. 109-114. – Röwekamp (2005), S. 315-317. – Berger (2007), S. 140ff. und S. 246ff.

Foto: Biewer (2000).

R

Rabinowitsch (Roberts), Irene *siehe* **Neuberg**

Rechinger, Frieda (Frida)
geb. Moser
geb. 27.2.1914 Wien
Dr. phil., Biologie
Staatsbürgerschaft Österreich

1925 bis 1929 Studium der Botanik und Zoologie an der Universität Wien; Prom. am 13.12.1929 Universität Wien und Lehramtsprüfungen. – 1930/31 Probejahr als Lehrerin. 1931–1933 Vertretungsstellen an verschiedenen Mädchenmittelschulen in Wien; keine Anstellung bekommen. – 20.5.1933 Heirat mit Dr. Karl Heinrich Rechinger (geb. 1906), Assistent am Naturhistorischen Museum Wien. Ab 1933 freischaffend tätig, Reisen sowie Artikel und Rundfunkberichte darüber. – Von 1943 bis 1945 Assistentin im Kaiser-Wilhelm-Institut für Kulturpflanzenforschung, Tuttenhof bei Wien, in der genetischen Abteilung.

Quellen: Archiv Universität Wien (Promotionsunterlagen). – MPG-Archiv: I, 1A, Nr. 537/3 (Mitarbeiter-Liste, 6.6.1944). – Archiv BBAW: Nachlaß Stubbe Nr. 4 („Unfallversicherung, Kaiser-Wilhelm-Institut, 12.1.1945"), Nr. 9 (Personalbestand des Kaiser-Wilhelm-Instituts, 8.8.1945). – Bundesarchiv, Außenstelle Berlin (ehem. Document Center): Antrag an die Reichsschrifttumskammer von 1939.

Reiss, Elisabeth
geb. 12.10.1911
Dr., Medizin

Mindestens vom 16.9.1935 bis 1936 Stipendiatin im Kaiser-Wilhelm-Institut für medizinische Forschung, Heidelberg, im Institut für Pathologie bei Ludolf von Krehl.

Quellen: MPG-Archiv: I, 1A, Nr. 540/1, Bl. 170. – Parthey (1995).

Renken, Josefa
Dr., Medizin

Mindestens ab Juni 1939 Mitarbeiterin (?) in der Deutschen Forschungsanstalt für Psychiatrie (Kaiser-Wilhelm-Institut), München.
(Im April 1935 arbeitete Josefa von Schwarz hier, ungeklärt, ob identisch.)

Quelle: MPG-Archiv: I, 1A, Nr. 542/2, Bl. 76 (vgl. Nr. 542/1, Bl. 36).

Renvers, Dorothea von
geb. 25.4.1908 Berlin
Dr. rer. pol., Staatswissenschaft

Bis zum 13. Lebensjahr Privatunterricht, danach bis 1924 Privatlyzeum in Berlin; 1924–1926 Besuch des Handelsschulkurses in der Viktoria-Fachschule in Berlin; 1925–1927 Besuch der Staatlichen Gertraudenschule in Berlin-Dahlem, hier Abitur. – 1927–1930 sowie Wintersemester 1931/32 Studium der Volkswirtschaftslehre an den Universitäten Genf, Marburg, Heidelberg und Berlin, hier 1930 Diplom-Volkswirt-Prüfung. – Mit einem Stipendium des Akademischen Austauschdienstes 1930–1931 Studium an der London School of Economics. – Prom. am 14.12.1934 Universität Berlin : „Landwirtschaft und Parteipolitik im England der Nachkriegszeit", bei Ludwig Bernhard, Friedrich von Gottl-Ottlilienfeld. – Mindestens von Oktober 1934 bis 1935 Mitarbeiterin (Referentin) im Kaiser-Wilhelm-Institut für ausländisches öffentliches Recht und Völkerrecht, Berlin-Mitte.

Quellen: MPG-Archiv: I, 1A, Nr. 533/5, Bl. 32. – Archiv HUB: Phil. Fak. Nr. 1184, Bl. 68-91.

Rhode, Irma
geb. 19.9.1900 Reckenthin/Ostprignitz
Dr., Chemie, Physikalische Chemie

Besuch des Lyzeums in (Berlin-) Charlottenburg und der Oberrealen Studienanstalt. – 1921–1922/23 Studium der Chemie an der TH Berlin-Charlottenburg, bes. bei Prof. Karl Andreas Hofmann. 1923 Wechsel an die Universität Jena und 1924 hier erstes Verbandsexamen. 1924/25 an die Universität Kiel zu Prof. Kurt Spangenberg (vorher Jena) ans Mineralogische Institut. – Prom. 1927 Universität Kiel: „Beiträge zur Erkenntnis der physikalisch-chemischen Veränderungen, die beim Brennen im Kaolinkristall eintreten", bei Kurt Spangenberg und Ewald Wüst. – Vom 15.5. bis 31.12.1927 wiss. Mitarbeiterin im Kaiser-Wilhelm-Institut für Silikatforschung, Berlin-Dahlem, in der physikalisch-chemischen Abteilung. – Ab Januar 1928 in der Industrie tätig.

Quellen: Lebenslauf in der Dissertation. – Boedeker (1935/39). – MPG-Archiv: I, 1A, Nr. 2293/3, Bl. 103 u. Bl. 104 (Eitel, Bericht zur Kuratoriumssitzung am 9.3.1928). I, 42, Nr. 361 (Personalbogen, 1927).

Richter, Brigitte
verh. Hercher
geb. 28.11.1907 Berlin
Dr., Anthropologie

Nach Schulbesuch 1927 Reifeprüfung. – Studium der Anthropologie, Zoologie und Völkerkunde, zuerst Universität Heidelberg, dann 8 Semester Universität Berlin. – Von 1931 bis 1934/35 Doktorandin im Kaiser-Wilhelm-Institut für Anthropologie, menschliche Erblehre und Eugenik, Berlin-Dahlem. – Prom. am 5.2.1936 Universität Berlin: „Burkhards und Kaulstoss, zwei oberhessische Dörfer", bei Eugen Fischer, Hans F. K. Günther. Publ. in: „Deutsche Rassenkunde", Bd. 14, Hrsg. E. Fischer. – Mindestens von 1939 bis 1943 Mitarbeiterin in der sogen. Zigeunerforschungsstelle des Reichsgesundheitsamtes, Leiter Dr. Robert Ritter (1901–1951).

Quellen: Archiv HUB: Phil. Fak. Nr. 806, Bl. 106-116. – Lösch (1997), S. 339, S. 383, S. 572.

Riedler, Hertha
Dr. phil., Staats- und Rechtswissenschaft

Mindestens von April 1937 bis 1938 Mitarbeiterin (Referentin) im Kaiser-Wilhelm-Institut für ausländisches öffentliches Recht und Völkerrecht, Berlin-Mitte.

Quelle: MPG-Archiv: I, 1A, Nr. 533/5, Bl. 46.

Ripkowa
Dr., Arbeitsphysiologie
Staatsbürgerschaft Tschechoslowakei

Von 1931 bis 1932 wiss. Gast im Kaiser-Wilhelm-Institut für Arbeitsphysiologie, Dortmund. – Aus Prag kommend.

Quellen: MPG-Archiv: I, 4, Nr. 289 (Personaliabuch, S. 12, Nr. 105, aber nichts eingetragen). – Naturwissenschaften, Bd. 20/1932, S. 439.

Robe, Maria (? Roeben)
Chemie

Mindestens von Januar 1923 bis 1924 Assistentin im Kaiser-Wilhelm-Institut für Faserstoffchemie, Berlin-Dahlem.

Quelle: MPG-Archiv: I, 1A, Nr. 513/2, Bl. 7 (Umfrage zum Mitarbeiterstand, 1.1.1923).

Rösch, Katharina Berta Charlotte (Käthe)
geb. Berger
verh. Heinroth
geb. 4.2.1897 Breslau
gest. 20.10.1989 Berlin
Dr., Biologie; Zoo-Direktorin in Berlin

Studium der Zoologie, Botanik, Geographie und Geologie in München und Breslau. Prom. 1924: „Experimentelle Studien über Schallperzeption bei Reptilien". Publ. in: Z. für Vergleichende Physiologie 1 (1924), S. 517-540. – 1925–1926 Privatassistentin bei Otto Koehler, Zoologisches Institut München. Bis 1928 mit Stipendium der Notgemeinschaft bei Karl von Frisch. – November 1928 bis 1932 verh. mit dem Zoologen Gustav Adolf Rösch, Doktorand und Assistent von Karl von Frisch, 1928 Assistent bei Ludwig Armbruster in Berlin. Katharina Rösch hielt u. a. Rundfunk-Vorträge im Berliner Sender über Biologie. – Von 1932 bis 1933 wiss. Gast im Kaiser-Wilhelm-Institut für Biologie, Berlin-Dahlem, in der Abteilung Richard Goldschmidt; zuvor, vermutlich 1931–1932, Hilfsassistentin von Dr. Edgar Knapp, in der Abteilung Carl Correns; sie kam an das Kaiser-Wilhelm-Institut für Biologie durch Vermittlung von Mathilde Hertz. – Heirat 1933 mit dem Ornithologen und

Begründer der Ethologie Oskar Heinroth (1871–1945), dessen Mitarbeiterin sie wurde. Als Oskar Heinroth am 31.5.1945 starb, wurde sie wissenschaftliche Leiterin des Zoos Berlin. – Von 1945 bis 1.1.1957 Zoo-Direktorin Berlin (West), sie war die einzige Zoo-Direktorin Deutschlands. Ab 1953 Lehrauftrag für Allgemeine Zoologie an der TU Berlin.

Publikationen: K. Heinroth: Mitteleuropäische Vogelwelt. 2 Bände. Frankfurt/M. 1952. – K. Heinroth und J. Steinbacher: Mitteleuropäische Vogelwelt. Frankfurt/M. 1952–1955. Tafelwerk in 2 Kassetten. – Publikationsliste von K. Berger, K. Rösch-Berger und K. Heinroth (1924–1979) in: Heinroth (1979), S. 309-314.

Ehrung: 1957 Bundesverdienstkreuz 1. Klasse.

Autobiographie: Heinroth (1979).

Quellen: MPG-Archiv: I, 1A, Nr. 1082/11, Bl. 12a (Umfrage in der KWG, 4.2.1933, hier: Frau Dr. Rösch). – Naturwissenschaften, Bd. 21/1933, S. 438. – Auskunft Frau Dr. Gudrun Wedel, 5.4.2005. – Heinroth (1979), bes. S. 88-91.

Fotos: Heinroth (1979), Aufnahme 1954 und weitere.

Rohdewald, Margarete
geb. 1.4.1900 Düsseldorf
gest. 20.8.1994 Bonn
Dr., Prof.; Chemie, Biochemie

Nach dem Besuch verschiedener Lyzeen Besuch der Studienanstalt realgymnasialer Richtung. 1920 Reifeprüfung. – Im Wintersemester 1920/21 Studium der Chemie und Biologie an der Universität Freiburg i. Br. Ab Ostern 1921 Tätigkeit im Staatslaboratorium der Universität München, bei Prof. Ludwig Vanino und Erich Schmidt. – Ostern 1926 bis 1928/29 Arbeit an der Dissertation im Chemischen Laboratorium der Bayerischen AdW in München und in der Chemisch-Analytischen Abteilung der TH Zürich. Bedankt sich in Dissertation bei Lehrer Richard Kuhn, Richard Willstätter „der mir wertvolle Ratschläge erteilte" und

Heinrich Wieland. – Prom. 1929 Universität München: "Über pflanzliche und tierische Saccharasen" (79 S.), bei Heinrich Wieland. Widmung: "Meinen Eltern in Dankbarkeit". – Von 1928 bis 1939 Privat-Assistentin bei Richard Willstätter (1872–1942) in München. – Vom 2.10.1939 bis 1949 Assistentin (Mitarbeiterin) im Kaiser-Wilhelm-Institut für Arbeitsphysiologie, Dortmund, in der Chemischen Abteilung von Heinrich Kraut (auch einem Willstätter-Schüler). – R. kümmerte sich 1948 mit um die Herausgabe der Erinnerungen von Richard Willstätter. – 1949–1950 Stipendiatin in den USA. – 1952 Habilitation an der Universität Bonn, 1955 Diätendozent(in), 1958 apl. Prof. Universität Bonn.

Quellen: Lebenslauf in der Dissertation. – Boedeker (1935/39). – MPG-Archiv: I, 1A, Nr. 533/4 (vom 24.11.1939). I, 4, Nr. 97 (Personallisten, Nr. 326). I, 4, Nr. 289 (Personaliabuch, S. 27, Nr. 326). – Poggendorff VIIa, (1959), S. 794-795 (Eigene Mitt.).

Sekundärliteratur: Willstätter (1949), S. 401, 406, 409. – Schmitz (1996), S. 210-211.

Fotos: Willstätter (1949), Tafel XXI (s. Abb.) – Kuhn (1996), S. 210.

Rohloff, Ruth
geb. 10.7.1920 Berlin
Dr., Biologie (Erbpathologie)

Nach dem Besuch der Grundschule und des Dorotheen-Oberlyzeums in Berlin-Köpenick, 1935 auf die Deutsche Oberschule (Droste-Hülshoff-Schule) in Berlin-Zehlendorf gewechselt, hier 1939 Reifeprüfung und großes Latinum. – Von Juli bis Dezember 1939 Arbeitsdienstpflicht. – Im Januar 1940 Immatrikulation an der Math.-Nat. Fak. der Universität Berlin und Studium der Zoologie, Botanik und Paläontologie. Vom Wintersemester 1941/42 bis Sommer 1943 Kursassistentin im Zoologischen Institut der Universität Berlin. – Von April 1943 bis 1945 Doktorandin im Kaiser-Wilhelm-Institut für Anthropologie, menschliche Erblehre und Eugenik, Berlin-Dahlem, in der Abteilung Erbpathologie von Hans Nachtsheim. – Prom. am 8.2.1945 Universität Berlin: "Entwicklungsgeschichtliche Untersuchungen über erbliche Anomalien der Incisiven bei Oryctolagus cuniculus L; zugleich Mitteilung von Beobachtungen an den Rudimentärzähnchen" (69 S. MS), bei Hans Nachtsheim,

Heinrich Feuerborn, angefertigt am Kaiser-Wilhelm-Institut für Anthropologie, menschliche Erblehre und Eugenik.

Quellen: Archiv HUB: Math.-Nat. Fak. Nr. 204, Bl. 15-24. – Lösch (1997), S. 573.

Rona, Elisabeth
geb. 20.3.1890 Budapest
gest. 27.7.1981 Miami, Florida (USA)
Dr., Prof.; Physik, Nuklear-Chemie, Radioaktivität
Staatsbürgerschaft Ungarn, nach 1945 USA

Studium der Chemie, Physik und Geophysik an der Universität Budapest. 1911 hier Ph. D. – 1913/14–1919 an der Universität Budapest tätig. – Prom. (Dr. phil. chem.) 1916 Universität Budapest. – 1918–1919 Assistentin am biochemischen Institut der Universität Budapest. –Vom 15.5.1920 bis 1.6.1921 wiss. Gast im Kaiser-Wilhelm-Institut für Chemie, Berlin-Dahlem, in der Abteilung Otto Hahn. – Von 1922 bis 1924/25 wiss. Assistentin im Kaiser-Wilhelm-Institut für Faserstoffchemie, Berlin-Dahlem. – Beraterin für Textilindustrie Budapest. – Von 1925 bis März 1938 freie Mitarbeiterin im Institut für Radiumforschung unter Leitung von Stefan Meyer (1872–1949) in Wien. Außerdem zwischen 1926 und 1938 mehrere, teilweise längere, Aufenthalte an wissenschaftlichen Instituten: 1926, 1934 und 1936 am Institute de Radium, Laboratoire Marie Curie. 1933–34 und 1934–35 Bornö-Station bei Hans Pettersen. 1934 bei Ernest Rutherford. 1936 am Cavendish Laboratory in Cambridge. – Eigene Forschungen zu Polonium-Präparaten, zum Protaktinium und Thorium am Institut für Radiumforschung in Wien. – Nach der Besetzung Österreichs durch deutsche Truppen („Anschluß", 12. März 1938) mußte Rona das Institut und Österreich verlassen. Von November 1938 bis April 1939 Bornö-Station bei Hans Pettersen. 1939 Universität Oslo bei Ellen Gleditsch. 1939/40 in Budapest. – 1940/41 Emigration in die USA. Dort Fortsetzung ihrer wissenschaftlichen Tätigkeit. 1941–1946 Associate Prof. Trinity College, Hartford, Conn. Am „Manhattan-Project" beteiligt. – 1947–1951 Forschungstätigkeit (research scientist) am Argonne National Laboratory in Chicago. 1951–1965 Forschungstätigkeit (senior research scientist) am Oak Ridge Institute of Nuclear Studies. 1965–1976 (emer.) am Institute of Marine Sciences, University of Miami, hier 1970 Professorin für Chemie.

Publikationen: Rona, Elisabeth, u. Elisabeth Neuninger: Weitere Beiträge zur Frage der künstlichen Aktivität des Thoriums durch Neutronen. In: Die Naturwissenschaften, Bd. 24/1936,

S. 491. – Regelmäßige Publikationen in „Mitteilungen des Radium-Instituts" von 1925 bis 1938.

Ehrung: 1933 Haitinger-Preis der Österreichischen AdW zusammen mit Berta Karlik (1904–1990).

Autobiographie: Rona (1978).

Quellen: MPG-Archiv: I, 1A, Nr. 513/2, Bl. 7 (Umfrage über Mitarbeiter, 1.1.1923). I, 11, Nr. 351 (Personalliste). – Naturwissenschaften, Bd. 11/1923, S. 172. – Churchill College Archive, Cambridge: Meitner-Nachlaß, MTNR 5/13, folder 5 (Briefwechsel Pettersen – Meitner) und MTNR 5/15, folder 6 (Briefwechsel Meitner – Rona, 1928–1937, 7 Blatt). – Archiv ÖAW Wien: Stefan Meyer-Nachlaß (Briefwechsel Meyer – Rona) (Einsicht Dank Frau Dr. Sexl). – Archive S.P.S.L., Oxford: 338/1, pp. 1-31. – Biographisches Handbuch der ... Emigration, Vol. II, Part 2, p. 978. – Poggendorff VI (1938), S. 2211; VIIa (1959), S. 806 (Eig. Mitteil.). – Auskunft Margot Köstler, Poggendorff-Redaktion (12.9.2003).

Sekundärliteratur: Reiter (1988), S. 718-720. – Bischof (1998), S. 26-27. – Herzenberg/Howes (1993), pp. 32-40. – Ogilvie/Harvey (2000), Vol. 2, pp. 1122-1123. – Keintzel/Korotin (2002), S. 621-624.

Rose, Stella
verh. Rose
geb. 20.2.1884 Neu-Sandez (Nowy Sacz, Woiwodschaft Kleinpolen, ab 1772 Provinz Galizien)
Dr. med., Neurologie-Psychiatrie (Hirnforschung)

Nach dem Besuch der Volksschule und des Gymnasiums in Krakau 1901 Abitur. 1902–1909 Studium an der Medizinischen Fakultät der Universität Krakau. – Hier am 19.4.1909 Doktordiplom. – 1909–1911 Volontärassistentin an der neurologisch-psychiatrischen Klinik in Berlin; 1911–1912 Assistentin in der kantonalen Irrenanstalt des Kantons Zürich in Rheinau; bis September 1912 an der Universität Tübingen, im anatomischen Laboratorium der neurologisch-psychiatrischen Klinik unter Leitung von Korbinian Brodmann (1868–1918), einem ehemaligen Mitarbeiter von Cécile und Oskar Vogt. – Bis August 1914 Sekundarärztin in der psychiatrischen Abteilung des St. Lazarus-Spitals in Krakau. Während des ersten Weltkrieges in Spitälern des österreichischen Militärs (in Grodek bei Lemberg, Parkany (Ungarn) und Przemysl). – 1918–1925 privatärztliche Tätigkeit als Nervenärztin in Krakau. – Seit

1908 verheiratet (vermutlich mit Dr. Maximilian Rose (1883–1937), von 1926 bis 1928 Wissenschaftliches Mitglied und Abteilungsleiter im Kaiser-Wilhelm-Institut für Hirnforschung), 1 Kind. – Von 1925 bis 1928 im Kaiser-Wilhelm-Institut für Hirnforschung, Berlin, tätig, ab 1.12.1925 mit einem Stipendium der Notgemeinschaft der Deutschen Wissenschaft, ab 1.4.1927 als Assistentin. – Vermutlich mit Maximilian Rose ein Forscher-Ehepaar.

Quellen: Handbuch KWG, 1928, S.201. – Naturwissenschaften Bd. 16/1928, S. 437 (Publ. angezeigt). – MPG-Archiv: I, 1A, Nr. 1589. I, 1A, Nr. 1577, Bl. 123b, 123c (Lebenslauf, 1.4.1927). II/1A PA M. Rose (nichts zu ihr).

Rosenberg, Marie
verh. Burton
geb. 8.7.1907 Wien
gest. 12.1.1982 East Malling (Großbritannien)
Dr., Biologie
Staatsbürgerschaft Österreich, dann Großbritannien (durch Heirat)

Nach Besuch des Reformrealgymnasiums Wien und Matura 1926–1930 Studium der Biologie (Botanik) und Physiologie an der Universität Wien, hier 19.7.1930 Prom. – Vom November 1930 bis Juni 1932 wiss. Gast im Kaiser-Wilhelm-Institut für Biologie, Berlin-Dahlem, in der Abteilung von Max Hartmann; Forschungsarbeiten über Formwechsel und Fortpflanzung niederer Organismen. – Vom 1.7.1932 bis Ende Juni 1933 planmäßige Assistentin im Institut für Strahlenforschung an der Med. Fak. der Universität Berlin unter Leitung von Walter Friedrich; Kündigung wegen NS-Bestimmungen. – 1933/34 Emigration nach Großbritannien. Dank der Unterstützung durch verschiedene Stipendien 1933–1935 Mitarbeiterin (researcher) am Birkbeck College London University. 1935–1940 Mitarbeiterin (researcher) in der Biologischen Station der Freshwater Biological Association, Ambleside. – Im Juni 1940 als „feindliche Ausländerin" verhaftet; ab August 1940 auf der Isle of Man interniert; Dank der Hilfe der Organisationen S.P.S.L. und British Federation of University Women im Dez. 1940 freigelassen. – Von Jan. 1941 bis mindestens Frühjahr 1946 in Cambrigde lebend und wissenschaftlich arbeitend, später in Kent. – Juli 1942 Heirat mit Glynn Burton in Cambridge.

Quellen: MPG-Archiv: III, 47, Nr. 1235 (Briefwechsel Hartmann-Rosenberg, 1930–1933; hier Bl. 7 Gutachten von Hartmann, 27.6.1933). – Archiv HUB: UK 960, Bl. 136, 160, 161. – Naturwissenschaften, Bd. 19/1931, S. 538; Bd. 20/1932, S. 436; Bd. 21/1933, S. 439

(Gast). – List (1936). – Archive S.P.S.L., Oxford: 196/9, pp. 239-390 (1934–1982) u. 428/1, pp. 120-162. – American Phil. Society, Philadelphia: Curt Stern Papers (darin u. a. Heiratsanzeige, Juli 1942).

Sekundärliteratur: Keintzel/Korotin (2002), S. 625 (aber nur bis Prom. 1930).

Rossow, Helga *siehe* **Hammerstein**, von

Roth, Auguste
geb. 9.9.1906 Obertshausen bei Offenbach
Lehrerin für Mathematik und Naturwissenschaften

Besuch des St. Anna-Lyzeums in Königstein i. T., 1928 Abitur am Ursulinen-Institut Frankfurt/M. – Studium der Mathematik, Physik und Geographie an der TH Darmstadt sowie den Universitäten Freiburg i. Br. und Gießen, hier 1932 Studienabschluß. 1935 Assessor-Prüfung in Gießen. – 1936–1938 Tätigkeit als Lehrerin, zuerst als Hauslehrerin auf dem Gut Alsbach, dann am Lyzeum der englischen Fräulein in Bingen. – Vom 1.5.1938 bis Juli 1942 wiss. Mitarbeiterin im Institut für Hochgeschwindigkeitsfragen in der Aerodynamischen Versuchsanstalt e. V. Göttingen in der Kaiser-Wilhelm-Gesellschaft. – Ab Sommer 1942 wieder Tätigkeit als Lehrerin.

Quelle: Auskunft Dr. Florian Schmaltz (Febr. 2008).

Roudolf, Lotte
geb. 6.1.1899 Groß-Lichterfelde bei Berlin
gest. 1971 Berlin
Dr., Chemie

Nach Besuch der Schulen in Groß-Lichterfelde, Gera-Reuß und Berlin Lyzeums-Abschluß. – Studium als „Gastteilnehmerin" an der TH Berlin-Charlottenburg. 1919 hier Verbandsexamen bei Karl Andreas Hofmann. 1920 das 2.Verbandsexamen bei Robert Pschorr. Im Herbst 1922 (extern) Abitur in Berlin. Danach Studium der Chemie an den Universitäten Marburg und Rostock. – Prom. 1926 Universität Rostock: „Tetrachloräthylen als Lösungsmittel in der Ebullioskopie" (38 S.), bei Hermann Walden. Widmung: „Meinen lieben Eltern gewidmet!" – Nach 1926 bis 1930/35 (?) Mitarbeiterin im Kaiser-Wilhelm-Institut für

Chemie, Berlin-Dahlem, in der Abteilung Kurt Hess. – Danach langjährig bis zur Pensionierung als Bibliothekarin im Robert-Koch-Institut in Berlin tätig; seit ca. 1960 Leiterin der Bibliothek; sie verzeichnete Teile der wissenschaftlichen Bibliothek Robert Kochs.

Quellen: Lebenslauf in der Dissertation. – Boedeker (1935/39). – MPG-Archiv: I, 11, Nr. 351 (Personalliste). – Handbuch KWG, 1928, S. 178 („sonstige Mitarbeiter"). – Auskunft Dr. Dr. Manfred Stürzbecher.

Rühmekorf, Traud
verh. Morawetz
geb. 6.12.1906 Gräberkathe/Holstein
Dr., Biologie
Staatsbürgerschaft Österreich

In den ersten zwei Jahren Privatunterricht, dann Besuch verschiedener Schulen. 1928 als Externe Reifeprüfung in Berlin-Steglitz. – Ab Wintersemester 1928/29 Studium der Zoologie und Botanik an den Universitäten Berlin (insges. 4 Semester), Graz (1 Semester), München (1 Semester) und wieder Berlin. – Von Mai 1931 bis 1934 Arbeit an der Dissertation. – Von 1931 bis 1933 Doktorandin, von 1933 bis 1935 wiss. Gast im Kaiser-Wilhelm-Institut für Biologie, Berlin-Dahlem, in der Abteilung Max Hartmann. – Prom. am 11.12.1935 Universität Berlin als Traud Morawetz, geb. Rühmekorf: „Morphologie, Teilung und Hungerformen von Keronopsis", bei Max Hartmann, Richard Hesse, angefertigt am Kaiser-Wilhelm-Institut für Biologie. Publ. in: Archiv für Protistenkunde, Bd. 85, 1935, S. 255-288. – 1934/35 verh. Morawetz und in Graz lebend.

Quellen: Archiv HUB: Phil. Fak. Nr. 801, Bl. 13–32 (hier: Morawetz). – MPG-Archiv: I, 1A, Nr. 1082/11, Bl. 12 (Umfrage in der KWG, 4.2.1933, hier: als Gast). – Naturwissenschaften, Bd. 21/1933, S. 439; Bd. 22/1934, S. 359; Bd. 23/1935, S. 432 (Publ. T. Rühmekorf angezeigt).

S

Sääf, Margarete (Grete) von
geb. 21.4.1914 Baden (Schweiz)
Dr., Chemie
Staatsbürgerschaft Österreich

Nach Privatunterricht Besuch der Volksschule in Wien, 1924–1932 des Reformgymnasiums, Reifeprüfung 1932. – Studium der Chemie an den Universitäten Wien (2 Semester), Heidelberg (1 Semester), Berlin (3 Semester), Montclair USA (2 Semester). Abgelegte Examina: Bachelor of Arts (Science) Vassar, Juni 1935, Master of Arts (Science), Vassar, Juni 1936. 2. Verbandsexamen, Herbst 1937, Universität Heidelberg. – Von 1937 bis 1939 Doktorandin im Kaiser-Wilhelm-Institut für physikalische Chemie und Elektrochemie, Berlin-Dahlem. – „Notexamen" am 19.10.1939 an der Math.-Nat. Fak. der Universität Berlin. – Prom. am 15.12.1939 Universität Berlin: „Über das Verhalten von Phenoläthern gegenüber metallorganischen Verbindungen", bestehend aus den 4 Publikationen: 1. A. Lüttringhaus, G. v. Sääf u. K. Hauschild. In: Ber. DChG 71, 1673 (1938). – 2. A. Lüttringhaus u. G. v. Sääf. In: Angewandte Ch. 51, 915 (1938). – 3. A. Lüttringhaus u. G. v. Sääf. In: Ann. d. Ch., 542, (1939). – 4. A. Lüttringhaus u. G. v. Sääf. In: Ber. DChG 72, 2026 (1939). – Gutachter: Arthur Lüttringhaus und Peter Adolf Thiessen, angefertigt am Kaiser-Wilhelm-Institut für physikalische Chemie und Elektrochemie, Berlin-Dahlem. Erste und bis 1945 einzige kumulative Dissertation an der Universität Berlin.

Quellen: Archiv HUB: Math.-Nat. Fak. Nr. 156, Bl. 100-116. – MPG-Archiv: I, 1A, Nr. 541/5, Bl. 102 („Doktorandin"). – Naturwissenschaften, Bd. 27/1939, S. 336 (3 Publ. von Lüttringhaus/Sääf angezeigt, hier: Grete von Sääf).

Samonenko, Nina
Biologie
Staatsbürgerschaft UdSSR

Von 1943 bis 1945 wiss. Mitarbeiterin und Übersetzerin im Kaiser-Wilhelm-Institut für Kulturpflanzenforschung, Tuttenhof bei Wien.

Quelle: Archiv BBAW: Nachlaß Stubbe Nr. 9 (Personalbestand des Kaiser-Wilhelm-Instituts, 8.8.1945).

Schaleck, Emilie
verh. Böhm (tschechisch: Böhmová)
geb. um 1900
gest. 1985 Prag
Dr., Chemie
Staatsbürgerschaft Tschechoslowakei (durch Heirat), später ČSSR

Nach dem Studium mindestens von 1923 bis 1924 Doktorandin (als einzige Frau) im Kaiser-Wilhelm-Institut für physikalische Chemie und Elektrochemie, Berlin-Dahlem; dort den Kollegen Johann (Jan) Böhm (1895–1952) kennengelernt, der von 1921 bis 1926 am Institut tätig war. Seit Sommer 1925 verh. Böhm. – Erregte mit der Entdeckung der Thixotropie wissenschaftliche Aufmerksamkeit. – Nach weiterem Studium an der Universität Freiburg i. Br. Fortsetzung des Studiums und Prom. an der Deutschen Universität Prag. – 1931 Tochter Anna (Anna Böhmová) geboren. – Von 1926/27 bis 1935 mit ihrem Mann in Freiburg i. Br., ab 1935 in Prag, wo er bis 1945 an der Deutschen Universität Prag lehrte und forschte. – Nach 1945 in Pardubice lebend, wo er Industriechemiker war. – In Prag (?) 1985 gestorben.

Quellen: MPG-Archiv: I, 1A, Nr. 513/2, Bl. 7 (Umfrage zum Mitarbeiterstand, 1.1.1923). – Archiv der Akademie der Wissenschaften, Prag: Nachlaß Johann Böhm. – Auskünfte (und Dank an) Dieter Hoffmann.

Sekundärliteratur: D. Hoffmann (2001), bes. S. 526.

Scharrer, Berta *siehe* **Vogel**

Schatunowskaja
Frau, physikalische Chemie
Staatsbürgerschaft UdSSR (Rußland)

Mindestens von 1932 bis Frühjahr 1933 wiss. Gast (unentgeltlich) im Kaiser-Wilhelm-Institut für physikalische Chemie und Elektrochemie, Berlin-Dahlem.

Quelle: MPG-Archiv: I, 1A, Nr. 1082/3, Bl. 3a-3c (Umfrage in der KWG, 4.2.1933).

Scheben, Gertrud
geb. 24.6.1895 Rheinbach / Rheinland
Dr., Arbeitsphysiologie

Vom 15.9.1940 bis ? wiss. Mitarbeiterin im Kaiser-Wilhelm-Institut für Arbeitsphysiologie, Dortmund.

Quelle: MPG-Archiv: I, 4, Nr. 289 (Personaliabuch, S. 32, Nr. 410, hier: „ausgeschieden", ohne Datum).

Scheibe, Eva
Dr., Biologie (Anthropologie)

Mindestens 1935 wiss. Mitarbeiterin im Kaiser-Wilhelm-Institut für Anthropologie, menschliche Erblehre und Eugenik, Berlin-Dahlem.

Quellen: Handbuch KWG, 1936, Bd. 1, S. 183 („sonstige wiss. Mitarbeiter") – Lösch (1997), S. 573.

Scheinkin-Hareven
Frau Dr., Biologie
Staatsbürgerschaft Niederlande

Von 1924 bis 1925 wiss. Gast im Kaiser-Wilhelm-Institut für Biologie, Berlin-Dahlem, in der Abteilung Richard Goldschmidt.

Quelle: Naturwissenschaften, Bd. 12/1924, S. 1169.

Scherling, Anne Gudrun
verh. Meier-Scherling
geb. 26.7.1906 Stendal
gest. 26.1.2002 Kassel
Dr. jur.; Rechtsanwältin; Richterin am Bundesarbeitsgericht

Geboren in der Familie des Richters Emil Scherling, öfter Schulwechsel wegen der Umzüge der Eltern. 1925 Abitur in Hamm. – 1925–1930 Studium der Rechtswissenschaften an den

Universitäten Freiburg i. Br. (2 Semester), Kiel (3 Semester) und Berlin (5 Semester). Prom. 1931 (Dr. jur.) Universität Berlin: „Das Recht der Ehewohnung", bei Martin Wolff. Publ. in: „Studien zur Erläuterung des bürgerlichen Rechts" von Franz Leonhard. – Etwa von 1930 bis 1931 Hilfskraft für Walter Hallstein am Kaiser-Wilhelm-Institut für ausländisches und internationales Privatrecht, Berlin-Mitte, in dem Martin Wolff Wissenschaftlicher Berater war. – Frühjahr 1933 Eheschließung mit dem Gerichtsassessor Heinz Meier und Niederlassung als Rechtsanwälte in Naumburg; 3 Kinder (geb. 1933, 1936, 1938). Ab 1939 führte sie die Anwalts-Praxis allein; ihr Mann wurde zur Luftwaffe eingezogen, 1945 verhaftet und starb 1947 in einem Kriegsgefangenenlager. – Nach Mai 1945 Neuzulassung als Rechtsanwältin in Naumburg, 1948 auch Notarin. – 1950 Flucht in die Bundesrepublik und Wechsel in die Justiz. Nach Tätigkeiten in Dortmund und Hamm 1955 erste Bundesrichterin am 1954 gegründeten Bundesarbeitsgericht in Kassel. Zum 1.10.1971 Eintritt in den Ruhestand. – Engagiert im „Deutschen Juristinnenbund" und im „Deutschen Akademikerinnenbund". Sie erhielt das Bundesverdienstkreuz.

Quelle: Röwekamp (2005), S. 251-253 (Dank Marion Kazemi).

Schiemann, Elisabeth
geb. 15.8.1881 Fellin (Livland)
gest. 3.1.1972 Berlin
Dr. phil., Prof.; Genetik, Geschichte der Kulturpflanzen; Abteilungsleiterin, Wissenschaftliches Mitglied der Max-Planck-Gesellschaft, Mitglied der Leopoldina

Ab 1906 Studium der Naturwissenschaften, zunächst als Hospitantin (Gasthörerin), ab 1908/09 als reguläre Studentin der Biologie (Botanik und Zoologie) an der Universität Berlin. – Prom. am 14.10.1912 Universität Berlin: „Mutationen bei Aspergillus niger van Tieghem" bei Gottlieb Haberlandt, Adolf Engler, angefertigt bei Erwin Baur. Publ. in: Zeitschrift für induktive Abstammungs- und Vererbungslehre. Bd. 8, 1912, H. 1, S. 1-35. – 1914 – 1931 Assistentin, später Oberassistentin, am Institut für Vererbungswissenschaften der Landwirtschaftlichen Hochschule Berlin (ab 1935 als Landwirtschaftliche (Ldw.) Fakultät an der Universität Berlin). 10.3.1924 Habilitation an der Landwirtschaftlichen Hochschule Berlin, seit 7.2.1931 a. o. Professorin (ab 1935 a. o. Prof. an der Ldw. Fak. der Universität Berlin). – Seit 1.4.1931 Forschungsarbeiten am Botanischen Museum der Universität Berlin. – 12.11.1931 Habilitation für Botanik an der Phil. Fak. der Universität Berlin unter Befreiung aller Habilitationsleistungen. 1935–1940 sowohl a. o. Prof. an der Ldw. Fak. als auch

Elisabeth Schiemann

Privatdozent(in) an der Phil. Fak. bzw. ab 1936 an der Math.-Nat. Fak. – Im Sept. 1939 verweigerte die Universität (der Rektor, der Dekan der Math.-Nat. Fak. L. Bieberbach und der NS-Dozentenführer) aus politischen Gründen die Umwandlung der a. o. Prof. in die apl. Prof.; im April 1940 wurde ihr aus politischen Gründen die venia legendi entzogen, mit dem Vermerk „erlischt". – Mitarbeit in der Bekennenden Kirche in Berlin-Dahlem; hier u. a. Hilfe für Verfolgte des NS-Regimes (Widerstand). Elisabeth und Schwester Gertrud (1883–1976) halfen jahrelang den Schwestern Andrea und Valerie Wolffenstein und versteckten vom 11. Januar bis März 1943 die verfolgte und in den Untergrund gegangene Klavierlehrerin Andrea Wolffenstein (1897- gest. nach 1980) in ihrer Wohnung. (Valerie W. (1891-?) versteckte sich bei Ludwig Ruge und weiteren Berlinern.) Als die Gefahr der Entdeckung zu groß wurde, blieb Andrea Wolffenstein die folgenden 2 Monate (März bis Mai 1943) in der Wohnung der Familie Straßmann (s. auch Heckter), bis sie an neue Verstecke weitergeleitet wurde. Beide Schwestern überlebten die Verfolgungen. – Elisabeth Schiemann war außerdem mit der Lehrerin und in der Bekennenden Kirche arbeitenden Elisabeth Schmitz (1893–1977) gut bekannt; sie schmuggelte deren Denkschrift „Zur Lage der deutschen Nichtarier" (1935/36) zu dem seit 1935 nach Basel ausgewiesenen Pfarrer Karl Barth (1886–1968); Elisabeth Schmitz war auch in die Rettung der Schwestern Valerie und Andrea Wolffenstein eingeweiht. – Von 1940 bis 1943 wiss. Gast im Kaiser-Wilhelm-Institut für Biologie, in der Abteilung von Fritz von Wettstein, bezahlt mit Stipendium des Reichsforschungsrates. – Von 1943 bis 1956 in der Kaiser-Wilhelm/Max-Planck-Gesellschaft als Abteilungsleiterin tätig, im Einzelnen und mit Unterbrechungen: 1943–1945 Leiterin der Abteilung für Phylogenetik im Kaiser-Wilhelm-Institut für Kulturpflanzenforschung, in Tuttenhof bei Wien, ihre Abteilung blieb jedoch in Berlin-Dahlem, 1945–1949 Leiterin der Abteilung für Geschichte der Kulturpflanzen; 1949–1952 Leiterin der Abteilung, die als Institut für Geschichte der Kulturpflanzen zur Deutschen Forschungshochschule Berlin-Dahlem gehört; 1952–1956 (Emer.) Leiterin der selbständigen Forschungsstelle für Geschichte der Kulturpflanzen in der MPG, Berlin-Dahlem. – Außerdem: 1945 bis Sommer 1949 ord. Prof. an der Humboldt-Universität Berlin. – Grab (der Schwestern Elisabeth und Gertrud Schiemann): St. Annen-Friedhof, Berlin-Dahlem.

Ehrungen: 1.7.1953 Wissenschaftliches Mitglied der Max-Planck-Gesellschaft; 1956 Mitglied der Deutschen Akademie der Naturforscher Leopoldina; 1959 Darwin-Plakette der Leopoldina (als einzige Frau unter 18 Wissenschaftlern); 1962 Ehren-Doktorwürde der TU Berlin; 2003 Elisabeth-Schiemann-Straße in Berlin-Lichtenberg, Ortsteil Falkenberg.

Autobiographisches: Schiemann (1959a, 1959b, 1960).

Nachrufe: Linnert, G.: Nachruf für Frau Prof. Dr. E. Schiemann. In: Zeitschrift für Pflanzenzüchtung (Journal of Plant Breeding) 68 (1972), S. 171-172. – Stubbe, Hans: Elisabeth Schiemann: 15.8.1881-3.1.1972. In: Mitteilungen aus der MPG, (1972) 1, S. 3-8.

Quellen: Archiv HUB: Phil. Fak. Nr. 523, Bl. 97-127. Habilitationsunterlagen, Phil. Fak. 1245, Bl. 104-123. PA S Nr. 105, Bd. 1-5. – Archiv BBAW: Nachlaß Stubbe, darunter Briefwechsel Schiemann – Stubbe. – Churchill College Archive, Cambridge: Meitner-Nachlaß, Briefwechsel Meitner – Schiemann. – MPG-Archiv: III, 2 (Nachlaß Schiemann), bes. Nr. 18/15 (Briefe Elisabeth Schmitz). III, 50, Nr. 1747 (Glückwunsch an v. Laue, 1949); Nr. 2183, Bl. 3 (Valerie Wolffenstein an M. v. Laue, 23.12.1949). III, 47, Nr. 1289 (Briefwechsel M. Hartmann – Schiemann, 1930–1959). – Auskunft E. Höxtermann. – American Phil. Society, Philadelphia: Milislav Demerec Papers (1928, 1929); A. F. Blakeslee Papers (1928, 1932, 1949, 1952, 1953). – de Wilde (2002), S. 16-17 (Dank Ida H. Stamhuis).

Sekundärliteratur: Leuner (1967). – Valerie Wolffenstein (1981). – Boehm (1985). – Stubbe (1951, 1972). – Kuckuck (1961, 1980). – Lang (1990). – Deichmann (1997), S. 232-236 (Kurzbiographie). – Jahn (1998), S. 946 (Kurzbiographie). – Scheich (1997, 2002). – Ogilvie/ Harvey (2000), Vol. 2, pp. 1159-1160. – Vogt (2007).

Fotos: 50 Jahre MPG, Bd. 2, S. 198. – MPG-Archiv: VI. Abt., 1.

Schmidt, Ilse
geb. 1913 (Berlin-) Karlshorst
Dr. med., Medizin

Von 1932 bis 1937 Studium der Medizin an der Universität Berlin. – Prom. am 1.12.1938 Med. Fak. Universität Berlin: „Über die Beziehung zwischen Landflucht und Intelligenz", bei Fritz Lenz. Diss. publ. – Von 1938 bis 1939 Doktorandin im Kaiser-Wilhelm-Institut für Anthropologie, menschliche Erblehre und Eugenik, Berlin-Dahlem. – Danach Ärztin in der Gynäkologischen Abteilung des Städtischen Krankenhauses in Berlin.

Quellen: Naturwissenschaften, Bd. 27/1939, S. 355 (Publ. angezeigt). – Lösch (1997), S. 333, 534, 555, 574.

Schönleber, Klara
geb. 1905
Dr. phil., Botanik

Von 1930 bis 1937 Assistentin am Botanischen Institut in Giessen, bei Ernst Küster. – Mit der Übernahme in die KWG von 1937 bis mindestens Frühjahr 1942 wiss. Mitarbeiterin im Kaiser-Wilhelm-Institut für Bastfaserforschung, Sorau/Niederlausitz. – Mit Dr. Alfred Kaufmann (1868-), Gastgeber und Kopf des Gießener „Freitagskränzchen", befreundet und sich nach seiner Verhaftung im März 1942 für ihn einsetzend.

Quellen: Jatho (1995), S. 74, S. 127-129 (Brief von Schönleber, für Kaufmann, 23.3.1942), S. 209. – Naturwissenschaften, Bd. 28/1940, S. 492 (Publ. angezeigt); Bd. 29/1941, S. 439 (2 Publ. angezeigt).

Schoon, Elfriede
geb. Hermann
geb. 10.5.1912 Schneidemühl (heute Polen)
Dr., Chemie (Physikalische Chemie)

Von 1918 bis 1921 Besuch des Städtischen Cecilien-Lyzeums in Berlin-Lichtenberg, 1921–1923 der Königin-Luise-Schule in Berlin-Frohnau, 1923–1931 der Viktoria-Luisen-Schule in Berlin-Wilmersdorf (Oberrealschulrichtung). Hier 1931 Abitur mit „Auszeichnung". – Ab Sommersemester 1931 Studium der Chemie, Physik und Mathematik an der Universität Berlin (10 Semester). 1. Verbandsexamen im Februar 1935, 2. Verbandsexamen im April 1938, beide am 1. Chemischen Institut der Universität Berlin. Außerdem Besuch von Vorlesungen an der TH Berlin-Charlottenburg, bei Wilhelm Westphal und Max Volmer. – Von September 1936 bis 1940 im Kaiser-Wilhelm-Institut für physikalische Chemie und Elektrochemie, Berlin-Dahlem, tätig: 1936 bis 1938 Werkstudentin, von Frühjahr 1938 bis Winter 1939/40 Doktorandin. – Prom. am 29.4.1940 Universität Berlin: „Besetzung und Adhäsionsarbeit von Oberflächen fester organischer Verbindungen", bei Peter Adolf Thiessen, Paul Günther. Publ. in: Z. für Elektrochemie 46 (1940), 170-181. – Im Frühjahr (März/April) 1940 in Frankfurt/Main. Verheiratet mit Theodor Schoon (Mitarbeiter am selben Institut).

Quellen: Archiv HUB: Math.-Nat. Fak. Nr. 159, Bl. 129-148. – Naturwissenschaften, Bd. 27/1939, S. 336 (1 Publ. angezeigt).

Schrader-Beielstein, Elisabeth von
geb. Hoffmann
geb. 15.7.1918 Holzwickede (bei Unna / Westfalen)

Vom 6.9.1943 bis 31.10.1951 wiss. Mitarbeiterin (wiss. Assistentin) im Kaiser-Wilhelm-Institut für Arbeitsphysiologie, Dortmund bzw. Bad Ems.

Quelle: MPG-Archiv: I, 4, Nr. 289 (Personaliabuch, S. 40, Nr. 556).

Schragenheim, Rosa

Vom 1.4.1933 bis zum 31.3.1934 Stipendiatin im Kaiser-Wilhelm-Institut für Hirnforschung, Berlin-Buch, in der Abteilung Cécile und Oskar Vogts. Stipendium der Rockefeller Foundation. – Verheiratet.

Quellen: MPG-Archiv: I, 1A, Nr. 536/3, Bl. 65/66; Nr. 536/4, Bl. 75; Nr. 536/5, Bl. 15 u. Bl. 34. I, 1A, Nr. 547/2, Bl. 192 (O. Vogt an M. Planck, 13.3.1934).

Schröder (Schroeder), Elsbeth
Dr., Medizin

Nach 1933 bis 1.8.1940 wiss. Mitarbeiterin in der Deutschen Forschungsanstalt für Psychiatrie (Kaiser-Wilhelm-Institut), München.

Quelle: MPG-Archiv: I, 1A, Nr. 542/2 (ohne Pagin.).

Schröder, Lore
verh. von Kries
geb. 12.6.1908 Dortmund
Dr., Biologie (Anthropologie)

Besuch der Deutschen Aufbauschule in Dortmund, 1927 Reifeprüfung. Anschließend längerer Auslandsaufenthalt. – Von Wintersemester 1928/29 bis 1929/30 Studium der Naturwissenschaften, vor allem Anthropologie, Zoologie und Botanik an der Universität München (3 Semester), von Sommersemester 1930 bis 1931 (3 Semester) an der Universität Berlin. – Vom 1.10.1931 bis 15.12.1932 Doktorandin im Kaiser-Wilhelm-Institut für Anthropologie, menschliche Erblehre und Eugenik, Berlin-Dahlem. – Prom. am 13.12.1933 Universität Berlin: „Die Frage der Entstehung von Erbschädigung beim Menschen durch Gifte" (79 S.), bei Eugen Fischer, Carl Mannich, angefertigt am Kaiser-Wilhelm-Institut für Anthropologie, menschliche Erblehre und Eugenik. Publ. in der Reihe des Instituts. – Nach 1945 Sekretärin von Fritz Lenz in Göttingen.

Quellen: Archiv HUB: Phil. Fak. Nr. 751, Bl. 117-126. – Lösch (1997), S. 193, S. 228, S. 574.

Schuck, Gertrud
geb. 11.5.1902 Seckmauern, Kreis Erbach, Odenwald
Dr., Chemie

1909 bis 1919 Besuch der Höheren Mädchenschule in Gießen, dann Oberrealschule, hier 1922 Abitur. – Von Sommersemester 1922 bis 1925 Studium der Chemie an der Universität Gießen, Sommersemester 1924 an der Universität München. Rigorosum im Herbst 1927. – Prom. 1928 Universität Gießen: „Beiträge zur Kenntnis basischer Triphenylmethanfarbstoffe" (15 S.), bei Kurt Brand, Dr. K. Elbs. Publ. in: Journal f. praktische Chemie, Bd. 118, 1928, Nr. 4-7. – Im Juli 1928 Nahrungsmittelchemisches Staatsexamen. – Von Juli bis September 1928 ohne Stellung. Von Oktober bis Dezember 1928 bezahlte Tätigkeit als Chemikerin in einem chemischen Untersuchungslaboratorium. Von Januar bis März 1929 ohne Stellung. – Vom 1.4.1929 bis mindestens 1935/36 bezahlte außerplanmäßige Assistentin im Kaiser-Wilhelm-Institut für Lederforschung, Dresden.

Publikationen: In: Gesammelte Abhandlungen des Kaiser-Wilhelm-Instituts für Lederforschung, Bd. IV: 1930-32 (4 Publ.), Bd. V: 1933-36 (2 Publ.).

Patent: Graßmann, Wolfgang, Arthur Miekeley, G. Schuck (Kaiser-Wilhelm-Institut für Lederforschung): Patent-Nr. 708860(28a,1)1661. Verfahren zum Enthaaren von Fellen. 22.10.36.-A1661 (1941).

Quellen: Lebenslauf in der Dissertation. – Boedeker (1935/39). – MPG-Archiv: I, 1A, Nr. 1792/6, Bl. 310 (17.6.1933) u. Bl. 315 (25.7.1933). – Handbuch KWG, 1936, Bd. 1, S. 173 (Assistentin). – Naturwissenschaften, Bd. 18/1930, S. 505; Bd. 19/1931, S. 552; Bd. 20/1932, S. 451; Bd. 21/1933, S. 437; Bd. 22/1934, S. 358. – Parthey (1995). – Patent-Datei Hartung.

Schütza, Irmgard
Dipl.-Ing., Chemie

Vom 16.2.1939 bis vermutlich 1941 Doktorandin im Kaiser-Wilhelm-Institut für physikalische Chemie und Elektrochemie, Berlin-Dahlem.

Quelle: MPG-Archiv: I, 1A, Nr. 541/5, Bl. 110 („Doktorandin").

Schwarz
Frau Dr.
aus Kazan (UdSSR)

Von November bis Dezember 1931 wiss. Gast, zusammen mit ihrem Mann Prof. Dr. L. Schwarz (Universität Kazan), im Kaiser-Wilhelm-Institut für Arbeitsphysiologie, Dortmund.

Quellen: MPG-Archiv: I, 4, Nr. 289 (Personaliabuch, S. 11, Nr. 104). – Naturwissenschaften, Bd. 20/1932, S. 439 (Frau Dr.).

Schwarz, Grete
geb. 24.7.1891 Berlin
Dr. med., Medizin

Vom 26.5.1930 bis 31.3.1931 Mitarbeiterin (Volontärin) im Kaiser-Wilhelm-Institut für Arbeitsphysiologie, Dortmund.

Quellen: MPG-Archiv: I, 4, Nr. 97 (Personallisten, Nr. 68). I, 4, Nr. 289 (Personaliabuch, S. 8, Nr. 68).

Seidl, Ellen
geb. Bonke
geb. 1.12.1914 Frankfurt/M.
Dr., Naturwissenschaft

Nach dem Abitur 1934 Studium der Naturwissenschaften und Promotion 1939 an der Johann-Wolfgang-Goethe-Universität Frankfurt/M. – 1940–1942 Assistentin am Botanischen Institut der Universität Frankfurt/M. – Vom 15.4.1944 bis 31.8.1948 (wiss. Assistentin und)

Bibliothekarin im Kaiser-Wilhelm-Institut für Arbeitsphysiologie in Dortmund bzw. in Bad Ems (Verlagerung). – 1950 ein Sohn geb. – Von 1952 bis mindestens 1969 wiss. Assistentin im Max-Planck-Institut für Arbeitsphysiologie Dortmund. – Publikationen (1956–1969) zu den Wirkungen einiger Substanzen auf Leistungsfähigkeit und Gesundheit sowie zum Einfluß von Ultraviolettbestrahlung auf die Gesundheit.

Quellen: MPG-Archiv: I, 4, Nr. 97 (Personallisten, Nr. 584). I, 4, Nr. 289 (Personaliabuch, S. 42, Nr. 584). Unterlagen des Max-Planck-Instituts für Arbeitsphysiologie, Publikationsliste (1956–1969).

Senftner, Vera
verh. Freifrau von Brand (Vera von Brand)
geb. 2.2.1908 Berlin
Dr. phil. (Chemie) und Dr. med.

Von Ostern 1915 bis Oktober 1921 am Städtischen Charlotten-Lyzeum in Berlin, ab 1921 an der 1. Städtischen Studienanstalt gymnasialer Richtung, hier Ostern 1927 Abitur. – 1927–1928 Studium an der Universität Berlin, zunächst 2 Semester Medizin, 1928–1931 Studium der Chemie, chemischen Technologie und Physik an der Universität Berlin. Im Juli 1929 1. Verbandsexamen, April/Mai 1930 2. Verbandexamen. Von Mai 1930 bis Juli 1931 Arbeit an der Diss. unter Leitung von Wilhelm Traube. – Prom. am 25.7.1932 Universität Berlin: „1. Über die Salze der Cupricellulose. 2. Ein Beitrag zur Kenntnis des Seidenfibroins" (Würzburg 1932 (34 S.)), bei Wilhelm Traube, Wilhelm Schlenk. Widmung: „Meinen lieben Eltern in Dankbarkeit". – 1931–1932 Privatassistentin von Wilhelm Traube am 1. Chemischen Institut der Universität Berlin. – Von 1932 bis Juli 1934 wiss. Mitarbeiterin (Assistentin) im Kaiser-Wilhelm-Institut für Chemie, Berlin-Dahlem, in der Abteilung Otto Hahn. – Juli bis Oktober 1934 Assistentin bei Friedrich Franz Nord (1889–1973) an der Tierärztlichen Hochschule Berlin. – 1934 bis Oktober 1935 Assistentin an der Universität Münster bei Prof. Dr. H. P. Kaufmann am Institut für Pharmazie und chemische Technologie. – Oktober 1935 bis November 1936 Privatassistentin des Vaters (Chemiker Dr. phil., Dr. jur. Georg Senftner), Hilfe bei nahrungsmittelchemischen Arbeiten. – Von November 1936 bis März 1939 wiss. Mitarbeiterin (Assistentin) im Kaiser-Wilhelm-Institut für Silikatforschung (nicht in den Akten vorkommend, vgl. Lebenslauf (1939 und 1953)), in der Abteilung Dr. Blanke, Arbeiten zu Brennstoffelement. – Oktober 1937 Heirat mit R. Freiherr von Brand; Weiterarbeit am Institut. – 1939–1952 wissenschaftlich vor allem in Berlin tätig: Vom 1.4.1939 bis 1944 Assistentin („Gastvolontärin" bzw. „wiss. Gast") am Institut für Strahlenforschung der

Med. Fak. der Universität Berlin unter Walter Friedrich (1883–1968); im Publikationsverzeichnis des Instituts (1926–1944 und 1947–1960) sind keine Veröffentlichungen von ihr enthalten. – 1939–1944 und 1944–1945 bei Prof. Dr. Waldschmidt-Leitz am Organischen Institut der Universität Prag. – 1945–1946 in der chemischen Industrie in Berlin tätig. – 1947–1952 Assistentin bei Alfons Krautwald (1910-) an der II. Medizinischen Klinik der Universität Berlin; 1949–1952 außerdem Medizinstudium, zuerst an der Universität Berlin, ab 1952 an der Universität München. – 1950 Physikum Univ. Berlin, 1953 Staatsexamen Med. Fak. Univ. München; hier 1953 Dr. med.; 1954 am Isotopenlabor der Medizinischen Poliklinik der Universität München; angestrebte Habilitation kam nicht zustande. – 1961 in Hongkong als Ärztin arbeitend.

Patent: Senftner, Vera (Kaiser-Wilhelm-Institut für Chemie) Patent-Nr. 633959 (30h,2). Verfahren zur Herstellung radioaktiver Schokolade. 8.11.31 (1936).

Publikationen: Werner, Otto, u. V. Senftner: Die chemischen Wirkungen der radioaktiven Strahlungen. In: Angewandte Chemie, Bd. 48, H. 23, 1935, S. 331-335. – Senftner, V.: Oberflächenstudien an Eisenoxyden nach der Emaniermethode. In: Z. Physik. Ch. A, 170, 191 (1934).

Quellen: Archiv HUB: Phil. Fak. Nr. 736, Bl. 147-157. UK 960, Bl. 64, 66, 68-68R (Lebenslauf, 1939), Bl. 71. – MPG-Archiv: I, 11, Nr. 351 (Personalliste). III, 14, Nr. 6895 (Brief von Lise Meitner an O. Hahn, 31.3.1933); Nr. 415 (Briefwechsel Senftner – Hahn (1950er Jahre)). – Naturwissenschaften, Bd. 23/1935, S. 427 (Publ. O. Hahn und V. Senftner) – Patent-Datei Hartung. – Archiv BBAW: Nachlaß Walter Friedrich, Nr. 451 (4 Briefe, 1948–1954), Nr. 788 (3 Briefe an sie, 1949–1954), Nr. 283 („Wissenschaftliche Veröffentlichungen aus dem Institut für Strahlenforschung Berlin", 1926–1944, 1947–1960). – Universitätsarchiv der Ludwig-Maximilians-Universität, München: Med. Fak., N-Np-Brand, Vera v. (1953) (Promotionsakten, u. a. Lebenslauf, Sommer 1953).

Slater, Lydia *siehe* **Pasternak**, Lydia

Smakula, Erika
geb. Bunde
Physik

Von 1932 bis 1933 Doktorandin im Kaiser-Wilhelm-Institut für medizinische Forschung, Heidelberg, im Institut für Physik von Karl Wilhelm Hausser. – Verh. mit dessen Assistenten, Dr. A. Smakula.

Quelle: MPG-Archiv: I, 1A, Nr. 1082/19, Bl. 20c (Umfrage in der KWG, 4.2.1933).

Soeken, Gertrud
geb. 14.5.1897 Rostock
gest. 21.10.1978 Berlin
Dr. med., Ärztin, Oberärztin; Abteilungsleiterin (Klinikleiterin) im Kaiser-Wilhelm-Institut für Hirnforschung

Von Ostern 1903 bis Ostern 1911 Besuch der Bierstedtschen Höheren Töchterschule in Rostock; 1911–1915 Stadtschule (Gymnasium) und Februar 1915 Abitur an der Domschule zu Güstrow (humanistisches Gymnasium). – Von Sommersemester 1916 bis Wintersemester 1920/21 Studium der Medizin an den Universitäten Rostock und München. Am 14.5.1921 medizinische Staatsprüfung, am 1.7.1922 Approbation – Prom. am 15.9.1923 Med. Fak. Universität Rostock: „Zur Methodik der Säurenuntersuchungen in der Scheide und einige Resultate" (Masch. 28 S. m. Tafeln). – Vom 1.12.1923 bis 14.5.1932 in der Kinderheilanstalt der Stadt Berlin in Berlin-Buch angestellt, zuerst Volontärassistentin, dann Assistentin, ab 1.12.1926 Oberärztin der inneren Abteilung, Facharzt für Kinderheilkunde. – Vom 15.5.1932 bis 1.4.1934 Assistentin (wiss. Mitarbeiterin) im Kaiser-Wilhelm-Institut für Hirnforschung, Berlin-Buch, in der Nervenklinik. – Vom 1.4.1934 bis 14.5.1935 niedergelassene Fachärztin für Kinderheilkunde in Berlin-Johannisthal. – Vom 15.5.1935 bis 1939 wieder im Kaiser-Wilhelm-Institut für Hirnforschung, Berlin-Buch, tätig; im April und im Mai 1936 Vertreterin des Institutsdirektors Oskar Vogt; Abteilungsleiterin (Leitung der Klinik), außerdem Leitung des Kinderheims für schwererziehbare Kinder in Borgsdorf bei Berlin und Sprechstunden am Kinderkrankenhaus Wedding. – Seit 9.10.1939 niedergelassene Kinderärztin in Berlin. – 1939/40–1949 Chefärztin der Kinderklinik in Berlin-Buch; Aufzeichnungen über die hier gemachten Arbeiten wurden im April 1945 vernichtet und mit DFG-Mitteln 1952/53 rekonstruiert (s. Nachruf). – Als Mitglied der NSDAP seit 1.5.1933 politisch und propagandistisch tätig, 1933 auch aktiv im NSDAP-Ausschuß am Institut; 1937 Mitarbeit im „Rassenpolitischen Amt" im Gau Groß-Berlin; 1938 Jurorin im Reichsbewertungsausschuß des RBWK (Reichsberufswettkampf) (Tagung 26./27.3.1938 in München). Für ihre Beteiligung an NS-Verbrechen im Rahmen der sogenannten Euthanasie nicht zur Rechenschaft gezogen. – Im März 1949 Entlassung von der Stadtverwaltung in Berlin-Ost und Flucht nach Berlin-West. 1949 bis 1962 (Pensionierung) Leitung einer kleinen pädiatrischen Abteilung am Städtischen Krankenhaus in Berlin-Spandau. Wiederaufnahme der wissenschaftlichen Arbeiten mit Unterstützung der DFG. – Ab 1958 in der West-Berliner Spastikerhilfe engagiert, deren 1.Vorsitzende sie war; Mitarbeit im Ausschuß für Seelische Gesundheit am Landes-Gesundheitsamt Berlin; verschiedene Lehraufträge und Veröffentlichung zahlreicher Publikationen (u. a. zur Epilepsie, über Tbc des Kindes, zu Hospitalismus bei Kindern). – 1 Tochter.

Nachruf: Isbert, Heimo: In memoriam Dr. med. Gertrud Soeken. In: Der Kinderarzt, 10 (1979), Heft 2, S. 302 (mit Foto).

Quellen: Lebenslauf in der Dissertation. – Boedeker (1935/39). – R 5500, Hochschulschriften 1929. – Bundesarchiv, Außenstelle Berlin (ehem. „Document Center"). – MPG-Archiv: I, 1A, Nr. 1082/21, Bl. 22a (Umfrage in der KWG, 4.2.1933, hier: Febr. 1933 „von der Stadt Berlin bezahlt"); Nr. 1581/4, Bl. 176-180 (Lebenslauf Bl. 179-180); Nr. 1582/1, Bl. 1 u. Nr. 1582/2, Bl. 28 (April und Mai 1936: Soeken vertritt O. Vogt als Institutsleiter). – Handbuch KWG, 1936, Bd. 1, S. 189 (Abteilungsleiterin). – Naturwissenschaften, Bd. 22/1934, S. 370 (Publ.); Bd. 25/1937, S. 408 (Publ.). – Auskunft Götz Aly.

Sekundärliteratur: Jahrbuch der MPG, 1961, Teil 2, S. 406 und S. 414; vgl. auch S. 416. – Haide Manns (1997), Personenliste, S. 335. – Schwoch (2006). – Vogt (2007).

Solecka, Marja
Dr., Biologie (Gewebezüchtung)

Von 1928 bis 1932 Mitarbeiterin in der Gast-Abteilung Dr. Albert Fischer (Kopenhagen) im Kaiser-Wilhelm-Institut für Biologie (eigentlich im Kaiser-Wilhelm-Institut für experimentelle Therapie und Biochemie), Berlin-Dahlem. (Albert Fischer war Wissenschaftlicher Gast von 1926 bis 1932 und erhielt 1932 von der Carlsberg-Stiftung ein Institut für Gewebezüchtung in Kopenhagen.)

Quellen: Handbuch KWG, 1928, S. 196 („sonstige Mitarbeiterinnen"). – MPG-Archiv: I, 1A, Nr. 2389 und Nr. 2391 (zur Abteilung Fischer).

Sekundärliteratur: Vogt (2005), S. 328, 343.

Sponer, Hertha Dorothea Elisabeth (auch Herta)
verh. Sponer-Franck
geb. 1.9.1895 Neisse (Schlesien, heute Polen)
gest. 17.2.1968 Ilten/Celle
Dr., Prof., Physik

Nach ihrem Physikstudium – und noch vor der Promotion – von 1920 bis 1921 Assistentin im Kaiser-Wilhelm-Institut für physikalische Chemie und Elektrochemie, Berlin-Dahlem, bei James Franck. – Prom. 1921 Universität Göttingen: „Über ultrarote Absorption zweiatomiger Gase". – Ab 1921 Assistentin an der Universität Göttingen, Schülerin und enge Mitarbeiterin von James Franck. 1925 Habilitation in Physik an Universität Göttingen, 1932 n.b.a.o. Prof. Universität Göttingen. 1933/34 ließ sich Sponer beurlauben (noch keine Emigration). – 1934 bis 1936 Universität Oslo. – 1936 Emigration in die USA und Prof. an der Duke University Durham, North Carolina. – Ab 1946 verh. mit James Franck. Nach dessen Tod 1964 Übersiedlung zu Verwandten in die Bundesrepublik Deutschland. Nach langer schwerer Krankheit gestorben. – Sponer war eine der ersten Physikerinnen in Deutschland, die eine angesehene Stellung an der Universität einnahmen. Sie war nach Lise Meitner (1922 in Berlin) und neben Hedwig Kohn (1930 in Breslau) die einzige habilitierte Physikerin in Deutschland zwischen 1919 und 1945. Hertha Sponers Spezialgebiet war die Molekül-Spektroskopie, sie publizierte eine Vielzahl von Artikeln dazu, an der Duke University u. a. mit Edward Teller. Ihre Lehrtätigkeit umfaßte alle Gebiete der modernen Physik. – Schwester Margot Sponer (10.2.1898–1945), Lehrbeauftragte für Spanisch an der Universität Berlin, wurde wegen ihrer Hilfe für Verfolgte noch im April 1945 ermordet.

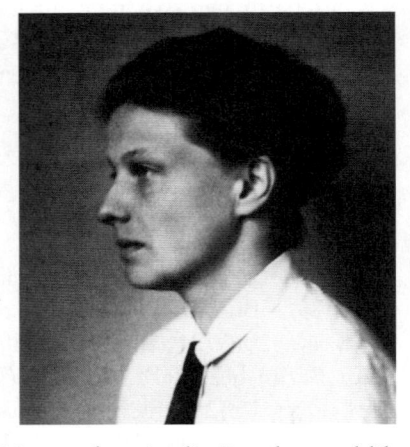

Ehrungen: Seit 2002 vergibt die Deutsche Physikalische Gesellschaft den „Hertha-Sponer-Preis".

Quellen: Lebenslauf in der Dissertation. – Boedeker (1935/39). – Boedeker (1974). – Archiv Universität Göttingen: Promotion, Habilitation, Weggang. – Archive S.P.S.L., Oxford. – List (1936). – Churchill College Archive, Cambridge: Meitner-Nachlaß (Briefwechsel Meitner – Sponer, Meitner – Franck, Meitner – von Laue). – University of Chicago: Joseph Regenstein Library: Franck Papers. – MPG-Archiv: III, 50, Nr. 1899 (1 Brief Herta Sponer-Franck an von Laue, Okt. 1949) – Poggendorff VI, S. 2515; VIIa, S. 465-466. – Biographisches Handbuch der ... Emigration, Vol. II, Part 2, p. 1104.

Sekundärliteratur: Weber-Reich (1993), S. 369-370. – Hund (1996), S. 4-5. – Tobies (1996a), S. 58-78. – Tobies (1996b), S. 89-97. – Maushart (1997). – Lemmerich (1998). – Lexikon der Physik, Bd. 5 (2000), S. 142 (AV). – Ogilvie/Harvey (2000), Vol. 2, pp. 1220-1221. – Denz/Vogt (2005), S. 22-24. – Vogt (2007).

Fotos: MPG-Archiv: VI. Abt., 1. – Niedersächsische Staats- und Universitätsbibliothek, Handschriftenabt., Voitsche Sammlung (s. Abb.). – Maushart (1997). – Tobies (1997), S. 220. – Familienbesitz (2004).

Spuhrmann, Elsbeth
Dr., Chemie

Nach Schulbesuch und Abitur Studium der Chemie. – Prom. 1922 (1923) an der Universität Königsberg: „Beiträge zur Kenntnis der Alkylarsensäuren". – Von 1925 bis zum 1.5.1927 wiss. Mitarbeiterin im Kaiser-Wilhelm-Institut für Silikatforschung, Berlin-Dahlem. – Ab 1927 im höheren Schuldienst tätig.

Quellen: Boedeker (1935/39). – MPG-Archiv: I, 1A, Nr. 2293/1, Bl. 88 (Eitel, Bericht an das Kuratorium); Nr. 2293/3, Bl. 104 (Eitel, Bericht zur Kuratoriumssitzung am 9.3.1928). I, 42, Nr. 398 (Personalbogen, 1925–1927).

Steffens, Christel
geb. 25.9.1913 Oberhausen / Rheinland
Dr. rer. nat., Dr. med., Anthropologie, Medizin

Nach Schulbesuch Ostern 1933 Abitur am Oberlyzeum in Oberhausen. – Ab November 1933 Studium der Anthropologie, Frühgeschichte und Archäologie an der Universität Berlin (7 Semester). – Von 1937 bis 1938 Doktorandin im Kaiser-Wilhelm-Institut für Anthropologie, menschliche Erblehre und Eugenik, Berlin-Dahlem. – Prom. am 25.7.1938 Universität Berlin: „Über Zehenleisten bei Zwillingen", bei Eugen Fischer, Wolfgang Abel. Publ. in: Z. für Morphol. u. Anthropol., 1938, Bd. 37, H. 2, S. 218-258. – Seit Juni 1938 Assistentin im Biologischen Institut der Reichsakademie für Leibesübungen in Berlin. Dann Assistentin am Institut für Erb- und Rassenhygiene Deutsche Karls-Universität Prag. Seit 1943 (?)

wieder in Berlin. – Nach 1945 zunächst Zusammenarbeit mit Hans Nachtsheim in Berlin. Ab 1950 in Heidelberg, 1950–1953 wiss. Mitarbeiterin am Institut für gerichtliche Medizin (Vaterschafts-Gutachten), 1953–1960 Medizin-Studium Universität Heidelberg, ab 1962 wiss. Mitarbeiterin am Institut für Anthropologie und Humangenetik Universität Heidelberg, 1965 Prom. Dr. med.

Quellen: Archiv HUB: Math.-Nat. Fak. Nr. 136, Bl. 69-91. – Lösch (1997), S. 333, S. 574.

Stein, Emmy
geb. 21.6.1879 Düsseldorf
gest. 21.9.1954 Tübingen
Dr., Biologie, Genetik

Zunächst Ausbildung als Gärtnerin in der Gartenbauschule in Berlin-Marienfelde. – Matura (Abitur) in der Schweiz. – Studium der Naturwissenschaften, besonders der Biologie, an den Universitäten in der Schweiz, Tübingen, Heidelberg und Jena. – Prom. 1913 Universität Jena: „Über Schwankungen stomatärer Öffnungsweite", bei Ernst Stahl. – 1914–1917 Einsatz beim Roten Kreuz. – 1917–1940 Assistentin (bis 1929 bei Erwin Baur) am Institut für Vererbungsforschung der Landwirtschaftlichen Hochschule Berlin bzw. ab 1935 der Landwirtschaftlichen Fakultät der Universität Berlin. – Von 1940 bis 1954 im Kaiser-Wilhelm-/Max-Planck-Institut für Biologie, Berlin-Dahlem bzw. Tübingen, zuerst in der Abteilung von Fritz von Wettstein, ab 1948 in der Abteilung von Max Hartmann. – Seit 1921 Veröffentlichungen, u. a. zur Mutationsforschung und Zytologie. – Mit Paula Hertwig und Elisabeth Schiemann an der Vorbereitung des Internationalen Genetiker-Kongresses in Berlin 1927 maßgeblich beteiligt. – Zusammenarbeit mit Hans Stubbe sowie Elena A. und N. V. Timoféeff-Ressovsky. – Arbeiten zur Genetik, besonders zur Mutationsauslösung, zur Strahlengenetik und Pfropfsymbiose. Hat als eine der ersten die Wirkung von Radiumbestrahlung geprüft. – Arbeitete zuletzt an einem Manuskript zur Geschichte des Kaiser-Wilhelm/Max-Planck-Instituts für Biologie.

Nachrufe: Schiemann, Elisabeth: Emmy Stein 1879–1954. In: Der Züchter, 25 (1955), H. 3, S. 65-67. – Schiemann, Elisabeth: Nachruf auf Emmy Stein (1879–1954). In: Berichte der Dt. Botan. Ges. 70 (1957), Bd. LXX, 2 S. (mit Publikationsliste, 1921–1948).

Quellen: MPG-Archiv: III, 30 (Nachlaß Stein). III, 47, Nr. 1425 (Briefwechsel M. Hartmann-Stein, 1941, 1954). – Schiemann (1955, 1957).

Sekundärliteratur: Carstens (1999). – Ogilvie/Harvey (2000), Vol. 2, p. 1225.

Foto: MPG-Archiv, VI. Abt., 1.

Stein, Gertrud
geb. 30.7.1905 Göttingen
Dr., Chemie

Von 1912 bis 1924 Schulbesuch, u. a. private Studienanstalt. 1924 Abitur extern an der Oberrealschule in Hannover. – Ab Wintersemester 1924/25 Chemie-Studium an der Universität Göttingen. 1928–1930 Arbeit an der Diss. bei Adolf Windaus. Unter Universitäts-Lehrern die Physikerin Hertha Sponer genannt. – Prom. 1931 Universität Göttingen: „Über ein krystallisiertes Bestrahlungsprodukt des Ergosterins" (27 S.), bei Adolf Windaus. – Widmung: „Meiner Mutter". – Von 1931 bis zum 31.7.1933 Mitarbeiterin (unentgeltliche Mitarbeiterin, bezahlt als „Zeithilfe") im Kaiser-Wilhelm-Institut für medizinische Forschung, Heidelberg, im Institut für Chemie von Richard Kuhn. – Vom 1.8.1933 bis (mindestens) 1945 wiss. Mitarbeiterin im Forschungs-Laboratorium der I. G. Farbenindustrie in Wolfen (Sachsen-Anhalt).

Quellen: Lebenslauf in der Dissertation. – Boedeker (1935/39). – MPG-Archiv: I, 1A, Nr. 1082/19, Bl. 20d (Umfrage in der KWG, 4.2.1933); I, 1A, Nr. 539/2, Bl. 58 (ab 1.8.1933 bei I. G. Farben, Werk Wolfen) u. Nr. 546/3, Bl. 105. – Naturwissenschaften, Bd. 22/1934, S. 368 (Publ. Alfred Winterstein und Gertrud Stein, 3mal). – Parthey (1995).

Sekundärliteratur: Vogt (2006a), S. 43.

Stern, Toni (Antonie Margarete)
geb. 7.10.1892 Dortmund
gest. nach 1967 in Israel
Dr. (Mathematik)
Staatsbürgerschaft Israel (ab 1948)

Geboren in der Kaufmannsfamilie Siegfried Stern (1855–1930) und Bertha, geb. Bendix (1865–1926), 3 Schwestern. – Abitur am Städtischen Realgymnasium Bonn 1911. – Von Sommersemester 1912 bis 1924 Studium der Mathematik, Physik und Chemie an den Universitäten Bonn (2 Semester), Münster (3), Berlin (1) und Göttingen (insgesamt 13 Semester); Unterbrechungen u. a. durch Kriegsdienst. – Prom. am 10.6.1925 Universität Göttingen: „Bemerkungen über das asymptotische Verhalten von Eigenwerten und Eigenfunktionen", bei Richard Courant. – 1924–1938 in Dortmund lebend, Mitglied der DMV (1926–1939). – Vom 11.11.1929 bis 1.8.1933 wiss. Mitarbeiterin („Volontär-Assistentin"), 1933 wiss. Gast („ständige wiss. Gäste"), im Kaiser-Wilhelm-Institut für Arbeitsphysiologie, Dortmund. – Emigration Winter 1938/1939 nach Palästina, Ankunft im Februar 1939; Schwester Ilse Stern (geb. 1900) seit Oktober 1924 in Shedera; 1967 in Rehovot lebend.

Quellen: MPG-Archiv: I, 1A, Nr. 1082/20, Bl. 21b (Umfrage in der KWG, 4.2.1933); I, 4, Nr. 289 (Personaliabuch, S. 7, Nr. 51). – Naturwissenschaften, Bd. 21/1933, S. 448. – Auskunft Dr. Renate Tobies (12.9.2007) und Tobies (2007), S. 325. – Toepell (1991), S. 370. – Auskunft Dieter Knippschild, Stadtarchiv Dortmund (21.2.2008; 1961–1967 erfolgreiches „Wiedergutmachungsverfahren").

Steudel, Juliane
Dr., Chemie

Vom 1.6.1939 bis mindestens Anfang 1940 wiss. Mitarbeiterin (Assistentin) im Kaiser-Wilhelm-Institut für Lederforschung, Dresden, an den Forschungsarbeiten des Direktors Wolfgang Graßmann beteiligt.

Quelle: MPG-Archiv: I, 1A, Nr. 1797/2 (1940, Verwendungsnachweis über Forschungsarbeiten Prof. Graßmann).

Stobbe, Henni (Henny)
geb. 29.11.1912 Gelsenkirchen
Dr. rer. nat., Chemie

Von 1942 bis 1947 wiss. Mitarbeiterin im Kaiser-Wilhelm-Institut für Metallforschung, Stuttgart, im Institut für Physikalische Chemie der Metalle unter Leitung von Georg Grube, 1944 verlagert nach Schwäbisch Gmünd. – 1949 verheiratet und aus dem Institut ausgeschieden.

Quellen: MPG-Archiv: I, 30, Nr. 414 (Personallisten, 1944–1945). – 25 Jahre Kaiser-Wilhelm-Institut für Metallforschung, 1949, S. 49 (Dank Dr. Helmut Maier).

Stossberg, Margarete
Biologie

Mindestens von 1937 bis 1939/40 wiss. Gast im Kaiser-Wilhelm-Institut für Biologie, Berlin-Dahlem, in der Abteilung von Alfred Kühn. – Sie kam aus Göttingen an das Kaiser-Wilhelm-Institut, 1939/40 war sie in Detmold.

Quellen: Naturwissenschaften, Bd. 26/1938, S. 342-343 (und 2 Publ. angezeigt); Bd. 28/1940, S. 493 (Gast, jetzt „Detmold").

Strathmann, Irmgard
Dr., Chemie

Mindestens vom 15.10.1937 bis 1938 Mitarbeiterin im Kaiser-Wilhelm-Institut für physikalische Chemie und Elektrochemie, Berlin-Dahlem.

Quelle: MPG-Archiv: I, 1A, Nr. 541/5, Bl. 101.

Stubbe, Anna-Elise (auch Anna E.)
geb. 1907
Dr., Biologie

Mindestens von 1932 bis 1933/34 Gast (? Mitarbeiterin) im Kaiser-Wilhelm-Institut für Biologie, Berlin-Dahlem, in der Abteilung von Max Hartmann. – Vermutlich ist A. Stubbe,

1941 im Kaiser-Wilhelm-Institut für Hirnforschung, Berlin-Buch, in der Genetischen Abteilung von N. V. Timoféeff-Ressovsky tätig, mit Anna-Elise Stubbe identisch. – Mit Fürsprache von Erwin P. Freundlich (1885–1964), der ihr aus dem Exil in St. Andrews (Schottland) schrieb, bewarb sich „Dr. Anna Stubbe" 1952 bei Hermann Kuckuck (1903–1992) sowie im Februar 1953 bei Prof. Walter Koch am Institut für Tierzucht und Erbpathologie der FU Berlin als Assistentin für genetische Arbeiten; M. v. Laue empfahl sie auf Grund der Einschätzung von E. Freundlich.

Quellen: Naturwissenschaften, Bd. 21/1933, S. 439 (Gast); Bd. 29/1941, S. 451 (Publ. A. Stubbe, Genetische Abt.). – Parthey (1995). – MPG-Archiv: III, 50, Nr. 1952 (Briefe, Stubbe – v. Laue, 1952–1953, hier: Dr. Stubbe, Anna E.).

Süss, Susanne
Dr. phil., Chemie

Mindestens vom 1.9.1939 bis 1940 Assistentin im Kaiser-Wilhelm-Institut für physikalische Chemie und Elektrochemie, Berlin-Dahlem.

Quelle: MPG-Archiv: I, 1A, Nr. 541/5.

Szpingier, Gertrud (Luise)
verh. Henle, Gertrude
geb. 3.4.1912 Mannheim
gest. 1.9.2006 Philadelphia, Pennsylvania (USA)
Dr., Prof., Medizin, Virusforschung, Onkologie; Mitglied der Leopoldina
Staatsbürgerschaft USA nach 1945

Tochter des Beamten Theophil S. (1878–1928) und von Leonore Baumgart (1899–1943), Besuch der Elisabeth-Oberrealschule in Mannheim 1921–1931, hier 1931 Abitur. Vom Sommersemester 1931 bis 1936 Studium der Medizin an der Universität Heidelberg. Promotionsprüfung am 19.10.1936 in Innere Medizin, Pathologie und Kinderheilkunde (Gesamtnote sehr gut). – Vom 1.7.1935 bis 1.1.1936 Doktorandin im Kaiser-Wilhelm-Institut für medizinische Forschung, Heidelberg, im Institut für Pathologie bei Ludolf von Krehl. – Dissertation: „Der Stoffwechsel des isolierten Fettgewebes", Gutachter L. v. Krehl (sehr gut). Publ. (mit Werner Henle) in: Naunyn-Schmiedebergs Archiv für experimentelle

Pathologie und Pharmakologie, Bd. 180, H. 5/6, 1936, S. 672-689. Die Arbeit begann sie im Institut für Pathologie gemeinsam mit Werner Henle (1910–1987) und stellte sie nach dessen „Abreise" (d. h. seiner Emigration in die USA) allein fertig. Die Promotionsurkunde erhielt sie jedoch erst 1948. – Emigration zu ihrem Verlobten in die USA 1937; Heirat mit Werner Henle 1937. – Gertrude Henle war immer an der University of Pennsylvania tätig: ab 1937 am Microbiology Department, 1941–1982 associate professor of virology und member of the research staff at the Children's Hospital of Philadelphia. – Gertrude und Werner Henle waren ein Forscher-Ehepaar auf dem Gebiet der Virusforschung und Onkologie, sie arbeiteten und publizierten zusammen u. a. über das Epstein-Barr Virus und entwickelten den „Henle"-Test.

Ehrungen: 1971 Robert-Koch-Preis an Gertrude und Werner Henle; 1979 Mitglied der Deutschen Akademie der Naturforscher Leopoldina, Halle/S.; Mitglied der American Academy of Microbiology; Mitglied der Tissue Culture Association; Mitglied der Society for American Microbiologists.

Nachrufe: Levy, Jay A.: In memoriam Gertrude S. Henle (1912–2006), in: Virology 358, Issue 1, 5 February 2007, pp. 248-250. – Dr. Henle, Pediatrics. In: University of Pennsylvania, Almanac, September 19, 2006, Vol. 53, No. 4, mit Foto (internet, 25.9.2007).

Quellen: MPG-Archiv: I, 1A, Nr. 539/4, Bl. 164 (hier fälschlich: Szpringier). – Universitätsarchiv Heidelberg: StudA 1930/40 Gertrud Szpingier (2 Blatt, ohne Pagin.); H-III-862/76, Bl. 375-380; Auskunft des Archivs, 6.9.2005. – Archiv Leopoldina (15.9.2005). – Biographisches Handbuch der ... Emigration, Vol. II, Part 1, p. 489. – USA, National Library of Medicine (NLM), National Institutes of Health: Werner and Gertrude Henle Papers, 1955–1987. – Leopoldina Jahrbuch 1992, S. 51-53. – Levy (2007). – University of Pennsylvania, Almanac, September 19, 2006, Vol. 53, No. 4.

Sekundärliteratur: Vogt (2006a), S. 21 u. S. 45.

Foto: Gedenkbuch KWG (2008), Abb. 26, S. 410.

T

Tenenbaum, Estera (Esther)
geb. 27.1.1904 Warschau
gest. 1963 Jerusalem
Dr., Biologie, Prof.; Genetik, Krebsforschung
Staatsbürgerschaft Polen, dann Israel

Besuch des Mädchengymnasiums in Lodz (Polen) und hier 1921 Reifezeugnis. – Von 1921 bis März 1923 Studium der Naturwissenschaften an der Universität Krakau. – Seit Mai 1923 in Berlin lebend. Fortsetzung des Studiums, vor allem Zoologie und Botanik, an der Universität Berlin. Oktober 1925 „Ergänzungsprüfung für Ausländerinnen". – Prom. am 24.7.1929 Universität Berlin: „Beiträge zur vergleichenden Anatomie der Hautdrüsen der einheimischen anuren Batrachier auf ökologischer Grundlage" (Stuttgart 1930), bei Richard Hesse, Carl Zimmer. Publ. in: „Zoologica", Heft 78, S. 5-56 und Tafeln. In Diss. Dank an Kaiser-Wilhelm-Institut für Hirnforschung, Berlin-Buch, für apparative Unterstützung. – Studienfreundin von Marthe Vogt. – Vom 1.7.1929 bis zum November 1934 Assistentin (1933–1934 Stipendiatin) im Kaiser-Wilhelm-Institut für Hirnforschung, Berlin-Buch, in der Genetischen Abteilung von N. V. Timoféeff-Ressovsky. Hier Arbeiten zur Variabilität der Fleckengrößen von und Nachweis der Entdeckung der Manifestationsbeeinflussung der Flekken auf den Flügeldecken der Marienkäfer. – Wegen der im Frühjahr erfolgten NS-Angriffe gegen Estera Tenenbaum von 1933 bis 1934 mit einem Stipendium der Rockefeller Foundation im Kaiser-Wilhelm-Institut für Hirnforschung. – Im November 1934 Emigration nach Palästina. – Vom 1. Oktober 1935 bis zum Tode 1963 an der Hebrew University in Jerusalem (Palästina, ab 1948 Israel) tätig: zuerst Laborantin, 1936 Junior Assistant, 1940 Departmental Assistant, 1951 Instructor und seit 1959 Lecturer in Experimental Pathology; ab 1951 im Department of Experimental Medicine and Cancer Research, Leitung Jack Gross. – Herbst/Winter 1951 dreimonatige Studienreise nach Frankreich (Paris) und Großbritannien (London, Cambridge und Edinburgh), Wiedersehen mit Marthe Vogt. Sept. 1955 bis März 1957 Forschungsaufenthalt in den USA am California Institute of Technology in

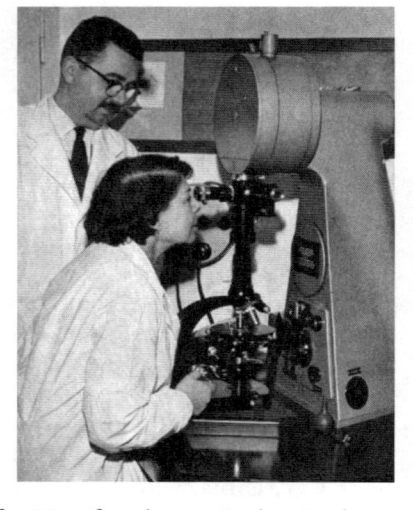

Pasadena, hier Forschungen bei Renato Dulbecco und Marguerite Vogt, u. a. zur Kultur von Nervenzellen. Arbeiten zur Zellforschung und zur Virologie, außerdem zur Ophthalmologie. – Publikationen, u. a. in „Nature", unter Esther Tenenbaum. – Gestorben nach einem Herzinfarkt in Jerusalem.

Quellen: Archiv HUB: Phil. Fak. Nr. 687, Bl. 153-164. – MPG-Archiv: I, 1A, Nr. 1082/21, Bl. 22 und Bl. 22a-22c (Umfrage in der KWG, 4.2.1933, hier: „von Prof. Oskar Vogt bezahlt", 7.2.1933). I, 1A, Nr. 536/3, Bl. 65 (O. Vogt an Friedrich Glum, 16.9.1933). I, 1A, Nr. 547/2, Bl. 192 (O. Vogt an Max Planck, 13.3.1934). – Naturwissenschaften, Bd. 19/1931, S. 490-493 (Artikel); Bd. 19/1931, S. 543 (Publ. E. Tenenbaum); Bd. 21/1933, S. 426 (über Tenenbaum und ihre Ergebnisse); Bd. 22/1934, S. 370 (über Tenenbaum); Bd. 23/1935, S. 444 (Publ. E. Tenenbaum). – Archiv BBAW: Teil-Nachlaß O. Vogt, Nr. 190 (O. Vogt an Lina Stern, 30.10.1932, wegen eines geplanten Aufenthalts von E. Tenenbaum am Institut für Physiologie von Lina Stern in Moskau) (= Vogt-Archiv Düsseldorf, Bd. 27). – Hebrew University Jerusalem: Hubert H. Humphrey Center for Experimental Medicine and Cancer Research, The Hebrew University, Hadassah Medical School, Jerusalem. Dank an Tova Cohen (Jerusalem) für Auskünfte, Dank an Ohad Parnes für Auskünfte. – Interviews Natalie Kromm mit Annette Vogt, 1998 und 1999. – C.- u. O. Vogt-Archiv: Briefwechsel E. Tenenbaum mit C. und O. Vogt, 1931–1937 und 1951–1959 (u. a. Zeugnisse bzw. Bescheinigungen von O. Vogt für/über E. Tenenbaum, 16.11.1934 (Bd. 106), 29.8.1937 (Bd. 100) und 3.2.1958 (Bd. 76 u. Bd. 219)).

Sekundärliteratur: Hassler (1970), S. 45-64. – Timofeev-Resovskij (1995), S. 188 (Russ.). – Jahn (1998), S. 970 (Kurzbiographie von AV). – Ogilvie/Harvey (2000), Vol. 2, p. 1274. – Vogt (2002a), S. 65-88. – Vogt (2005), S. 329, 333-334, 337-339, 343. – Vogt (2007).

Fotos: Privat (Frau Kromm) – MPG-Archiv VI. Abt., 1: Kaiser-Wilhelm-Institut für Hirnforschung, Gruppenfoto (Vgl. Frontispiz)

Thiel, Ursula
geb. 14.4.1917
Physik

Vom 1.9.1938 bis 22.5.1940 wiss. Mitarbeiterin im Kaiser-Wilhelm-Institut für Chemie, Berlin-Dahlem.

Quelle: MPG-Archiv: I, 11, Nr. 351 (Personalliste).

Timoféeff-Ressovsky, Elena Aleksandrovna (Helene A.)
(auch: Timofeev-Resovskaja)
geb. Fidler (auch Fiedler)
geb. 8. (21.) 6.1898 Moskau
gest. 29.4.1973 Obninsk bei Moskau
Dr., Genetik
Staatsbürgerschaft Rußland bzw. UdSSR

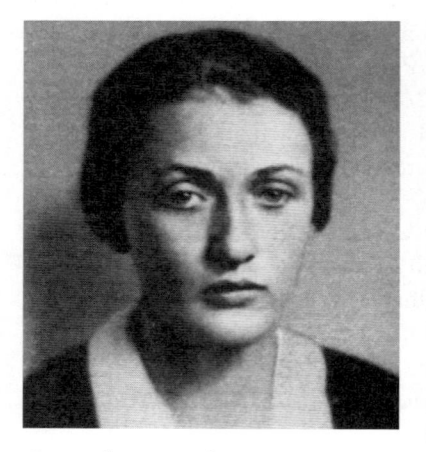

Nach Besuch der Höheren Mädchenschule und des Gymnasiums Abitur 1917 am Al'ferovskij-Gymnasium in Moskau. – 1917–1921/22 Studium der Biologie, darunter Zoologie, vergleichende Morphologie und Genetik, in Moskau, Schülerin von N. K. Kol'cov (1872–1940) (auch Koltzoff). – Während des Bürgerkrieges zu einer Expedition im Süden und auf der Krim. – 1922–1925 Mitarbeiterin im Institut für Experimentelle Biologie von Kol'cov, in der Genetischen Abteilung von Sergej S. Cetverikov (1880–1959) (auch Tschetwerikoff oder Chetverikov), in Moskau. – Seit Mai 1922 verh. mit Nikolaj Vladimirovich (N. V. bzw. N. W.) Timoféeff-Ressovsky (1900–1981), ebenfalls Mitarbeiter bei Cetverikov. 2 Söhne, Dmitrij (11.9.1923 – 1.5.1945 erschossen KZ Mauthausen) und Andrej (geb. 9.4.1927). – Vom Frühsommer 1925 bis 1933/34 und (mindestens) vom Herbst 1942 bis 1945 (offiziell) wiss. Mitarbeiterin (Assistentin) im Kaiser-Wilhelm-Institut für Hirnforschung, Berlin-Buch, in der 1937 verselbständigten Genetischen Abteilung unter Leitung ihres Ehemannes. Zwischen 1933/34 und 1940/42 inoffiziell tätig (wegen der NS-Angriffe gegen das Ehepaar im Frühjahr 1933). – Das Forscher-Ehepaar Timoféeff-Ressovsky arbeitete zur Mutationsforschung und zur Strahlengenetik, vor allem zur Drosophila. Elena A. Timoféeff-Ressovsky publizierte (in Deutschland unter Helene A.) gemeinsam mit ihrem Mann, mit Sergej Romanovich Zarapkin (1892-ca.1958) sowie Hans-Joachim Born (1909–1987). Sie waren mit Abhandlungen sowohl auf dem 5. Internationalen Genetiker-Kongreß 1927 in Berlin als auch auf dem 6. Kongreß 1931 in Ithaka (USA) beteiligt. – Von Mai 1945 bis Sommer 1947 lebte E. A. Timoféeff-Ressovsky in Berlin-Buch, zuerst als wiss. Mitarbeiterin im Rest-Institut, kurzzeitig im November 1945 von der SMAD als „Direktorin des Restbestandes der genetischen Abteilung" eingesetzt. Nach Verhaftung von N. V. Timoféeff-Ressovsky durch das NKWD zeitweilig arbeitslos und unterstützt durch Care-Pakete amerikanischer Kollegen. Vom 1.5.1946 bis zum 30.6.1947 Assistentin im Zoologischen Institut der Berliner Universität, in der Abteilung von Hans Nachtsheim (1890–1979). – Im Sommer 1947 Rückkehr in die UdSSR. 1947 bis 1955 wiss. Mitarbeiterin im „Objekt 0215" in Sungul (Zungul)/Ural, im Rahmen des sowjetischen Atombombenprojekts. E. A. Timoféeff-Ressovsky arbeitete vor allem zu Fragen der Dekontaminierung radioaktiv verseuchten Bodens und Wassers. Außerdem Gehilfin ihres Mannes, der infolge der Haft kaum noch lesen konnte. – 1955 bis 1964 wiss. Mitarbeiterin in der Abteilung für Radiobiologie und Biophysik des Instituts für Biologie der Uraler Filiale der AdW der UdSSR in Sverdlovsk-Vtusgorodok (Sverdlovsk seit 1991 wieder Ekaterinburg) unter Leitung von N. V. Timoféeff-Ressovsky. – Ab 1956 wieder Publikationen in russischsprachigen Zeitschriften möglich. In der Uraler Filiale Habilitation mit mehreren Arbeiten zur Dekontaminierung radioaktiv verseuchten Süßwassers (Sammelband, erschienen 1963). – Von 1964 bis zu ihrem Tod 1973 mit N. V. Timoféeff-Ressovsky in Obninsk, Gebiet Kaluga, er leitete hier die Abteilung Radiobiologie und Genetik im Institut für Medizinische Radiologie, in der sie – als Pensionärin – mitarbeitete. – Elena A. Timoféeff-Ressovsky wurde bisher in der Literatur als Wissenschaftlerin „vergessen", obwohl sie gemeinsam mit ihrem Mann publizierte, sowohl von 1925 bis 1945 als auch ab 1955 in der UdSSR. Beide waren ein klassisches Forscher-Ehepaar.

Quellen: MPG-Archiv: I, 1A, Nr. 1589/3, Bl. 27-28 (Kuratoriumssitzung 2.6.1931, N. V. T-R wird Abteilungsleiter). I, 1A, Nr. 1084/7 (Liste ausländischer Beschäftigter in der Genetischen Abteilung, 3.10.1942). – Handbuch KWG, 1928, S. 201 (Assistentin). – Handbuch KWG, 1936, Bd. 1, S. 189 (Volontärassistentin). – Verweise auf H. A. Timoféeff-R. in Naturwissenschaften, Bd. 13/1925, S. 1061 bis Bd. 25/1937, S. 409; hier jährlich Mitteilungen bzw. Artikel (18/1930, 19/1931, 20/1932, 21/1933); und wieder ab Naturwissenschaften, Bd. 28/1940. Im Einzelnen: Naturwissenschaften, Bd. 14/1926, S. 1245 (Publ H. A. und N. V. Timoféeff-R.); Bd. 16/1928, S. 437 (Publ.); Bd. 18/1930, S. 431-434 (Artikel H. A. Timoféeff-R.) sowie Bd. 18/1930, S. 495; Bd. 19/1931, S. 765-768 (Artikel H. A. Timoféeff-R.) sowie Bd. 19/1931, S. 543; Bd. 20/1932, S. 384-387 (Artikel H. A. Timoféeff-R.) sowie Bd. 20/1932, S. 441; Bd. 21/1933, S. 449-450 (Artikel H. A. Timoféeff-R.) sowie Bd. 21/1933, S. 449; Bd. 22/1934, S. 370 (Publ. angezeigt); Bd. 23/1935, S. 444; Bd. 25/1937, S. 409 (3 Artikel genannt); wieder in Bd. 28/1940, S. 253-254 (Originalmitteilung); Bd. 29/1941, S. 452. – Archiv BBAW: Nachlaß Stubbe: Nr. 4 (Aushang, 17.9.1945); Nr. 94 (Bericht vom 27.11.1945); Nr. 43 (Stubbe an Hans Bauer, 4.3.1947, über Timoféeffs). – Archiv HUB: Personalia, Karteikarte, Elena A. Timoféeff-Ressovsky (1946–1947). Studenten-Matrikel von Dmitrij N. Timoféeff-Ressovsky (1941–1942). Studenten-Matrikel von Andrej N. Timoféeff (1946–1947). – American Phil. Society, Philadelphia: Nr. 294 (Briefwechsel N. V. Timoféeff-Ressovsky – M. (Milislav) Demerec, Cold Spring Harbor, 1936; Briefwechsel H. A. Timoféeff-Ressovsky – M. Demerec, 1946). – Interviews (AV) mit Natalie Kromm, 1998, 1999, 2000. – Interviews (AV) mit Andrej N. Timoféeff, 1998, 1999, Sept. 2000, Okt. 2002. – Bibliographie der Arbeiten von Elena A. Timoféeff-Ressovsky in: Satzinger/Vogt (1999), S. 41-45 bzw. (2001), S. 554-557.

Sekundärliteratur: Granin (1988). – Riehl (1988), S. 53-63 (über Sungul). – Glass (1990). – Timofeev-Resovskij (1995), S. 117-119 und S. 376. – Vonsovskij (1998). – Jahn (1998), S. 973 (Kurzbiographie von AV). – Vogt (1998a). – Katalog Tiergarten (1999), S. 106-107. – Vogt (2000d). – Katalog Karlshorst (2001), S. 156-161. – Satzinger/Vogt (1999) bzw. Satzinger/Vogt (2001), S. 442-470 u. S. 553-560 (Anm.). – Ogilvie/Harvey (2000), Vol. 2, pp. 1290-1291. – L. Pasternak (2002), S. 16-18. – Babkov/Sakanjan (2002). – Rokitjanskij (2003). – Vogt (2005), S. 329, 333-334, 343. – Vogt (2006b). – Vogt (2007).

Fotos: MPG-Archiv, VI. Abt., 1. – Privatarchiv Timoféeff (s. Abb.). – Katalog Karlshorst (2001). (Vgl. auch Frontispiz)

Tolksdorf, Sibylle
verh. Cohn-Tolksdorf (1932)
geb. 4.9.1900 Berlin
gest. nach 1970 New Jersey (USA)
Dr., Chemie, Ultrarotforschung, Biochemie

Nach Besuch der Schule 1921 Reifeprüfung an real-gymnasialer Studienanstalt in Berlin-Steglitz (im Lebenslauf zur Promotion keine Angaben zu den Eltern). – Ab 1921 Studium der Chemie, Physik und chemischen Technologie (8 Semester) an der Universität Berlin. Herbst 1924 Verbandsexamen. – Von Herbst 1924 bis 1927 im Kaiser-Wilhelm-Institut für Faserstoffchemie, Berlin-Dahlem, tätig: von Herbst 1924 bis Herbst 1925 wiss. Hilfskraft, röntgenographische Arbeiten mit Privatdozent Dr. Hermann Mark (1895–1992); von Herbst 1925 bis (mindestens Juli) 1927 Doktorandin in der Ultrarotabteilung unter Leitung von Gerda Laski. – Promotionsprüfung Phil. Fak. Universität Berlin am 28.7.1927. – Prom. am 22.5.1928 Universität Berlin: „Untersuchung der ultraroten Eigenschwingungen binärer Oxyde (BeO, MgO, CaO, ZnO)" (24 S.) bei Fritz Haber, Max Bodenstein, angefertigt bei Gerda Laski am Kaiser-Wilhelm-Institut für Faserstoffchemie. – Von 1927 bis 1930 vermutlich wiss. Gast im Kaiser-Wilhelm-Institut für Silikatforschung, Berlin-Dahlem. – Um

1932 Heirat mit dem Physikochemiker Dr. Willi M. Cohn (zeitweilig ebenfalls am Kaiser-Wilhelm-Institut für Silikatforschung; ab 1934 an der University of California, Berkeley, USA); zusammen 1930 1 Publ. – 1931/1932 Mitarbeit („auswärtige Mitarbeiterin") an „Gmelins Handbuch der organischen Chemie", 8. Aufl., Berlin 1931 und 1932. – Um 1934/35 Emigration in die USA. Von 1938 bis ca. 1941 Mitarbeiterin im Squibb Institute for Medical Research (gegründet 1938) in New Brunswick, New Jersey; hier 1939/40 im Biochemistry Laboratory. Ab 1941 Mitarbeiterin im Chemical Research Laboratory der Schering Corporation (1928/29 als amerikanische Tochter der Schering AG gegründet, mit Kriegsbeginn unabhängig als Schering Corporation, seit 1971 Schering-Plough Corporation) in Bloomfield, New Jersey; hier 1960/61 Senior Biochemist. – Tolksdorf publizierte in den USA in verschiedenen Zeitschriften mit mehreren Kollegen Artikel zur Biochemie. Für den Band „Methods of Biochemical Analysis" (Vol. 1, 1954) verfaßte sie das Kapitel „The in vitro Determination of Hyaluronidase".

Publikationen (in Deutschland): Mark, H. u. S. Tolksdorf: Über das Beugungsvermögen der Atome für Röntgenstrahlen. In: Z. f. Physik, 33 (1925), 681. – Noethling, W. u. S. Tolksdorf: Die Kristallstruktur des Hafniums. In: Z. für Kristall, 62 (1925), 255. – Laski, G. u. S. Tolksdorf: Eine einfache Absorptionsmethode im Ultrarot. In: Naturwissenschaften, Bd. 14/1926, 488. – Laski, G. u. S. Tolksdorf: Beitrag zur Ultrarot-Physik. In: Handbuch der Physik. – Tolksdorf, S.: Gerda Laski (Nachruf). In: Physik. Z. 30 (1929) Nr. 13 (1.7.1929), 409-411. – Cohn, W. M., u. S. Tolksdorf: Die Formen des Zirkondioxyds in Abhängigkeit von der Vorbehandlung. In: Z. ph. Ch. Abt. B 8 (1930), H. 5.

Quellen: Archiv HUB: Phil. Fak. Nr. 670, Bl. 104-117. – Archiv MPG: (nicht in Personallisten, nicht in Akten, auch nicht des KWI für Silikatforschung). – Archiv BBAW: Nachlaß Walter Friedrich Nr. 283 („Wissenschaftliche Veröffentlichungen aus dem Institut für Strahlenforschung Berlin", 1926–1944) und Nr. 286 (Jubiläumsvorbereitungen; Hans Schreiber an W. F., 6.9.1954, Anfrage nach den Adressen von S. Cohn-Tolksdorf und W. Cohn). – Naturwissenschaften, Bd. 14/1926, S. 488 (Publ. Laski/Tolksdorf); Bd. 19/1931, S. 554 (Publ. unter Kaiser-Wilhelm-Institut für Silikatforschung).

Foto: MPG-Archiv: VI. Abt., 1: KWI für Silikatforschung.

Torres, Isabel
Dr., Biochemie
Santander
Staatsbürgerschaft Spanien

Mindestens von 1935 bis 1936 „sonstige wiss. Mitarbeiterin" und von 1936/37 bis 1937/38 wiss. Gast im Kaiser-Wilhelm-Institut für medizinische Forschung, Heidelberg, im Institut für Physiologie von Otto Meyerhof.

Quellen: Torres, Isabel. In: Bioch. Z. 280 (1935), 114. – Handbuch KWG, 1936, Bd. 1, S. 186 („sonstige wiss. Mitarbeiter"). – Naturwissenschaften, Bd. 24/1936, S. 43; Bd. 25/1937, S. 406.

U

Ubisch, Gerta (Gertrud) von
geb. 3.10.1882 Metz
gest. 31.3.1965 Heidelberg
Dr., Prof., Biologie, Pflanzengenetik

Geboren in der Offiziersfamilie von Edgar von Ubisch (1848–1927) erhielt sie die höhere Schulbildung und begann 1905 das Studium. Bis 1911 Studium der Physik, Biologie und Chemie an den Universitäten Heidelberg, Freiburg i. Br., Straßburg. – 1911 Prom. Universität Straßburg (über Natrium-Dämpfe). – Von 1914 bis zum 1.8.1915 Assistentin im Kaiser-Wilhelm-Institut für Biologie, Berlin-Dahlem, in der Abteilung von Carl Correns (nicht bis 1918/19). – 1915–1921 verschiedene Anstellungen, u. a. in privaten Pflanzenzuchtbetrieben sowie im Institut für Vererbungswissenschaft der Landwirtschaftlichen Hochschule Berlin. – Ab 1921 Assistentin Universität Heidelberg, bei Ludwig Jost (1865–1947). 1923 Habilitation im Fach Genetik – als erste Frau in Baden – an der Universität Heidelberg, hier 1929 n.b.a.o. Prof. – 1933 (endgültig 1935) wegen der NS-Gesetzgebung entlassen; Ludolf von Krehl setzte sich 1933 für sie ein. – 1933 Emigration: 1933 Universität Utrecht, 1934 Schweiz, 1934/35 bis 1938 Schlangenseruminstitut São Paulo; ab 1938 untergeordnete Arbeiten in Brasilien. – Nach 1945 erfolgloser Versuch in Norwegen, wohin ihr Bruder Hans von Ubisch (1914–2001), Physiker, emigriert war, eine Existenz aufzubauen, danach erneut in Brasilien. – Im Mai 1952 Rückkehr nach Heidelberg, wo sie von der Universität auf Grund des sogen. Wiedergutmachungsverfahrens erst ab 1956 ein „Ruhegehalt" erhielt. – Von Ubisch arbeitete u. a. über Kopplungsverhältnisse bei Gerste, zur Heterostylie und zur unregelmäßigen Geschlechterverteilung von Antennaria. – In Heidelberg ist eine Straße nach ihr benannt.

Autobiographisches: von Ubisch, Gerta. Aus dem Leben einer Hochschuldozentin. (3 Folgen) In: Mädchenbildung und Frauenschaffen, 6 (1956) H. 10, S. 413-422, 6 (1956) H. 11, S. 498-507 und 7 (1957), H. 1, S. 35-45.

Quellen: MPG-Archiv: I, 1A, Nr. 1552, Bl. 84R (Gehaltslisten, 1915, Nr. 17); I, 1A, Nr. 1552, Bl. 103 u. 104. I, 1A, Nr. 2563/2, Bl. 31 (Telegramm von L. v. Krehl an die Generalverwaltung, 6.7.1933) u. Bl. 32 (Antwort von F. Glum). III, 50, Nr. 2025 (Briefwechsel Hans von Ubisch – von Laue, 1946–1949, 1981) – Archiv Universität Heidelberg: zur Habilitation, zur Entlassung, zur „Wiedergutmachung"; Teil-Nachlaß. – Archive S.P.S.L., Oxford: personal file. – List (1936). – Churchill College Archive, Cambridge: Meitner-Nachlaß, MTNR 5/19 (Briefwechsel Meitner – Ubisch). – Boedeker (1935/39). – Boedeker (1974). – American Phil. Society, Philadelphia: L. C. Dunn Papers (1 Brief, 20.5.1933).

Sekundärliteratur: Deichmann (1993), S. 378-379 (mit Fehler bzgl. KWI-Anstellung). – Deichmann (1997), S. 229-232. – Boedeker (1974), S. 23 (Kurzbiographie). – Fellmeth/Hosseinzadeh (1998), S. 207-214 (Kurzbiographie). – Ogilvie/Harvey (2000), Vol. 2, pp. 1312-1313.

Foto: Fellmeth/Hosseinzadeh (1998), S. 207.

V

Voelker, Johanna
geb. 4.7.1904 Jena
Dr., Physik (Physikalische Chemie)

In Jena Besuch des Lyzeums und der Städtischen Studienanstalt, hier 1924 Abitur. – Ab 1924 Studium der Naturwissenschaften, besonders der Physik an der Universität Jena. – Prom. 1929 Universität Jena: „Die Magnet-Charakteristiken eines Drei-Elektrodenrohres" (34 S.), bei Abraham Esau, angefertigt im Technisch-Physikalischen Institut der Universität Jena. Widmung: „Meinen lieben Eltern". – Vom 1.3.1930 bis zum 29.2.1932 wiss. Mitarbeiterin im Kaiser-Wilhelm-Institut für Silikatforschung, Berlin-Dahlem: vom 1.3.1930 bis zum 31.3.1931 als Redakteurin, vom 1.4.1931 bis zum 29.2.1932 als wiss. Mitarbeiterin. Ihr oblag die Aufgabe der Redaktion des Tabellenwerkes über die Physikalisch-chemischen Konstanten der Gläser; ab 1931 war sie Redakteurin des Tabellenwerks und Verwaltungs-Assistentin des Instituts. Wegen der angespannten Finanzlage des Kaiser-Wilhelm-Instituts mußte sie am 29.2.1932 ausscheiden (vgl. Zeugnis).

Quellen: Lebenslauf in der Dissertation. – Boedeker (1935/39). – MPG-Archiv: I, 42, Nr. 423 (Personalbogen 1930–1932). I, 1A, Nr. 2293/6, Bl. 152-153 (Eitel, zum 23.6.1930); Nr. 2294/1, Bl. 15 (Eitel, zum 5.5.1931).

Vogel, Berta
verh. Vogel Scharrer (Berta V. Scharrer)
geb. 1.12.1906 München
gest. 23.7.1995 New York
Dr., Biologie, Neurobiologie; Akademiemitglied
Staatsbürgerschaft Deutschland, ab 1945 USA

Besuch der Volksschule München, danach des städtischen Mädchenrealgymnasiums München, hier März 1926 Reifeprüfung. – 1926–1930 Studium der Naturwissenschaften, insbesondere Zoologie, Botanik und Geologie, an der Universität München. – Prom. 1930/1931 Universität München: „Über die Beziehungen zwischen Süßgeschmack und Nährwert von Zuckern und Zuckeralkoholen bei der Honigbiene", bei Karl von Frisch, Richard Hertwig. – Von 1931 bis 1934 Stipendiatin in der Deutschen Forschungsanstalt für Psychiatrie (Kaiser-Wilhelm-Institut), München, in der Abteilung für Spirochaetenforschung von Franz Jahnel bzw. bei Walter Spielmeyer. – 1934–1937 in Frankfurt/M., 1934 Heirat mit Ernst Albert Scharrer (1905–1965), Direktor des Edinger-Instituts für Hirnforschung, sie arbeitet unbezahlt hier; im Sommer 1935 und 1936 in der Zoologischen Station Neapel. – 1937 Emigration in die USA, zuerst 1937 mit einem Rockefeller Stipendium für Ernst Scharrer an die University of Chicago. 1938–1940 in New York unbezahlte Tätigkeit im Laboratorium von Herbert Gasser am Rockefeller Institute for Medical Research. 1940–1946 an der Western Reserve University Ohio, Ernst Scharrer als assistant professor, Berta Scharrer als instructor and fellow. – 1946–1955 an der University of Colorado, Medical School Denver, Ernst Scharrer als associate professor, Berta Scharrer als instructor (unbezahlt); Berta Scharrer gewann ein Guggenheim Fellowship für 1947/48, danach eins vom US Public Health Service, 1950 assistant professor (ohne Gehalt). – 1955–1978 Berufung beider an das neu gegründete Albert Einstein College of Medicine, Bronx, New York; Ernst Scharrer als chair of the Department of Anatomy, Berta Scharrer als full professor, 1978 emeritiert und Weiterarbeit bis 1995. – Scharrers waren ein klassisches Forscher-Ehepaar, das von 1931 bis 1965 zusammen arbeitete, zuerst auf dem Gebiet der Spirochaetenforschung, danach der Neuroforschung und besonders der Neuroendokrinologie. 1963 erschien ihr Haupt-Werk „Neuroendocrinology". Nach dem Tod Ernst Scharrers wandte sich Berta Scharrer den Forschungen mit dem Elektronenmikroskop zu und untersuchte u. a. die Feinstruktur von Nervensystemen bei Insekten. – 1978–1979 war sie president der American Association of Anatomists; sie war außerdem in den Herausgeber-Gremien der Zeitschriften „Cell and Tissue Research" und „Advances in Neuroimmunology".

Ehrungen: 1967 Mitglied der National Academy of Sciences und der American Academy of Arts and Sciences; 1972 Mitglied der Leopoldina; Ehrendoktor an 11 Institutionen; 1978 Kraepelin Gold Medal; 1980 Fred C. Koch Award of the Endocrine Society; 1982 Henry Gray Award der American Association of Anatomists; 1983 Schleiden-Medaille der Leopoldina; 1983 National Medal of Science (höchste Auszeichnung in den USA); 1994 Bayerischer Verdienstorden.

Autobiographisches: Interview mit Berta Scharrer, in: On Journeys Well Traveled. Ed. S. K. Millen. Albert Einstein College of Medicine, Bronx, New York, 1989, pp. 3-6.

Nachrufe: Holmfeld, John: Pioneering Neuroscientist Berta Vogel Scharrer. In: The Scientist, September, 4, 1995. – Gorbman, Aubrey, Howard Bern: In Memoriam: Berta V. Scharrer (1906–1995) In: General and Comparative Endocrinology 101 (1996), No. 1, p. VIII. – Purpura, Dominick P.: Berta V. Scharrer. Biographical Memoirs. National Academy of Sciences; 1998, 74, pp. 289-307, mit Auswahlbibliographie und Foto.

Quellen: Boedeker (1935/39). – Archiv Universität München. – MPG-Archiv: I, 1A, Nr. 1082/22, Bl. 24 (Umfrage in der KWG, 4.2.1933). – Biographisches Handbuch der … Emigration, Vol. II, Part 2, p. 1024. – American Phil. Society, Philadelphia: Curt Stern Papers (1 Brief, 1969).

Sekundärliteratur: Satir (1997), pp. 477-489. – Ogilvie/Harvey (2000), Vol. 2, pp. 1158-1159.

Vogt, Cécile
geb. Mugnier
geb. 27.3.1875 Annecy / Haute-Savoie (Frankreich)
gest. 4.5.1962 Cambridge (Großbritannien)
Dr., Prof.; Medizin, Hirnforschung (Hirnarchitektonik); Wissenschaftliches Mitglied und Abteilungsleiterin im Kaiser-Wilhelm-Institut für Hirnforschung; Mitglied der Leopoldina; Mitglied der DAW
Staatsbürgerschaft Frankreich

1893–1898 Studium der Medizin in Paris. Prom. 1900 Universität Paris. – In Paris 1898 Bekanntschaft mit Oskar Vogt (1870–1959) und Heirat 1899. – Ab 1899/1900 in Berlin; 2 Töchter Marthe (1903–2003) und Marguerite (1913–2007); mit Oskar Vogt eines der berühmtesten Forscher-Ehepaare. – 1899–1914/19 wiss. Arbeit (nicht offiziell angestellt) im Laboratorium bzw. Institut ihres Mannes, gemeinsame Publikationen und Redaktion des „Journal für Psychologie und Neurologie"; im Einzelnen: 1898–1902 „Neurologische Zentralstation" (1898 gegründet), in Berlin-Tiergarten, Magdeburger Str. 16; 1902–1914/1919 als „Neurobiologisches Laboratorium" bzw. „Neurobiologisches Institut" formal der Universität Berlin angeschlossen; 1914/19–1937 Kaiser-Wilhelm-Institut für Hirnforschung, zuerst Berlin-Tiergarten, ab 1931 in Berlin-Buch, Lindenberger Weg 78. – 1919–1937 Wissenschaftliches Mitglied und Leiterin der Abteilung Hirnarchitektonik im Kaiser-Wilhelm-Institut für Hirnforschung, Berlin (erste offizielle Anstellung). – Im März 1937 politisch

Cécile Vogt

bedingte Entlassung des Forscher-Ehepaares, was in den Dokumenten mit „ausgeschieden" umschrieben wurde. – 1937–1959 im (privaten) Institut für Hirnforschung in Neustadt im Schwarzwald. – Cécile Vogt entwickelte zusammen mit Oskar Vogt ein Forschungsprogramm zur Aufdeckung der Ursachen von Hirnerkrankungen und untersuchte jahrzehntelang die Lokalisation dieser Erkrankungen und Methoden zu ihrer Heilung (vgl. Satzinger (1998b)). Am Kaiser-Wilhelm-Institut wurde dieses Programm mit einem breiten Profil, einschließlich genetischer Forschungen, verfolgt, während in Neustadt ihre Forschungen eingeschränkter verlaufen mußten. Ihre Arbeiten betrafen die Erforschung der Architektur der Großhirnrinde (1903–1919), der Reizphysiologie und extrapyramidaler Rindenfelder (1909–1919), der striären Bewegungsstörungen (1911–1920 sowie 1937, 1947), Arbeiten zur pathologischen Anatomie der Geisteskrankheiten (1922), zu Sitz und Wesen der Krankheiten (1937, 1938), zum Altern der Nervenzellen (1941) sowie zur Zytopathologie der Schizophrenie (1940er bis 1952). Cécile Vogt war auch an der Planung, dem Aufbau und der Leitung der Hirnforschungsinstitute in Berlin-Tiergarten, Berlin-Buch sowie in Neustadt beteiligt.

Publikationen (Auswahl): Vogt, C. u. O.: Hirnforschung und Genetik. In: Journal f. Psychologie und Neurologie 39 (1929) S. 438-446. – Vogt, C.: Einige Ergebnisse unserer Neurosenforschung. In: Naturwissenschaften, Bd. 9/1921, S. 346. – Vogt, C. u. O.: Die vergleichend-architektonische und die vergleichend-reizphysiologische Felderung der Großhirnrinde unter besonderer Berücksichtigung der menschlichen. In: Naturwissenschaften, Bd. 14/1926, S. 1190-1194. – Vogt, C.: Warum stellen wir die Hirnanatomie in den Mittelpunkt unserer Forschung? In: Naturwissenschaften, Bd. 21/1933, S. 408-410. – Vogt, C. u. O.: Zur spezifischen Variabilität unserer Organe. In: Naturwissenschaften, Bd. 23/1935, S. 496-499 (nennen explizit bei Ergebnissen Tenenbaum und H. A. Timoféeff-R.). – Vogt, C. u. O.: Sitz und Wesen der Krankheiten im Lichte der topistischen Hirnforschung und des Variierens der Tiere. In: Journal für Psychol. u. Neurol. 47 (1937).

Bibliographien: Hassler (1970), hier Teil-Bibliographie. – Kirsche (1986) mit Bibliographie. – Satzinger (1998b), S. 308-314.

Ehrungen: 1919–1937 Wissenschaftliches Mitglied des Kaiser-Wilhelm-Instituts für Hirnforschung; 1937–1948 Auswärtiges Wissenschaftliches Mitglied des Kaiser-Wilhelm-Instituts für Hirnforschung; 18.2.1932 Mitglied der Leopoldina; 29.6.1950 Ehren-Mitglied der Deutschen Akademie der Wissenschaften (DAW) zu Berlin (Medizin, Hirnforschung); 1950 Dr. med. h. c. Universität Freiburg i. Br.; 1955 Dr. med. h. c. Universität Jena; 1960 Dr. med. h. c. Humboldt-Universität Berlin; 1989 Briefmarke der Deutschen Bundespost; Frühjahr 2008 „Cecilie-Vogt-Klinik für Neurologie" in Berlin-Buch.

Nachruf: Hopf, Adolf: In memoriam Cécile Vogt. In: Journal für Hirnforschung, Bd. 5 (1962) Heft 4, S. 245-248.

Quellen: MPG-Archiv: II, 1A, Personal-Akten Cécile und Oskar Vogt; Va, 136, Nr. 1 (Thea Lüers: Geheimnisse des Gehirns. Weg und Werk des Hirnforscherehepaares Cécile und Oskar Vogt. Typoskript, 148 S.) – Jährliche Nennungen in Naturwissenschaften, Bd. 12/1924 bis Bd. 25/1937; zum „Ausscheiden" vgl. Naturwissenschaften, Bd. 25/1937, S. 382. – Handbuch KWG, 1928. – Handbuch KWG, 1936. – Jahrbuch der MPG, 1961, Teil II, S. 405-421. – Archiv BBAW: Teil-Nachlaß O. Vogt (darin partiell Briefwechsel Cécile Vogt). – C.- u. O. Vogt-Archiv: Nachlaß (nicht ausgewertet).

Sekundärliteratur: Kleist (1950), S. 619-623. – Meesen (1950), S. 141ff. – Hallervorden (1961), S. 108-123. – Hassler (1970), S. 45-64. – Haymaker/Schiller (1970), pp. 384-388. – Hopf (1971/72). – Roth, G. (1978), S. 308-321. – Kirsche (1986), S. 5-51. – Schwerger (1987). – Kreutzberg et al. (1992), pp. 363-371. – Pycior (1996), Appendix, p. 285. – Richter (1996). – A. Vogt (1997a), S. 203-219, bes. S. 212-214. – Satzinger (1998a), S. 75-93. – Satzinger (1998b). – Katalog Tiergarten (1999), S. 102-103. – Ogilvie/Harvey (2000), Vol. 2, pp. 1329-1330. – Richter (2000a, 2000b). – L. Pasternak (2002), S. 13-15. – Klatzo (2002). – Satzinger (2002, 2003). – Hagner (2003). – A. Vogt (2007).

Fotos: MPG-Archiv: VI. Abt., 1. – C.- u. O. Vogt-Archiv. – Veröff. MPG-Archiv, Bd. 2 (1989). (Vgl. auch Frontispiz.)

Vogt, Marguerite
geb. 19.2.1913 Berlin
gest. 6.7.2007 La Jolla, Kalifornien
Dr. med., Genetik, Virusforschung (Poliovirus), Krebsforschung
Staatsbürgerschaft Deutschland, später USA

Jüngere Tochter von Cécile und Oskar Vogt. – Nach Schulbesuch im März 1931 Abitur an der Auguste-Viktoria-Schule (Realgymnasium) in Berlin-Charlottenburg. – 1931–1935/36 Studium der Medizin und der Naturwissenschaften, insbesondere Genetik, an der Universität Berlin. 1933 Physikum. 28.9.1936 medizinisches Staatsexamen. – 2 Monate Praktikum in der Nervenklinik des Kaiser-Wilhelm-Instituts für Hirnforschung, Berlin-Buch, und 1 Monat im pharmakologischen Institut der Universität München. – Von 1935/36 bis 1937 Doktorandin im Kaiser-Wilhelm-Institut für Hirnforschung, Berlin-Buch, in der Genetischen Abteilung von N. V. Timoféeff-Ressovsky. – Prom. am 29.9.1937 Med. Fak. Universität Berlin: „Zur Unabhängigkeit der einzelnen Eigenschaften der Manifestierung einer schwachen polaren Genmutation (Venae abnormes) bei Drosophila melanogaster" bei Fritz Lenz, angefertigt bei Timoféeff-Ressovsky. Publ. in: Journal für Psychologie u. Neurologie, Bd. 47 (1937), Heft 5, S. 532-549. (Aus der genetischen Abt. des Kaiser-Wilhelm-Instituts für Hirnforschung (Dir.: Prof. Oskar Vogt)). – Von Herbst 1937 bis 1950 wiss. Mitarbeiterin im (privaten) Institut für Hirnforschung in Neustadt im Schwarzwald, gegründet und geleitet von Cécile und Oskar Vogt. Fortführung ihrer genetischen Forschungen. – 1950 Emigration in die USA; zuerst am California Institute of Technology Pasadena, ab 1963 am Salk Institute in San Diego, als eine der ersten senior scientists. Hier Zusammenarbeit mit Renato Dulbecco (Nobelpreis 1975). – Zuerst Arbeiten zur Drosophila, dann zur Virusforschung, insbesondere zum Polio Virus, später zur Krebsforschung. – Schwester Marthe L. Vogt lebte von 1990 bis zu ihrem Tod am 9.9.2003 bei ihr. – Im Mai 2004 wurde sie im Rahmen der Ausstellung „California's Remarkable Women" als 91jährige Molekularbiologin geehrt, die immer noch im Salk Institute in La Jolla arbeitete.

Autobiographisches: Natalie Angier. Scientist at Work: Marguerite Vogt. A Lifetime Later, Still in Love with the Lab. In: New York Times, April 10, 2001, p. 1, 6 (Dank Joan Cadden).

Nachrufe: Longtime Salk Researcher Marguerite Vogt Dies. Press Releases, The Salk Institute, July 6, 2007. http://www.salk.edu/news – German-born Marguerite Vogt, polio and cancer researcher at Salk, dies at 94. In: International Herald Tribune, 10.7.2007. – Jeremy Pearce: Marguerite Vogt, 94, Dies; Biologist and Researcher on Polio Virus. In: The New York Times, 18.7.2007. – Davy Jones (Univ. of Kentucky): Remembering Marguerite Vogt: The ring gland. S. L. Forsburg 2007. http://www-ref.usc.edu/-forsburg/vogt_ring.html. – Kerry Grens: Marguerite Vogt dies. 19.7.2007. http://curezone.com/forums/fm. – Marguerite Vogt, polio and cancer researcher at Salk, dies at 94. By Associated Press.

Quellen: Archiv HUB: Med. Fak. Nr. 1047, Bl. 104-108. – Naturwissenschaften, Bd. 25/1937, S. 408 (Publ. angezeigt); Bd. 28/1940, S. 80-81 und S. 725-726 (Originalmitteilungen). – Archiv BBAW: Teilnachlass O. Vogt (Brief von Marguerite Vogt, 1947). – Nachlaß Stubbe, Nr. 43 (Brief von Marguerite Vogt, 1947). – C.- u. O. Vogt-Archiv: Nachlaß (nicht ausgewertet). – American Phil. Society, Philadelphia: Curt Stern Papers (1 Brief 1946 (aus Stockholm), 2 Briefe 1959).

Sekundärliteratur: Pycior (1996), Appendix, p. 287. – Katalog Tiergarten (1999), S. 105. – „California's Remarkable Women" exhibit at State Museum, May, 2004: http://64.233.183.104/search.google.www.alwaysdream.org/news/ca_women_article.html (24.3.2005). – A. Vogt (2007).

Fotos: The New York Times, April 10, 2001. – The Salk Institute (see Jones et al., internet). – Gedenkbuch KWG (2008), Abb. 63, S. 447.

Vogt, Marthe (Marthe Louise)
geb. 8.9.1903 Berlin
gest. 9.9.2003 San Diego, Kalifornien
Dr. med., Dr. phil., Ph. D., Biochemie, Pharmakologie; Abteilungsleiterin im Kaiser-Wilhelm-Institut für Hirnforschung; Fellow of the Royal Society Staatsbürgerschaft Deutschland, ab 1947 Großbritannien

Ältere Tochter von Cécile und Oskar Vogt. – 1909–1922 Besuch der Auguste Victoria-Schule in Berlin-Charlottenburg, Abitur 1922. – 1922–1927 Studium der Medizin und Chemie an der Universität Berlin. Juli 1924 medizinische Vorprüfung. 1925 1. chemisches Verbandsexamen. 7.5.1927 medizinische Staatsprüfung. – Praktikum in der II. Inneren Abteilung im Krankenhaus Berlin-Friedrichshain und am Neurobiologischen Institut der Universität Berlin. – Prom. Dr. med. am 9.5.1928 Universität Berlin: „Über omnilaminäre Strukturdifferenzen und lineare Grenzen der architektonischen Felder der hinteren Zentralwindung des Menschen", bei Röthagen, Franz Julius Keibel, angefertigt am Kaiser-Wilhelm-Institut für Hirnforschung. Publ. in: Journal für Psychologie u. Neurologie, Bd. 35, Heft 5/6, 1928, S. 177–193. (Aus der Anatomischen Abt. (Vorsteher: Cécile Vogt) des Kaiser-Wilhelm-Instituts für Hirnforschung und des Neurobiologischen Instituts der Universität Berlin (Dir.: Oskar Vogt)). – Chemische Ausbildung in der Chemischen Abteilung des Pathologischen Instituts der Charité unter Leitung von Peter Rona. Sommer 1928 2. chemisches Verbandsexamen. Ein organisch-chemisches Praktikum am Kaiser-Wilhelm-Institut für Biochemie. – Prom. Dr. phil. am 27.9.1929 Universität Berlin: „Untersuchungen über Bildung und Verhalten einiger biologisch wichtiger Substanzen aus der Dreikohlenstoffreihe", bei Carl Neuberg, Wilhelm Schlenk, angefertigt am Kaiser-Wilhelm-Institut für Biochemie. Publ. in: Biochem. Zeitschrift, Bd. 211, Heft 1/3, 1929, S.1–39, (in zwei Aufsätzen). – Von 1927 bis

Marthe Vogt

1929 Doktorandin im Kaiser-Wilhelm-Institut für Biochemie, Berlin-Dahlem, und „sonstige Mitarbeiterin". – Vom 1.12.1930 bis Juni 1931 Mitarbeiterin und vom 2. Juni 1931 bis April 1935 Abteilungsleiterin im Kaiser-Wilhelm-Institut für Hirnforschung, Berlin-Buch, chemische Abteilung bzw. chemisch-pharmakologische Abteilung. – Ab 1935 in Großbritannien, ab 1939 Emigrantin, zuerst in London, dann in Cambridge, Edinburgh, wieder Cambridge. – 1935–1936 Arbeit im Laboratorium F4 des National Institute for Medical Research bei Sir Henry Dale (1875–1968) in Hampstead/London Dank eines Rockefeller Fellowship. 1936–1937 Studium an der Cambridge University und Ph. D. Mit dem Alfred Yarrow Research Fellowship 1937–1940 am Girton-College, Cambridge. 1941–1946 als Pharmakologin bei der Pharmaceutical Society in London. – 1947–1960 an der University of Edinburgh am Pharmacological Department, zuerst als lecturer, dann als reader. – Von 1960 bis zu ihrer Emeritierung 1968 war sie Head of the Pharmacology Unit des Agricultural Research Council Institute of Animal Physiology in Cambridge. – Von 1990 bis zum Tod bei Schwester Marguerite Vogt lebend. – Marthe Vogt erhielt viele Auszeichnungen, Mitgliedschaften und Ehrenmitgliedschaften. Ihre Leistungen sind mit den wichtigsten Erkenntnissen über die anatomische Verteilung, die Bedingungen für die Freisetzung und die physiologischen Funktionen von Neurotransmittern und Nebennierenhormonen verbunden. Sie leistete fundamentale Beiträge zur Neuropharmakologie. 1936 erschien mit Wilhelm Feldberg und Sir Henry H. Dale ihre klassische Abhandlung (J. Physiol. 86) über Acetylcholin als den Transmitter von Nervenimpulsen an der Endplatte des quergestreiften Muskels bei Warmblütern. Ihre berühmteste Publikation („Concentration of sympathin in different parts of the central nervous system under normal conditions and after the administration of drugs", in: J. Physiol. 123) über die Verteilung von Noradrenalin und Adrenalin im Zentralnervensystem und die Wirkung physiologischer und pharmakologischer Reize erschien 1954. Eine ihrer Schülerinnen war Susan Greenfield (1977, Gutachten für Ph. D.), eine ihrer Mitarbeiterinnen war ab 1954 die aus Graz gekommene Margarethe (Gretel) Holzb(r)auer.

Publikationen (in Deutschland): Naturwissenschaften, Bd. 17/1929, S. 329 (Neuberg, Carl, Fritz Weinmann u. M. Vogt); Bd. 17/1929, S. 329; Bd. 17/1929, S. 331; Bd. 18/1930, S. 495; Bd. 20/1932, S. 441 (2 Publ.); Bd. 20/1932, S. 888-889 (M. Vogt); Bd. 21/1933, S. 449 (Publ.); Bd. 22/1934, S. 370 (Publ.liste); Bd. 22/1934, S. 492-494 (Artikel von M. Vogt u. Franz Veit); Bd. 23/1935, S. 444 (Publ.liste: 2 Artikel F. Veit u. M. Vogt sowie 2 Publ. M. Vogt).

Bibliographie: Biographical Memoirs of Fellows of the Royal Society, Vol. 51, 2005, pp. 421-423. A full bibliography is available from the Royal Society's Library (2005) and online (pdf).

Ehrungen: 1952 Fellow of the Royal Society; 1960 Life Fellow of the Girton-College Cambridge; 1974 Schmiedeberg-Plakette der Deutschen Gesellschaft für Pharmakologie und Toxikologie; 1974 Ehrendoktor der Edinburgh University; 1976 Thudichum Medal of the Neurochemical Group of the British Biochemical Society; 1981 Royal Society Gold Medal („Queen's Gold Medal"); 1983 Wellcome Gold Medal of the British Pharmacological Society; 1983 Ehrendoktor der Cambridge University; Ehrenmitglied zahlreicher Akademien und wissenschaftlicher Gesellschaften, darunter der American Academy of Arts and Science, British Pharmacological Society, Hungarian Academy of Sciences, British Association of Psychopharmacology, KM der Deutschen Gesellschaft für Pharmakologie (1961), Honorary Fellow of the Royal Society of Medicine, Honorary Member of the Physiological Society.

Autobiographisches: Vogt, Marthe: Nervous Influences in Endocrine Activity. In: Meites, Joseph et al. (Ed.): Pioneers in Neuroendocrinology. New York u. a. 1975, Vol. 1, pp. 314-321, mit Foto (Dank M. Engel).

Nachrufe: Marthe Vogt. In: Telegraph, 3.10.2003. – Wright, Pearce: Marthe Louise Vogt. In: The Lancet, Vol. 362, No. 9397, 22.11.2003. – Cuthbert, Alan W.: Marthe Louise Vogt. 8. September 1903 – 9. September 2003. Elected FRS 1952. In: Biographical Memoirs of Fellows of the Royal Society, Vol. 51, 2005, pp. 409-423. – Muscholl, E.: Nachruf. Marthe Louise Vogt (1903–2003), Dt. Gesellschaft für Pharmakologie und Toxikologie (4 S.) – Greenfield, Susan: Obituary. Marthe Louise Vogt (1903–2003). PN, p. 50-51, The Physiological Society. – Bell, Chris (Trinity College Dublin): Marthe Louise Vogt (1903–2003). pA2 online, E-Journal of the British Pharmacological Society, 2 p.

Quellen: Archiv HUB: Med. Fak. Nr. 955, Bl. 60-65; Phil. Fak. Nr. 689, Bl. 115-135. – MPG-Archiv: I, 14, Nr. 1579/6, Bl. 307 (O. Vogt, 19.11.1930), Bl. 308-309 (Lebenslauf u. Publ. Marthe Vogt). I, 1A, Nr. 1589/3, Bl. 28 (Kuratoriumssitzung 2.6.1931), Bl. 52-53 (Kuratoriumssitzung 6.7.1933). – Handbuch KWG, 1928, S. 198. – Handbuch KWG, 1936, Bd. 1, S. 189. – Archiv BBAW: Teilnachlass O. Vogt (Familien-Briefe) sowie Nr. 114 (Briefwechsel O. Vogt – Lina Stern). – Archive S.P.S.L., Oxford: 415/10, pp. 327-359 (personal file, ab 1939, darin Curriculum vitae 1939/40 (engl.)). – Biographisches Handbuch der … Emigration, Vol. II, Part 2, p. 1195. – American Phil. Society, Philadelphia: Nr. 815, Carl Neuberg Papers (Briefe Neuberg-Marthe Vogt, 3 Briefe, 1947); Milislav Demerec Papers; Curt Stern Papers (1 Brief Sept. 1959). – London, Wellcome Institute, Laborbücher, Briefe, Fotos (nicht ausgewertet). – C.- u. O. Vogt-Archiv: Nachlaß (nicht ausgewertet).

Sekundärliteratur: Greenfield (1993), pp. 49-59. – Mason (1992, 1995). – Jahn (1998), S. 982 (Kurzbiographie von AV). – Katalog Tiergarten (1999), S. 105. – A. Vogt (1999b),

S. 44-49. – Ogilvie/Harvey (2000), Vol. 2, pp. 1330-1331. – Medawar/Pyke (2001), pp. 205-207. – A. Vogt (2002b). – A. Vogt (2007).

Fotos: MPG-Archiv: VI. Abt., 1. – C.- u. O. Vogt-Archiv. – Archiv BBAW: Abt. Sammlungen, Foto-Sammlungen, Marthe Vogt (13). – Biogr. Mem. Royal Society, Vol. 51, 2005, p. 409.

W

Wassermann, Gisela
(Waßermann)
geb. 6.8.1912 Berlin
Dr., Chemie

Besuch der Deutschen Oberschule in Berlin-Zehlendorf, dann der Freien Waldorfschule in Stuttgart, hier Februar 1931 die außerordentliche Reifeprüfung für Reformrealgymnasien. – Februar bis Herbst 1931 Aufenthalt in England. – Von Wintersemester 1931/32 bis 1936 (10 Semester und ein Gasthörersemester) Studium an der Universität Berlin, zuerst Biologie, dann Chemie, Physik und chemische Technologie. Im Frühjahr 1935 1. Verbandsexamen, Frühjahr 1938 2. Verbandsexamen. – In den Ferien 1932 in Frankreich als Deutschlehrerin tätig, 1933 als freiwillige Hilfskraft in der Biologischen Reichsanstalt für Land- und Forstwissenschaft in Berlin-Dahlem, 1934 im freiwilligen Arbeitsdienst. Von Juni 1936 bis Juni 1937 als Austauschstudentin an der University of California in Berkeley (USA). – Frühjahr 1938 bis 1940 Arbeit an der Dissertation im Physikalisch-chemischen Institut der Universität Berlin, von Herbst 1939 bis April 1940 hier Hilfsassistentin. – Von Mai 1940 bis mindestens Frühjahr 1941 als Doktorandin im Kaiser-Wilhelm-Institut für physikalische Chemie und Elektrochemie, Berlin-Dahlem, hier Diss. beendet (Doktorvater wechselte 1940 von der Universität Berlin an die TH Hannover). – Prom. am 12.4.1941 Universität Berlin: „Der homogene thermische Zerfall von Methylcyclohexan und Cyclohexan" (30 S.), bei Georg Richard Schultze, Max Bodenstein.

Quellen: Archiv HUB: Math.-Nat. Fak. Nr. 166, Bl. 41-63. – MPG-Archiv: I, 1A. Nr. 541/5 („Doktorandin").

Waterkamp, Maria
Chemie

Von 1940 bis mindestens 1943 wiss. Mitarbeiterin (Assistentin) im Kaiser-Wilhelm-Institut für Eisenforschung in Düsseldorf, ab 1943 verlagert nach Clausthal-Zellerfeld.

Publikationen: Thanheiser, Gustav u. M. Waterkamp. In: Mitteilungen (des Kaiser-Wilhelm-Instituts), Bd. 23. – Thanheiser, G. u. M. Waterkamp (Stahlanalyse). In: Arch. Eisenhüttenwesen 15 (1941/42), S. 129-144.

Quelle: MPG-Archiv: I, 1A, Nr. 1965/7 (Bericht über 1941, Veröffentlichungen).

Weber, Erna
geb. 2.12.1897 (Berlin-) Charlottenburg
gest. 19.5.1988 Berlin (DDR)
Dr., Physik; Dr. habil. (Biologische Statistik), Prof.; Statistik und Biomathematik

1904–1914 Besuch der Königin-Luise-Schule in (Berlin-) Charlottenburg. 1915–1916 Hilfsarbeiten im Tierphysiologischen Institut der Landwirtschaftlichen (Ldw.) Hochschule Berlin, bei Nathan Zuntz. Daraufhin die Erlaubnis, an der Universität Berlin Vorlesungen über Experimentalchemie zu hören sowie die Vorlesungen von Zuntz über Tierphysiologie. Von Oktober 1916 bis Winter 1917 Assistentin am Tierphysiologischen Institut der Ldw. Hochschule Berlin. – September 1919 Reifeprüfung an der Elisabeth-Oberrealschule in Berlin. – Von Wintersemester 1919 bis Wintersemester 1924/25 Studium der Naturwissenschaften, besonders Physik und Mathematik, an der Universität Berlin. Im Proseminar von Max von Laue. – Prom. am 9.5.1925 Universität Berlin: „Auswahlprinzip und Nadelstrahlung" bei Max von Laue und Max Planck. Publ. in: Z. für Physik 32, H. XX, 1925. – 1925 bis 1930 als Statikerin in einer Baufirma in Berlin tätig (die Firma ging infolge der Weltwirtschaftskrise Bankrott). – Von 1931 bis 1.7.1935 als Statistikerin (wiss. Mitarbeiterin) im Kaiser-Wilhelm-Institut für Anthropologie, menschliche Erblehre und Eugenik, Berlin-Dahlem, in der Abteilung von Otmar von Verschuer, bezahlt mit Geld der Rockefeller Foundation für die Zwillingsforschung. An der statistischen Auswertung der Zwillingsuntersuchungen beteiligt. Mit Beendigung der Zahlungen von der Rockefeller Foundation Ausscheiden aus dem Kaiser-Wilhelm-Institut. – Ab 1935 in Jena, zunächst Assistentin am Thüringischen Landesamt für Rassewesen, Abteilung Lehre und Forschung. Ab 1937 Lehrbeauftragte für Biologische Statistik an der Universität Jena. Dort Habilitation (Biologische Statistik) am 10. Februar 1945: „Methodik der biologischen Statistik, insbesondere die mathematisch-statistische Beurteilung von Stichprobenergebnissen" (siehe Publ. 1948). – Autorin von Artikeln mit nazistisch-antisemitischen Äußerungen; der vorgesehene

Erna-Weber-Preis wurde 1998 wegen ihrer aktiven NS-Nähe nicht realisiert. – 1945–1952 verschiedene Anstellungen in Jena, zuerst in der Industrie (Schott Jena), dann in Statistischen Ämtern. – 1952–1957 Dozentin, ab 1954 (a.o.) Prof. an der Universität Jena. 1957–1962 (Emer.) Prof. mit Lehrauftrag für mathematische Statistik an der HU Berlin. Ab 1960 gleichzeitig Leiterin der Abteilung Statistik am Institut für angewandte Mathematik und Mechanik (IAMM) der DAW zu Berlin. – Die Arbeitsgebiete von Erna Weber waren seit 1931 die Statistik sowie die mathematische Statistik, Biometrie und Biomathematik. Sie verfaßte mehrere Lehrbücher, die Standardliteratur wurden, und hatte sowohl an der HU Berlin als auch an der DAW (bzw. AdW der DDR) mehrere Schüler. – Von 1967 bis zu ihrem Tode 1988 war sie Herausgeberin des „Biometric Journal" (gegründet 1958).

Ehrungen: 1964 Vaterländischer Verdienstorden in Bronze, 1972 in Silber; 1972 Ehrendoktor Universität Jena; 1978 Ehrenmitglied der International Biometric Society (IBS).

Publikationen: Einführung in die Variations- und Erblichkeits-Statistik. München 1935. – Grundriß der biologischen Statistik für Naturwissenschafter und Mediziner. Jena 1948. (7.Aufl. Jena 1972). – Mathematische Grundlagen der Genetik. Jena 1967. 2. neubearb. Aufl. 1978 (= Genetik. Grundlagen, Ergebnisse und Probleme in Einzeldarstellungen, Beitrag 5, Hrsg. Hans Stubbe). – Einführung in die Faktorenanalyse. Stuttgart 1974.

Nachruf: Ahrens, Heinz, u. Klaus Bellmann: Nachruf auf Erna Weber. In: Biometric Journal 30 (1988), S. 515-516.

Quellen: Archiv HUB: Phil. Fak. Nr. 631, Bl. 444-454. PA W 496, 3 Bände. – MPG-Archiv: I, 1A, Nr. 1094/8, Bl. 244b (Robert A. Lambert an Eugen Fischer, Paris (RF–Büro), 11.6.1932 über Zahlungen vom 1.7.1932 bis 1935); Nr. 1094/9, Bl. 268 u. Nr. 1094/10, Bl. 291 (über Zahlungen der Rockefeller Foundation). I, 1A, Nr. 2404/2, Bl. 28b und 28ff (Haushaltsplan 1933, Zuwendungen, mit deren Hilfe Statistikerin bezahlt wird); Nr. 2405, Bl. 90; Nr. 2406, Bl. 143R u. 144R (Fischer, 29.7.1933) u. Bl. 198; Nr. 2404/3, Bl. 52c (Tätigkeitsbericht 1934–1935, Sitzung 26.6.1935; zum Ausscheiden der „Statistikerin Dr. Weber"). III, 86A, Nr. 697 (E. Weber an O. v. Verschuer, 22.5.1967). – Archiv BBAW: Akten des IAMM (der DAW bzw. der AdW der DDR). – Poggendorff VIIa (1959), S. 873.

Sekundärliteratur: Vogt (Kurzbiographie), in: Wer war wer in der DDR? 3. erw. Aufl. 2000, S. 893-894, bzw. 4. Aufl. 2006, Bd. 2, S. 1062. – Hoßfeld (2003), S. 535-538 u. S. 554 (Tabelle, NSDAP 1942).

Foto: Archiv HUB, PA (Paßfoto, publiziert in Tobies (1997), S. 252).

Weber, Johanna
geb. 8.8.1910 Düsseldorf
gest. nach 1980
Dr., Aerodynamik

Besuch der Volksschule und 1919–1929 der St. Angela-Schule (Oberlyzeum) in Düsseldorf, hier Abitur. – 1929–1934 Studium der Mathematik, Physik und Chemie an den Universitäten Köln (2 Semester) und Göttingen. – Prom. 1944 Universität Göttingen: „Zur Berechnung der Zuströmung zu einem freifahrenden Kühlerblock", publ. in AVA-Bericht 44/A/09. – 1935–1937 Lehrerin an der Auguste Viktoria-Schule in Düsseldorf. 1937 Studienassessor-Examen. – Von Mai 1937 bis Januar 1939 wiss. Hilfsarbeiterin in der ballistischen Abteilung der Friedrich Krupp A. G. Essen. – Vom 1.2.1939 bis 20.8.1945 wiss. Mitarbeiterin in der Aerodynamischen Versuchsanstalt e. V. Göttingen in der Kaiser-Wilhelm-Gesellschaft, im Institut für theoretische Aerodynamik. – Ab 1945 wiss. Tätigkeit in Göttingen, zunächst für das Ministry of Supply, 1946 im Kaiser-Wilhelm-Institut für Strömungsforschung, Göttingen, vom 1.1.1947 bis 3.8.1947 hier wiss. Mitarbeiterin. – Im Sommer 1947 nach England, wiss. Tätigkeit am Royal Aircraft Establishment (RAE) in Farnborough; in Farnham lebend.

Quellen: Auskunft Dr. Florian Schmaltz (Febr. 2008). – Kürschner (1950). – Turnbill/Reed (1980), p. 99 („a brilliant woman aerodynamicist").

Weichert, Ruth
geb. 15.3.1913 Nacka (Bezirk Stockholm)
Dr., Biochemie
Staatsbürgerschaft Schweden

Geboren als Tochter eines aus Deutschland ausgewanderten Kaufmanns. 1931 Abitur an der Gesamtschule Sofi Almquist in Stockholm. – 1932–1940 Studium der Chemie, Zoologie und Genetik an der Universität Stockholm, unterbrochen durch mehrere Auslandsaufenthalte. 1940 hier Kandidatenexamen. – 1940 bis Ende 1941 Tätigkeit in einem Krankenhaus in Stockholm. – Vom Februar 1942 bis August 1943 (inoffiziell) Doktorandin im Kaiser-Wilhelm-Institut für Biochemie, Berlin-Dahlem, bei Adolf Butenandt. Arbeit an der Dissertation „Untersuchungen auf dem Kynurenin-Gebiet". – Sommer 1943 Rückkehr nach Schweden und Fortsetzung der Arbeit an der Dissertation bei Karl Myrbäck am Biochemischen Institut in Stockholm. – Sommersemester 1950 Beendigung der Dissertation bei Adolf

Butenandt am Max-Planck-Institut für Biochemie, Tübingen. – Prom. 1950 Universität Tübingen. – Tätigkeit als Chemikerin in Stockholm.

Quelle: Kinas (2004), S. 184, mit Foto.

Weindling, Irene
geb. 15.1.1903 Krakau
Dr., Chemie

Mit den Eltern 1914 nach Berlin gezogen. – 1920–1924 Besuch der oberrealen Westend-Schule in Berlin, hier Abitur. – Von Sommersemester 1924 bis Wintersemester 1928/1929 Studium der Chemie, chemischen Technologie und Physik an der Universität Berlin. Praktische Ausbildung erfolgte im I. Chemischen und im Physikalisch-chemischen Institut der Universität. – Von März 1928 bis April 1930 Doktorandin im Kaiser-Wilhelm-Institut für Faserstoffchemie, Berlin-Dahlem. – Prom. am 25.7.1932 Universität Berlin: „Ueber die Einwirkung von Resorcin und Ameisensäure auf Seidenfibroin" (42 S.) bei Wilhelm Schlenk, Max Bodenstein, angefertigt bei Reginald O. Herzog.

Quellen: Archiv HUB: Phil. Fak. Nr. 737, Bl. 122-135. – Naturwissenschaften, Bd. 22/1934, S. 358 (Publ. Herzog, Weindling angezeigt).

Weischer, Änne (Aenne)
geb. 6.10.1906 Bochum
Chemie

Vom 18.6.1936 bis 30.4.1937 Doktorandin und vom 5.4.1938 bis 27.3.1940 wiss. Mitarbeiterin im Kaiser-Wilhelm-Institut für Arbeitsphysiologie, Dortmund, bei Heinrich Kraut.

Publikationen: H. Kraut u. Ä. Weischer, In: Die Methoden der Fermentforschung (Bamann/Myrbäck), Bd. 2, 1941, S. 1164-1174 und S. 1486-1493. – Ascorbinsäure und Leberesterase. In: Bioch. Z. 305 (1940), S. 94-100. – Esterasen. In: Handbuch der Katalyse, Bd. 3, Wien 1941, S. 129-187; Nucleasen. In: Ebenda, S. 187-191.

Quellen: MPG-Archiv: I, 4, Nr. 289 (Personaliabuch, S. 20 u. 24, Nr. 208 u. 268). – Naturwissenschaften, Bd. 28/1940, S. 505 (Publ., mit Kraut); Bd. 29/1941, S. 448-449 (Publ. angezeigt).

Wellnhofer, Hildegard
Dr., Medizin

Mindestens von 1935 bis 1936 wiss. Mitarbeiterin in der Deutschen Forschungsanstalt für Psychiatrie (Kaiser-Wilhelm-Institut), München, im Institut für Genealogie und Demographie von Ernst Rüdin.

Quelle: Handbuch KWG, 1936, Bd. 1, S. 193 („sonstige wiss. Mitarbeiter").

Werner, Lotte
geb. 18.7.1907 Berlin
Dr., Chemie

Von Oktober 1913 bis Oktober 1921 Besuch des Hohenzollernlyceums in Berlin-Wilmersdorf, danach Westend-Oberrealschule, hier Ostern 1926 Abitur. – 1926–1927 zunächst 3 Semester Studium der Medizin an der Universität Berlin und daneben Teilnahme an physikalischen Übungen an der TH Berlin-Charlottenburg. Vom Wintersemester 1927 bis 1928 Studium der Chemie an der Universität Heidelberg, danach an der Universität Berlin. Im Sommer 1928 1. Verbandsexamen, November 1930 2. Verbandsexamen, Januar 1931 physikalisch-chemische Ergänzungsprüfung, alle an der Universität Berlin. – Von Januar 1931 bis Oktober 1932 Doktorandin im Kaiser-Wilhelm-Institut für medizinische Forschung, Heidelberg, im Institut für Chemie von Richard Kuhn. – Prom. am 12.7.1933 Universität Berlin: „Substitutions-Reaktionen und Umlagerungen in der Reihe des Cholesterins." (54 S.), bei Wilhelm Schlenk, Max Bodenstein, angefertigt bei Richard Kuhn und Dr. Theodor Wagner-Jauregg, im Kaiser-Wilhelm-Institut für medizinische Forschung, Heidelberg.

Quelle: Archiv HUB: Phil. Fak. Nr. 744/11, Bl. 242-257.

Wever, Ilse
verh. Grimm
geb. 10.3.1900 Lodz (heute Polen)
Chemie

Um 1928 Mitarbeiterin im Kaiser-Wilhelm-Institut für Chemie, Berlin-Dahlem, in der Abteilung Otto Hahn.

Quelle: MPG-Archiv: I, 11, Nr. 351 (Personalliste).

Wiedemann, Marlene
geb. 18.10.1917 Nürnberg
Dr., Chemie

Vom 13.4.1942 bis zum 30.4.1944 wiss. Mitarbeiterin im Kaiser-Wilhelm-Institut für Chemie, Berlin-Dahlem, in der Abteilung Otto Hahn. – 1944–1945 bei Kurt Philipp am Institut für physikalische Meßmethoden beim Reichsforschungsrat; mit Institut nach Haigerloch verlagert; während K. Philipp nach Freiburg i. Br. kommt, bleibt Wiedemann von 1945 bis ca. 1950 in Haigerloch und arbeitet mit einem Geophysiker zusammen.

Quellen: MPG-Archiv: I, 11, Nr. 351 (Personalliste). – III, 14, Nr. 3298 (Briefwechsel Hahn-Philipp), Bl. 7 (14.3.1946) und Bl. 19R (12.3.1950). – III, 50, Nr. 2140 (Brief, v. Laue, 1947).

Wildemann, Luise (Liesel)
geb. 7.5.1906 Münster
Dr. phil., Chemie (Biochemie)

Vom 15.4.1937 bis nach 1946 wiss. Mitarbeiterin (zuerst Laborantin, dann Assistentin) im Kaiser-Wilhelm-Institut für Arbeitsphysiologie, Dortmund bzw. Verlagerungsort Bad Ems.

Quellen: MPG-Archiv: I, 4, Nr. 97 (Personallisten, Nr. 241, kein Eintrag über Dauer der Tätigkeit); Nr. 289 (Personaliabuch, S. 22, Nr. 241). – Naturwissenschaften, Bd. 29/1941, S. 448-449 (Publ. angezeigt).

Wilhelmy (Wilhelmi), Hedwig
Dr., Biologie

Von 1918 bis 1921 Assistentin im Kaiser-Wilhelm-Institut für Biologie, Berlin-Dahlem, in der Abteilung für Entwicklungsmechanik von Hans Spemann (1869–1941). Nach dessen Weggang 1919 noch Arbeiten für das Institut ausgeführt und hierfür Assistentengehalt bekommen. Mit endgültigem Beschluß über die Schließung der Abteilung 2 (ehem. Spemann) wegen der Finanzlage auch Kündigung der Assistentin zum Sommer 1921.

Quellen: MPG-Archiv: I, 1A, Nr. 1553, Bl. 94R (Kuratoriums-Sitzung, 10.4.1919), Bl. 170-174 (Schriftwechsel wegen Gehaltserhöhung), Bl. 173-173R (Brief von Hedwig Wilhelmi,

Juni 1920), Bl. 204aR und 211 (Kuratorium, Juni 1920), Bl. 237a (Auszug aus Protokoll der Senats-Sitzung, 18.3.1921, zur Schließung der Abt. Spemann).

Willstätter, Margarete (Ida Margarethe)
verh. Bruch (Bruch-Willstätter)
geb. 9.4.1906 Zürich
gest. 9.7.1964 Winnebago, Illinois (USA)
Dr., Physik

Tochter des Chemikers und Nobelpreisträgers Richard Willstätter (1872–1942) und Sophie, geb. Leser (gest. 1910). – Erhielt zuerst Privatunterricht, 1920–1924 Besuch der Realgymnasial-Abteilung der Höheren Mädchenschule in München, Ostern 1924 hier Reifezeugnis. – 1924–1931 Studium der Physik, Mathematik und Philosophie an der Universität München, 1925 an der Universität Göttingen. – Prom. 1931 Universität München: „Betrachtungen über das Wentzel-Brillouinsche Näherungsverfahren in der Wellenmechanik, insbesondere bei Wasserstoffmolekülen", bei Arnold Sommerfeld, Walther Gerlach. Publ. in: Annalen der Physik, F. 5, Bd. 10, 1931, Nr. 7, S. 873-887. – Mindestens von Juli 1931 bis Frühjahr 1933 wiss. Mitarbeiterin (inoffiziell, unbezahlt) im Kaiser-Wilhelm-Institut für physikalische Chemie und Elektrochemie, Berlin-Dahlem, Zusammenarbeit mit Hartmut Kallmann. – Herbst 1936 Emigration in die USA. Verh. mit dem Arzt und Mediziner Ernst (Ernest) Bruch (1905–1974), 4 Kinder. – 1936–1939 wissenschaftlich tätig, zuerst als "postdoctoral assistant" an der Duke University Durham, im Department of Physics bei Hertha Sponer. 1937–1939 assistant im Department of Chemistry bei John Warren Williams, University of Wisconsin, Madison. – Von 1939 bis zum Tod in Winnebago, Illinois, lebend, wo ihr Mann Arzt war und zwischen 1940 und 1948 ihre 2 Töchter und 2 Söhne geboren wurden. Ab 1953 Mitarbeit im Laboratorium für medizinische Radioisotope ihres Mannes.

Publikationen: Kallmann, H., u. M. Willstätter: Zur Theorie des Aufbaues kolloidaler Systeme. In: Naturwissenschaften, Bd. 20/1932, S. 952-953. – Sponer, H., and M. Bruch-Willstätter: The lattice energy of solid CO_2. In: J. Chem. Phys. 5, 1937, pp. 745-751.

Quellen: Boedeker (1935/39). – Universitätsarchiv München. – Naturwissenschaften, Bd. 20/1932, S. 952-953 (Publ. Kallmann/Willstätter); Bd. 21/1933, S. 431 (Publ. angezeigt). – Willstätter (1949), S. 377. – MPG-Archiv: Va/5, Nr. 53. – Remane/Schweitzer (2000), S. 12. – Gedenkbuch KWG (2008), S. 365-367, mit Foto.

Sekundärliteratur: Dippel (2001), S. 136 u. S. 361. – Maushart (1997), S. 98.

Fotos: Paß-Foto in Matrikel-Blatt (UA München). – Gedenkbuch KWG (2008), Abb. 70, S. 454.

Witte, Charlotte
Chemie

Von mindestens 1924 bis 1926 Mitarbeiterin (?) des Direktors Max Bergmann im Kaiser-Wilhelm-Institut für Lederforschung, Dresden.

Patent: Bergmann, Max, Witte, Charlotte (Kaiser-Wilhelm-Institut für Lederforschung) Patent-Nr. 409779 (12o,11)552. Verfahren zur Darstellung von organischen Persäuren. 11.7.22. (1925).

Quellen: Gesammelte Abhandlungen des Kaiser-Wilhelm-Instituts für Lederforschung, Band II (1925–1926), S. 305-330 (Publ. Bergmann, Stern und Witte). – Patent-Datei Hartung.

Wolf, Elisabeth *siehe* **Höner**

Wolff, Hedwig
verh. Michaelis
geb. 11.12.1912 Köln
Chemie

Vom 6.11.1939 bis 31.7.1945 Mitarbeiterin (?) im Kaiser-Wilhelm-Institut für Arbeitsphysiologie, Dortmund.

Quellen: MPG-Archiv: I, 4, Nr. 97 (Personallisten, Nr. 332, kein Eintrag über Anstellung). – Naturwissenschaften, Bd. 29/1941, S. 448-449 (Publ. angezeigt: G. Lehmann und Hedwig Michaelis. Arb.physiol. 11 (1941)).

Wolff, Lotte
verh. Rosa-Wolff
geb. 2.1.1911 Saarbrücken
Medizin

Lebte ab 1915 mit den Eltern in Heidelberg. Hier 1918–1920 Besuch der Volksschule, 1920–1924 Mädchenschule, 1924–1930 Mädchenrealgymnasium, hier 1930 Abitur. – Von Sommersemester 1930 bis Wintersemester 1935/36 Studium der Medizin an der Universität Heidelberg; 2.8.1932 ärztliche Vorprüfung; Nov. 1935 Staatsexamen; 20.12.1935 Promotionsprüfung („sehr gut"). – Von 1932 bis Dezember 1933 Doktorandin im Kaiser-Wilhelm-Institut für medizinische Forschung, Heidelberg, im Institut für Pathologie von Ludolf von Krehl. – Dissertation: „Die Chlorausscheidung des Hundes bei Zufuhr großer Wassermengen", bei L. v. Krehl. Publ. in: Naunyn-Schmiedebergs Archiv für experimentelle Pathologie und Pharmakologie, 1935, Bd. 179, Heft 2, S. 200-203. Die Arbeit entstand auf Veranlassung von Heinrich Kunstmann. – Auf Grund ihrer – nach NS-Definition – „nichtarischen" Herkunft (die Großmutter väterlicherseits war Jüdin) bekam sie an der Universität Heidelberg ab Winter 1933 Schwierigkeiten, weshalb L. v. Krehl sie als Doktorandin zeitweilig in sein Institut aufnahm. Sie erhielt 1936 keine Promotionsurkunde der Universität Heidelberg überreicht, sondern erst 1945 nach der bedingungslosen Kapitulation Deutschlands. – Seit 1945 als Ärztin tätig (?); verheiratete Rosa-Wolff.

Quellen: MPG-Archiv: I, 1A, Nr. 539/3 („Doktorandin"). – Universitätsarchiv Heidelberg: StudA 1930/40 Lotte Wolff (4 Blatt, ohne Pagin.); H-III-862/72, Bl. 180-183; Auskunft des Archivs (6.9.2005).

Sekundärliteratur: Vogt (2006a), S. 53.

Wolff, Marguerite (auch Marguérite)
geb. Jolowicz
geb. 10.12.1883 London
gest. 21.5.1964 London
Rechtswissenschaft
Staatsbürgerschaft Großbritannien, Deutschland, Großbritannien

Vom 1.1.1925 bis 1.5.1933 Assistentin (Referentin) im Kaiser-Wilhelm-Institut für ausländisches öffentliches Recht und Völkerrecht, Berlin-Mitte. Mit Viktor Bruns Aufbau des Instituts; später hier vor allem Recherchen über englische und amerikanische Rechtsfragen

Marguerite Wolff

sowie Übersetzungen; inoffiziell Abteilungsleiterin am Institut. – Seit 1906 verheiratet mit Martin Wolff (1872–1953), Professor an der Universität Berlin und Wissenschaftlicher Berater am Kaiser-Wilhelm-Institut für ausländisches und internationales Privatrecht. 2 Söhne: der Pianist und Musiklehrer Konrad M. (11.3.1907–1989) und der Rechtsanwalt Victor, der während des 2. Weltkrieges in der R.A.F. diente (10.4.1911-30.5.1944) (?1942). – Marguerite Jolowicz schloß mit dem M. A. der Cambridge University ab, sie studierte Englisch am Newnham College in Cambridge. Nach ihrer Verheiratung 1906 in Berlin lebend. Während des 1. Weltkrieges Arbeit als Krankenschwester. – Seit 1935 im Exil in London lebend, wo sie ihre britische Staatsangehörigkeit erneuerte; Martin Wolff folgte im September 1938, nach der Vertreibung von der Berliner Universität (1935) und dem KWI (1937). Sohn Victor war 1933 nach Großbritannien emigriert, Sohn Konrad im Oktober 1933 mit einem Besuchsvisum nach Frankreich, von hier 1941 nach New York. – Sie half wesentlich ihrem Mann bei seiner Arbeit am Werk „Privatrecht in Großbritannien" (1945, 1950), sie prägte in der Übersetzung seines Werks „Private International Law" den Begriff „the incidental question". Sie übersetzte auch juristische Werke anderer deutscher Emigranten und verhalf so zu deren Akzeptanz unter britischen Fachkollegen, z. B. das 1934 erschienene Werk von Fritz Schulz über Römisches Recht. – In der Tradierung kommt sie jedoch nie als eigenständige Juristin vor, manchmal als „Gehilfin ihres Mannes" bzw. Übersetzerin seiner Werke, meistens nur als Martin Wolffs „(englische) Ehefrau". – Während des 2. Weltkrieges Arbeit für die B.B.C. Nachrichtensendungen. Bei den Kriegsverbrecherprozessen in Nürnberg als Übersetzerin tätig. – In London in den 1950er Jahren Übersetzungen für deutsche Wissenschaftler, u. a. 1956 eines Vortrags für Otto Hahn.

Quellen: Handbuch KWG, 1928, S. 215 (hier: Marguérite Wolff). – Naturwissenschaften, Bd. 17/1929, S. 343 (Publ.); Bd. 18/1930, S.508; Bd. 22/1934, S. 348 (zum „Ausscheiden"). – MPG-Archiv: III, 14, Nr. 4783 (1956). II, 1A, Personalia Martin Wolff (darin Angelegenheit „Wiedergutmachung" Marguerite Wolff, 1951 bis 1957, darin Zeugnis von Bruns vom 19.12.1933). – Archiv HUB: UK W 266 (PA Martin Wolff), bes. Bd. 1, Bl. 2a. – Centrum Judaicum (Auskunft Frau Hank, 28.6.2001). – Biographisches Handbuch der ... Emigration, Vol. II, Part 2, p. 1263 (Martin Wolff) und p. 1261 (Konrad Martin Wolff). – Gedenkbuch KWG (2008), S. 369-375, mit Foto.

Literatur: Martin Wolff (1945, 1950; Reprint 1977), preface.

Sekundärliteratur: von Lösch (1999), bes. S. 360-366. – Dannemann (2003), bes. S. 4-5 sowie S. 11-12. – Röwekamp (2005), S. 436-438 (Dank M. Kazemi). – Vogt (2007), bes. S. 233-239.

Foto: Gedenkbuch KWG (2008), Abb. 72, S. 456.

Wrangell, Margarete von (Margarethe)
verh. von Wrangell-Andronikow
geb. 25.12.1876 (7.1.1877) Moskau
gest. 31.3.1932 Hohenheim bei Stuttgart
Dr., Chemie (Pflanzenchemie, Bodenkunde); Professor
Staatsbürgerschaft Rußland (Baltikum), Deutschland

Ab 1905 Studium der Chemie an der Universität Tübingen. – Prom. 1909 Universität Tübingen: „Isomerieerscheinungen beim Farmylglutakonsäureester und seinen Bromderivaten". – 1909–1912 verschiedene Studienaufenthalte, zunächst in Dorpat, dann in London bei Sir William Ramsay, in Paris bei Marie Curie und schließlich Assistentin an der Universität Straßburg. – 1912–1917/18 wiss. Arbeit in Reval, Vorsteherin der Versuchsstation des Estländischen Landwirtschaftlichen Vereins. – Ab 1918 in Deutschland lebend, 1918–1920 als Vortragsreisende (u. a. über Estlands Bodenschätze) tätig. – 1920 Habilitation an der Landwirtschaftlichen Hochschule in Hohenheim bei Stuttgart mit der Arbeit „Phosphorsäureaufnahme für Bodenreaktion". – Von 1922 bis 1923 wiss. Gast im Kaiser-Wilhelm-Institut für physikalische Chemie und Elektrochemie, Berlin-Dahlem. – 1923 Berufung – als erste weibliche ordentliche Professorin in Deutschland – an die Landwirtschaftliche Hochschule Hohenheim und bis zu ihrem Tod 1932 hier Professorin und Leiterin (Vorstand) des Instituts für Pflanzenernährung. – In der Frauenbewegung Deutschlands aktiv tätig, u. a. im 1926 gegründeten Deutschen Akademikerinnen-Bund. – Im September 1928 Heirat mit Fürst Wladimir Andronikow, ehem. Oberst der russischen Armee und Emigrant seit 1918; sie mußte dafür im zuständigen Ministerium um eine Sondererlaubnis bitten, als verheiratete Professorin weiter tätig sein zu können. – Von Wrangell arbeitete anfangs zur Radiochemie, später zur Pflanzenchemie und Pflanzenphysiologie, besonders zur Pflanzenernährung und der chemischen Zusammensetzung des Bodens. Fritz Haber schätzte ihre Arbeiten sehr hoch ein und förderte sie.

Autobiographie (Selbstdarstellung): von Wrangell (1930), S. 141-151 (wieder publ. in: Conrad/Leuschner (1999), S. 183-193 u. S. 271-272).

Nachrufe: Bodenstein, Max. In: Berichte der Dt. Chem. Ges. 65 (1932), S. 95. – Wedekind, E. In: Chemiker-Zeitung 56 (1932), S. 401-402. – Mayer, Adolf: Margarete von Wrangell. Fürstin Andronikof. † 31.März 1932 zu Stuttgart. In: Naturwissenschaften, Bd. 20/1932, Heft 19, S. 322-324. – von Zahn-Harnack, Agnes: Margarete Fürstin Andronikow-Wrangell. In: Die Frau 39 (1931/32), S. 571-573 (wieder publ. in: Agnes v. Zahn-Harnack (1964), S. 128-130).

Quellen: MPG-Archiv: I, 1A, Nr. 1165/3, Bl. 85 (Personal-Angelegenheiten; Brief von Wrangell an Haber, 27.8.1923). – Naturwissenschaften, Bd. 14/1926, S. 1248; Bd. 12/1924 bis 16/1928 Rez. von Arbeiten und Artikel von v. Wrangell. – Poggendorff VI, S. 2931-2932; VIIa, S. 1077.

Sekundärliteratur: Andronikow (1935). – v. Zahn-Harnack (1964). – Boedeker (1974), S. 22. – Fellmeth/Hosseinzadeh (1998). – „Märkische Allgemeine Zeitung", 7./8.3.1998 (Bericht von d. Veranstaltung in Stuttgart-Hohenheim zum 75jähr. Jubiläum der ersten Professur für eine Frau). – Szöllösi-Janze (2000). – Ogilvie/Harvey (2000), Vol. 2, pp. 1402-1404. – Blume/Stahr (2007), S. 95-123.

Fotos: Kern (1930). – Andronikow (1935). – Fellmeth/Hosseinzadeh (1998). – Universitätsarchiv Hohenheim.

Wreschner, Marie
geb. 20.9.1887 Hohensalza
gest. 17.11.1941 Berlin (Freitod)
Dr., Physik

Ab Herbst 1888 mit den Eltern Jakob Wreschner (2.7.1854-21.11.1918) und Paula, geb. Borinski (1862–1940), in Berlin lebend. Zunächst Besuch des Berliner städtischen Dorotheen-Lyceums und Abgangszeugnis 1904. Von Oktober 1908 bis 1911 Teilnahme an den „Strinzschen Gymnasialkursen für Frauen" (gegründet von Helene Lange); 1911 Reifeprüfung am Kaiser-Wilhelm-Realgymnasium in Berlin. – 1911–1916 Studium der Physik und Chemie an den Universitäten München, Freiburg i. Br. und Heidelberg (je ein Semester) sowie an der Universität Berlin (insgesamt 9 Semester). – Von Oktober 1916 bis August 1917 Arbeit an der Dissertation im Technologischen Institut der Universität Berlin. Prom. am 28.1.1918 Universität Berlin: „Über Drehungsumkehrung und anomale Rotationsdispersion" (45 S.) bei Arthur Wehnelt, Max Planck, angefertigt bei Herrmann Grossmann. Widmung: „Meinen Eltern". – 1919 Assistentin bei Leopold Spiegel (1865–1927), Professor für Chemie an der Landwirtschaftlichen Hochschule Berlin. – Von Januar 1920 bis Mai/Juni 1933 wiss. Mitarbeiterin bzw. Stipendiatin im Kaiser-Wilhelm-Institut für physikalische Chemie und Elektrochemie, Berlin-Dahlem, in der Abteilung von Herbert Freundlich, meist unbezahlt tätig; sie erhielt lediglich Forschungsbeihilfen bzw. Stipendien. Im Frühjahr 1933 auf Grund der NS-Gesetze entlassen. – Von 1933 bis 1938 in Berlin als „Privatgelehrte" tätig. Arbeiten für das „Handbuch der biologischen Arbeitsmethoden" von Emil Abderhalden (1877–1950); noch 1938 erschienen 4 Artikel. – Nach dem Pogrom vom 9./10.11.1938 gescheiterter Versuch, mit ihrer Mutter nach Großbritannien zu fliehen; weitere Emigrationsbemühungen scheiterten, auch der Versuch, im Januar 1939 in die USA zu flüchten. Mit ihrer Mutter zur Zwangsarbeit in Berlin eingesetzt, in deren Folge die Mutter am 18.9.1940 an Erschöpfung starb. Letzte Adresse: Tiergarten, Claudiusstraße 3. Am 17. November 1941 setzte Wreschner vor der drohenden Deportation in ein Vernichtungslager ihrem Leben ein Ende (Gasvergiftung). Beerdigt auf dem Friedhof Berlin-Weißensee.

Patente: Loeb, Laurence Farmer, Wreschner, Marie (Kaiser-Wilhelm-Institut für Physik. Chemie) Patent-Nr. 442853(30h,2)1037. Verfahren zur Darstellung eines in Körperflüssigkeiten unlöslichen, ß-Strahlen aussendenden Präparates. 7.3.25.-A1037 (1927). – Loeb, Laurence Farmer, Wreschner, Marie (Kaiser-Wilhelm-Institut für Physik. Chemie) Patent-Nr. 443587(30h,2)1155. Verfahren zur Darstellung eines in Körperflüssigkeiten unlöslichen, ß-Strahlen aussendenden Präparates. Zusatz z. Patent 442853. 22.8.25.-A1155. – Loeb, Laurence Farmer, Wreschner, Marie (Kaiser-Wilhelm-Institut für Physik. Chemie) Patent-Nr. 448392(30h,2)1957. Verfahren zur Darstellung eines in Körperflüssigkeiten unlöslichen, ß–Strahlen aussendenden Präparates. Zusatz z. Patent 442853. 9.2.26.-A1957.

Publikationen: 6 Artikel im „Handbuch der biologischen Arbeitsmethoden", Hrsg. Emil Abderhalden. Berlin und Wien: Abt. III, Teil B, 1929, S. 757-774; Abt. II, Teil 3, Heft 1, 1933, S. 2659-2690; Abt. V , Teil 10, 1. Hälfte, 1938, S. 718-825; Abt. V , Teil 10, 2. Hälfte, 1938, S. 1125-1235, S. 1236-1262, S. 1263-1363.

Quellen: Archiv HUB: Phil. Fak. Nr. 581, Bl. 86-94. – MPG-Archiv: I, 1A, Nr. 2121, Bl. 95 (Brief Habers von 1921 und Mitarbeiter-Liste vom März und November 1921 für Habers und Herzogs Institut). – Handbuch KWG, 1928, S. 179 („sonstige Mitarbeiter"). – Naturwissenschaften, Bd. 16/1928, S. 441 (Artikel: Loeb, L. F. u. M. Wreschner). – Patent-Datei

Hartung. – Archive S.P.S.L., Oxford: 343/5, pp. 166-207 („registered" 28.11.1938; 1947 vergebliche Suche nach ihr). – American Phil. Society, Philadelphia: Max Bergmann Papers, Box 15 (Brief Marie Wreschner, 26.1.1939 (2 S.), Bitte um Hilfe bei Emigration in die USA und Antwortbrief, 14.2.1939). – Centrum Judaicum, Auskunft 28.1.1999, Auskunft des Friedhofs Weißensee, 1999.

Sekundärliteratur: Vogt (2000a), S. 22-23. – Lexikon der Physik, Bd. 5 (2000), S. 454 (AV). – Ogilvie/Harvey (2000), Vol. 2, p.1404. – Vogt (2002b), bes. S. 117-118. – Fischer (2007), S. 100 (mit Foto des Grabes). – Vogt (2007).

Fotos: Gedenkbuch KWG (2008), Abb. 74, S. 458 u. Abb. 76, S. 462. – Fischer (2007), S. 100 (Foto des Grabes).

Würtz, Margarete
Dr., Medizin

Mindestens 1935 wiss. Mitarbeiterin in der Deutschen Forschungsanstalt für Psychiatrie (Kaiser-Wilhelm-Institut), München, im Klinischen Institut unter Kurt Schneider.

Quelle: Handbuch KWG, 1936, Bd. 1, S. 190 (hier: Volontärärztin).

Z

Zuelzer, Margarete (Margarethe Hedwig)
geb. 7.2.1877 Haynau, Kreis Goldberg (Schlesien, heute Polen)
umgekommen 23.8.1943 KZ Westerbork (Niederlande)
Dr., Biologie (Protozoenforschung); Regierungsrat

Schulbildung in Berlin, darunter Besuch der Prox'schen Höheren Mädchenschule. Weiterer Unterricht teils in Gymnasialkursen für Frauen, teils privatim von Gymnasiallehrern erteilt. – Von Herbst 1898 bis Wintersemester 1901/02 Studium der Naturwissenschaften (als Hörerin) an der Universität Berlin. – Ab Sommersemester 1902 Studium der Naturwissenschaften, besonders Zoologie, an der Universität Heidelberg. – Vor dem Wechsel nach Heidelberg, 1901, mit der Arbeit an der Dissertation im Zoologischen Institut der Universität Berlin bei PD Fritz Schaudinn (1871–1906) begonnen, im Zoologischen Institut der Universität Heidelberg beendet. – Prom. 1904 an der Nat.-Math. Fak. der Universität Heidelberg: „Beiträge zur Kenntnis von Difflugia urceolata Carter". – Von 1916 bis April 1933 Assistentin, später Direktor(in) des Protozoenlaboratoriums im Reichsgesundheitsamt Berlin, hier später Regierungsrat; 1926 war sie die einzige Frau unter 17 Regierungsräten (Festschrift (1926), S. 181). – Von 1932 bis 1933 wiss. Gast im Kaiser-Wilhelm-Institut für physikalische Chemie und Elektrochemie, Berlin-Dahlem. – Auf Grund der NS-Gesetzgebung 1933 entlassen und Emigration 1939. – Sie war die Schwägerin des Sozialdemokraten Albert Südekum (1871–1944), Journalist, Redakteur der „Fränkische Tagespost" und für die SPD 1900–1918 Mitglied des Reichstages, von Nov. 1918 bis März 1920 Finanzminister des Freistaates Preußen und Autor verschiedener Bücher. Nach Käte Frankenthal war auch Margarete Zuelzer Sozialistin. – Auf Grund ihrer Arbeiten zur Weilschen Krankheit war sie im Auftrag der niederländischen Regierung von 1926 bis 1928 zu Forschungen auf Sumatra, Java und Bali. Im Exil in Amsterdam Arbeit mit Prof. Schüffner. – Letzte Adresse in Berlin: Charlottenburg, Eichkampstr. 108. – Emigration am 7.10.1939 nach Amsterdam, Niederlande, Adressen: Bachplein 13, später Merwedeplein 24 II. – Sie wurde beim „niederländischen Judenrat" registriert und am 20.5.1943 (laut Den Haag, am 1.8.1943 laut Westerbork-Gedenkstätte) in das KZ Westerbork deportiert, hier am 23.8.1943 umgekommen („gestorben") und am gleichen Tag eingeäschert. Die Urne wurde in Diemen bei Amsterdam auf dem niederländisch-israelitischen Friedhof beigesetzt.

Publikationen: Zur Kenntnis der Ökologie einiger Saprobien bei Helgoland. In: Die Naturwissenschaften, Bd. 12 (1924), Heft 6, S. 113-116. – Zur Hydrobiologie der Weilschen Spirochaeten. In: Comptes Rendus du XIIe Congres Intern. de Zool. Lisbonne, 1935, Vol. III, Section X: Parasitologie. 6-A, pp.1871-1883. – Uit mijn dagboek: Feesten op Bali. In: Cultureel Indië, 3 (1941), p. 12 (published from 1939–1946 by the Colonial Institute Amsterdam).

Quellen: Lebenslauf in der Dissertation. – Boedeker (1935/39). – Naturwissenschaften, Bd. 12/1924, S. 113-116; Bd. 21/1933, S. 431 (Artikel mit W. Kross). – Festschrift. Hrsg. Reichsgesundheitsamt. Berlin, Springer Verlag, 1926, Anhang (Personal und Publikationen, hier 8 Publ. von M. Zuelzer). – Käte Frankenthal (1985), S. 319 (Personen-Register). – List (1936). – Centrum Judaicum (Auskunft Frau Hank). – Herinneringscentrum Kamp Westerbork, Brief vom 21.8.2001. – Niederländisches Rotes Kreuz, Den Haag, e-mail 28.4.2005.

Sekundärliteratur: Baader (1984), S. 77.

Archiv-Verzeichnis

American Phil. Society, Philadelphia: The American Philosophical Society, Library, Philadelphia (USA)

Archive Académie Royale des Sciences, des Lettres et des Beaux-Arts de Belgique, Brüssel

Archiv BBAW: Archiv der Berlin-Brandenburgischen Akademie der Wissenschaften, Berlin

Archiv HUB: Archiv der Humboldt-Universität zu Berlin

Archiv Leopoldina: Archiv der Deutschen Akademie der Naturforscher Leopoldina, Halle/S.

Archiv ÖAW: Archiv der Österreichischen Akademie der Wissenschaften, Wien

Archiv der Akademie der Wissenschaften, Prag

MPG-Archiv: Archiv der Max-Planck-Gesellschaft, Berlin

Archive S.P.S.L., Oxford: Archive of the S.P.S.L. (Society for the Protecting of Science and Learning), Bodleian Library, University of Oxford (Großbritannien)

Bundesarchiv, Abt. R: Deutsches Reich, Berlin

C.- u. O. Vogt-Archiv: Cécile und Oskar Vogt-Institut für Hirnforschung GmbH, Cécile und Oskar Vogt-Archiv, Düsseldorf

Privatarchiv Timofeev-Resovskij, Ekaterinburg (Rußland)

Privatarchiv Pasternak, Oxford (Großbritannien)

Churchill College Archives, Cambridge: Churchill Archives Centre, Churchill College, Cambridge (Großbritannien)

Landesarchiv Berlin

Landesarchiv Nordrhein-Westfalen, Hauptstaatsarchiv Düsseldorf

Stadtarchiv Göttingen

Stadtarchiv Mannheim

Institut für Stadtgeschichte Frankfurt/M. (Stadtarchiv)

Stiftung Neue Synagoge Berlin - Centrum Judaicum, Archiv

weitere Universitätsarchive: Bonn, Münster, Erlangen, Heidelberg, Halle/S., Hohenheim, Göttingen, Wien, Innsbruck, LMU München, TU Berlin, FU Berlin

Literatur-Verzeichnis

Andronikow, Fürst Wladimir: Margarethe v. Wrangell. Das Leben einer Frau, 1876-1932. München 1935.

Asen, Johannes (Bearb.): Gesamtverzeichnis des Lehrkörpers der Universität Berlin. Bd.1 1810-1945. Leipzig 1955. (Mehr nicht erschienen.)

Baader, Gerhard: Politisch motivierte Emigration deutscher Ärzte. In: Berichte zur Wissenschaftsgeschichte 7 (1984), S. 67-84.

Babkov, Vasilij, Elena Sakanjan: Nikolaj Vladimirovich Timofeev-Resovskij. Moskva 2002.

Bamann, Eugen, Karl Myrbäck (Hrsg.): Die Methoden der Fermentforschung. 4 Bände, Leipzig 1941.

Barnes, Christopher: Boris Pasternak. A Literary Biography. Vol. 1 u. 2. Cambridge et al. 1989-2000.

Beale, G. H.: Charlotte Auerbach. 14 May 1899 - 17 March 1994. Elected F.R.S. 1957, in: Biographical Memoirs of Fellows of the Royal Society 41 (1995), pp. 20-42.

Beneke, Klaus: Erika Cremer. In: Biographien und wissenschaftliche Lebensläufe von Kolloidwissenschaftlern, deren Lebensdaten mit 1996 in Verbindung stehen. Nehmten 1999, S. 311-334.

Berger, Heike Anke. Deutsche Historikerinnen 1920-1970. Geschichte zwischen Wissenschaft und Politik. Frankfurt/M. u. a. 2007 (= Geschichte und Geschlechter, Bd. 56).

Berghahn, Sabine u. a. (Hrsg.): Wider die Natur? Frauen in Naturwissenschaft und Technik. Berlin 1984.

Biographisches Handbuch der deutschsprachigen Emigration nach 1933. (International Biographical Dictionary of Central European Emigrées 1933-1945). Hrsg. von Werner Röder, Herbert A. Strauss. 3 Bände, München 1980-1983.

Bischof, Brigitte: Physikerinnen. 100 Jahre Frauenstudium an den Physikalischen Instituten der Universität Wien. Broschüre zur Ausstellung. Wien 1998.

Bleker, Johanna (Hrsg.): Der Eintritt der Frauen in die Gelehrtenrepublik. Zur Geschlechterfrage im akademischen Selbstverständnis und in der wissenschaftlichen Praxis am An-

fang des 20. Jahrhunderts. Husum 1998 (= Abhandlungen zur Geschichte der Medizin und der Naturwissenschaften, H. 84)
- und Sabine Schleiermacher (Hrsg.): Ärztinnen aus dem Kaiserreich. Lebensläufe einer Generation. Weinheim 2000.

Blume, Hans-Peter, Karl Stahr: Zur Geschichte der Bodenkunde. Universität Hohenheim. Stuttgart 2007 (= Hohenheimer Bodenkundliche Hefte, Nr. 83).

Boedeker, Elisabeth (Hrsg.): 25 Jahre Frauenstudium in Deutschland. Verzeichnis der Doktorarbeiten von Frauen. 1908-1933. Hannover 1935ff. (Vier Hefte) I: Buchwesen, ... Philosophie, ..., Geschichte; beigefügt: Geschichte und Entwicklung des Frauenstudiums in Deutschland (Chronologie), 1939; II: Sprachwissenschaft, Literaturgeschichte und Dichtung, 1936; III: Rechtswissenschaft, Wirtschafts- und Sozialwissenschaften, 1937; IV: Mathematik, Naturwissenschaften, Technik und Anhang Medizin, 1935.
- und Maria Meyer-Plath: 50 Jahre Habilitation in Deutschland, 1920-1970. Göttingen 1974.

Brinkschulte, Eva (Hrsg.): Weibliche Ärzte. Die Durchsetzung des Berufsbildes in Deutschland. Berlin 1994.

Brocke, Bernhard vom, Hubert Laitko (Hrsg.): Die Kaiser-Wilhelm-/Max-Planck-Gesellschaft und ihre Institute. Studien zu ihrer Geschichte: Das Harnack-Prinzip. Berlin u. a. 1996.

Buckman, David: Leonid Pasternak. A Russian Impressionist. 1862-1945. London 1974.

Buckner, Virginia L.: Barbara McClintock (1902-1992). In: Grinstein (1997), pp. 310-318.

Carstens, Renate: Emmy Stein (1879-1954) und Luise von Graevenitz (1877-1921). In: Horn, Gisela (Hrsg.): Die Töchter der Alma mater Jenensis. Neunzig Jahre Frauenstudium an der Universität Jena. Rudolstadt u. a. 1999, S. 81-90.

Conrads, Hinderk, Brigitte Lohff: Carl Neuberg – Biochemie, Politik und Geschichte. Lebenswege und Werk eines fast verdrängten Forschers. Stuttgart 2006 (= Geschichte und Philosophie der Medizin, Bd. 4).

Comfort, Nathaniel: Barbara McClintock (1902-1992). Geneticist. In: Shearer, Benjamin F. and Barbara S. (Eds.). Notable Women in the Life Sciences. A Biographical Dictionary. Westport (Connecticut) et al. 1996, pp. 274-280.

Crawford, Elisabeth et al. (1987): The Nobel Population. 1901-1937. A Census of the Nominators and Nominees for the Prizes in Physics and Chemistry. Berkeley et al. 1987.
- (1996): A Nobel tale of wartime injustice. In: Nature 382 (1996), pp. 393-395.

Dannemann, Gerhard: Rechtsvergleichung im Exil. Martin Wolff und das englische Recht. Antrittsvorlesung, 1. Juli 2003, Humboldt-Universität zu Berlin, Großbritannien-Zentrum. Berlin: Humboldt-Univ., 2004 (= Öffentliche Vorlesungen / Humboldt-Universität zu Berlin, 135).

Deichmann, Ute (1992): Biologen unter Hitler. Vertreibung, Karrieren, Forschung. Frankfurt/M. u. a. 1992.

– (1993a): Charlotte Auerbach. In: Dick, Jutta u. Marina Sassenberg (Hrsg.): Jüdische Frauen im 19. und 20. Jahrhundert. Lexikon zu Leben und Werk. Reinbek 1993, S. 32-33.

– (1993b): Gerta von Ubisch (3.10.1882-31.3.1965). In: ebenda, S. 378-379.

– (1997): Frauen in der Genetik, Forschung und Karrieren bis 1950. In: Tobies (1997), S. 221-251; erw. u. korr. Fassung in: Tobies (2008), S. 245-282.

– (2001): Flüchten, Mitmachen, Vergessen. Chemiker und Biochemiker in der NS-Zeit. Weinheim 2001.

Denz, Cornelia, Annette Vogt: Einsteins Kolleginnen – Physikerinnen gestern & heute. Bielefeld 2005 (TeDiC).

Dick, Jutta, Marina Sassenberg (Hrsg.): Jüdische Frauen im 19. und 20. Jahrhundert. Lexikon zu Leben und Werk. Reinbek 1993.

Dippel, John V. H.: Die große Illusion. Warum deutsche Juden ihre Heimat nicht verlassen wollten. München 2001.

DSB – Dictionary of Scientific Biography. Vol. 1-18, New York et al., 1981ff.

Engel, Brita (1996): Clara Immerwahrs Kolleginnen. Die ersten Chemikerinnen in Berlin. In: Meinel/Renneberg (1996), S. 297-304.

– (1999): Deodata Krüger. In: Jochens (1999) S. 171-172.

Engel, Michael (1982): Carl Neuberg. In: Bibliotheks-Information, Freie Universität Berlin, (1982), 3, S. 11-16.

– (1984): Geschichte Dahlems. Berlin 1984.

– (1994): Paradigmenwechsel und Exodus. Zellbiologie, Zellchemie und Biochemie. In: Fischer, Wolfram u. a. (Hrsg.) Exodus von Wissenschaften aus Berlin. Berlin u. a.1994, S. 296-342.

– (1996): Chemische Laboratorien in Berlin. 1570 bis 1945. Topographie und Typologie. In: Kant, Horst (Hrsg.). Fixpunkte. Wissenschaft in der Stadt und der Region. Festschrift für Hubert Laitko anläßlich seines 60. Geburtstages. Berlin 1996, S. 161-207.

Enzensberger, Hans Magnus: Hammerstein oder der Eigensinn. Eine deutsche Geschichte. Frankfurt/M. 2008.

Ernst, Sabine: Lise Meitner an Otto Hahn. Briefe aus den Jahren 1912 bis 1924. Stuttgart 1992.

Familienkorrespondenz (2000): Pasternak, Boris. Eine Brücke aus Papier. Die Familienkorrespondenz 1921-1960. Hrsg. von Evgenij und Elena Pasternak, übersetzt von Johanna Renate Döring-Smirnov. Frankfurt 2000.

Fellmeth, Ulrich, Sonja Hosseinzadeh (Hrsg.): Margarete von Wrangell und andere Pionierinnen. Die ersten Frauen an den Hochschulen in Baden und Württemberg. Begleitbuch zur Ausstellung. Hohenheim 1998.

Festschrift. 25 Jahre KWI für Metallforschung. 1921-1946. Stuttgart 1949.

Fischer, Anna: Erzwungener Freitod. Spuren und Zeugnisse in den Freitod getriebener Juden der Jahre 1938-1945 in Berlin, Berlin 2007.

Fleishman, Lazar: Boris Pasternak. The Poet and His Politics. Cambridge (Mass.) u. a. 1990.

Fowler, Jack. In memoriam Tikvah Alper 1909-1995. In: Radiation Research 142 (1995), pp. 110-112.

Fox-Keller, Evelyn: A Feeling for the Organism. The Life and Work of Barbara McClintock. New York 1983.

Fromm, Bella: Als Hitler mir die Hand küßte. Reinbek 1997.

Fuchs, Margot: Isolde Hausser (1889-1951). Physikerin in Industrie und Forschung. In: Haase, Annemarie, Harro Kieser (Hrsg.): Können, Mut und Phantasie. Portraits schöpferischer Frauen aus Mitteldeutschland. Weimar u. a. 1993, S. 149-164.

— (1994a): Isolde Hausser (7.12.1889-5.10.1951), Technische Physikerin und Wissenschaftlerin am Kaiser-Wilhelm-/Max-Planck-Institut für Medizinische Forschung, Heidelberg. In: Berichte zur Wissenschaftsgeschichte 17 (1994), S. 201-215.

— (1994b): Wie die Väter, so die Töchter. Frauenstudium an der Technischen Hochschule München von 1899-1970. München 1994.

Gedenkbuch. Opfer der Verfolgung der Juden unter der nationalsozialistischen Gewaltherrschaft in Deutschland 1933-1945. 2 Bde. Koblenz, Bundesarchiv, 1986.

Gedenkbuch der ermordeten Berliner Juden. Berlin 1995.

Gedenkbuch KWG. Rürup, Reinhard, unter Mitwirkung von Michael Schüring: Schicksale und Karrieren. Gedenkbuch für die von den Nationalsozialisten aus der Kaiser-Wilhelm-Gesellschaft vertriebenen Forscherinnen und Forscher. Göttingen 2008 (= Geschichte der Kaiser-Wilhelm-Gesellschaft im Nationalsozialismus, Bd. 14).

Glass, Bentley: Nikolaj W. Timoféeff-Ressowsky. In: Dictionary of Scientific Biography, Vol. 18, Suppl. II, 1990, pp. 919-926.

Globig, David: Das KWI für Silikatforschung. Gründung und Entwicklung in der Weimarer Republik. Magisterarbeit Univ. München 1994 (unveröff.).

Gorbman, Audrey, Howard Bern: In Memoriam: Berta V. Scharrer (1906-1995). In: General and Comparative Endocrinology, 101 (1996) No.1, p. VIII.

Granin, Daniil A.: Der Genetiker. Das Leben des Nikolai Timofejew-Ressowski, genannt Ur. Köln 1988 (russ. in: Novy mir, H. 1/2, 1987).

Greenfield, Susan (1993): Marthe Louise Vogt F. R. S. (1903-). In: Women physiologists. London et al. 1993, pp. 49-59.

– (2004): Marthe Louise Vogt (1903-2003). Obituary. In: Physiology News 54 (2004), pp. 50-51.

Grinstein, Louise S., Paul J. Campbell (Eds.): Women of mathematics. A Biobibliographic Sourcebook. Westport (Connecticut) et al. 1987.

– (1993): Grinstein, Louise S. et al. (Eds.): Women in Chemistry and Physics. A Biobibliographic Sourcebook. Westport (Connecticut) et al. 1993.

– (1997): Grinstein, Louise S. et al. (Eds.): Women in the Biological Sciences. A Biobibliographic Sourcebook. Westport (Connecticut) et al. 1997.

Grossmann, Kurt R.: Die unbesungenen Helden. Menschen in Deutschlands dunklen Tagen, 2. veränd. und erg. Auflage. Berlin 1961.

Häntzschel, Hiltrud, Hadumod Bußmann (Hrsg.): Bedrohlich gescheit. Ein Jahrhundert Frauen und Wissenschaft in Bayern. München 1997.

Hallervorden, Julius: Der Berliner Kreis. In: 50 Jahre Neuropathologie in Deutschland. 1885-1935. Stuttgart 1961, S. 108-123.

Hagner, Michael: Im Pantheon der Gehirne. Die Elite- und Rassengehirnforschung von Oskar und Cécile Vogt. In: Schmuhl, Hans Walter (Hrsg.) Rassenforschung an Kaiser-Wilhelm-Instituten vor und nach 1933. Göttingen 2003, S. 99-144 (= Geschichte der KWG im Nationalsozialismus, Bd. 4).

Hammerstein, Franz von: Gestapohäftling in Berlin – Sippenhäftling in Buchenwald – Sonderhäftling in Dachau. Festvortrag am 19. Juli 1999 im Otto-Braun-Saal der Staatsbibliothek Preußischer Kulturbesitz, Berlin. Gedenkstätte Deutscher Widerstand, 2006.

– (2007): Franz von Hammerstein - Widerstehen und Versöhnen. Ein Leben zwischen den Stühlen. Hrsg. Aktion Sühnezeichen Friedensdienste e. V., Berlin 2007. Enthält: Interview mit Franz von Hammerstein, S. 85-128; Vortrag auf der Veranstaltung der Gedenkstätte Deutscher Widerstand in der Staatsbibliothek zu Berlin (19.7.1999), S. 155-172.

Hammerstein, Kunrat von: Spähtrupp. Stuttgart 1963.

– (1966): Flucht (Aufzeichnungen nach dem 20. Juli). Olten und Freiburg i. B. 1966.

Hammerstein, Ludwig von: Der 20. Juli 1944. Erinnerungen eines Beteiligten. Saarbrücken 1994.

– (2005): „Unsere Zukunft hängt davon ab, dass wir nicht in Unkenntnis der Vergangenheit die Zukunft versuchen.", Vortrag am 18. Juli 1993 in der Kirche zu Bornstedt, Potsdam. Gedenkstätte Deutscher Widerstand, 2005.

Handbuch KWG, 1928: Handbuch der Kaiser Wilhelm Gesellschaft, Hrsg. A. v. Harnack, Berlin 1928.

Handbuch KWG, 1936: Handbuch der Kaiser Wilhelm Gesellschaft, Hrsg. M. Planck, Berlin 1936, 2 Bde.

Hartkopf, Werner: Die Berliner Akademie der Wissenschaften. Ihre Mitglieder und Preisträger. 1700-1990. Berlin 1992.

Hartung, Günter: Patent-Datei, Nachlaß Günter Hartung, www.wissenschaftsforschung.de.

Hassler, Rolf: Cécile und Oskar Vogt. In: Kolle, Kurt (Hrsg.): Große Nervenärzte. 2., erw. Aufl. Bd. 2. Stuttgart 1970, S. 45-64.

Hausser, Karl, Rudolf Frey: 50 Jahre Hausser-Vahle-Kurve. In: acta medicotechnica, 29 (1981), H. 1, S. 33-34.

Haymaker, Webb, Francis Schiller (Eds.): The Founders of Neurology. 2nd ed. Springfield, Illinois 1970, pp. 384-388.

Heinroth, Katharina: Mit Faltern begann's - Mein Leben mit Tieren in Breslau, München und Berlin. München 1979.

Herter, Konrad: Begegnungen mit Menschen und Tieren. Erinnerungen eines Zoologen (1891-1978). Berlin 1979.

Hertz, Heinrich: Erinnerungen, Briefe, Tagebücher = Memoirs, letters, diaries. Hrsg. von Mathilde Hertz, Charles Susskind. Zusammengestellt von Johanna Hertz, biographische Einleitung Max von Laue. Weinheim u. a. 1977.

Herzenberg, Caroline L., Ruth H. Howes: Women of the Manhattan Project. In: Technology Review 96 (1993), 8, pp. 32-40.

Hesse, Hans: Augen aus Auschwitz. Der Fall Dr. Karin Magnussen. In: Arbeiterbewegung und Sozialgeschichte. (2000), Nr. 6, S. 55-64.

– (2001): Augen aus Auschwitz: ein Lehrstück über nationalsozialistischen Rassenwahn und medizinische Forschung – der Fall Dr. Karin Magnussen. Essen 2001.

Hoffmann, Dieter: Johann (Jan) Böhm (1895-1952), Chemiker. Gelehrter in drei Regimen. In: Glettler, Monika, Alena Misková (Hrsg.): Prager Professoren 1938-1948. Zwischen Wissenschaft und Politik. Essen 2001, S. 525-541.

Hopf, Adolf: Cécile und Oskar Vogt-Institut für Hirnforschung, in: Jahrbuch der Universität Düsseldorf 1971/1972, S. 199-202.

Hornsey, S., J. Denekamp: Tikvah Alper: an indomitable spirit, 22.1.1909 - 2.2.1995. In: Intern. Journal Radiation Biology 71 (1997) 6, pp. 631-642.

Hoßfeld, Uwe u. a. (Hrsg.): Kämpferische Wissenschaft. Studien zur Universität Jena im Nationalsozialismus. Köln u. a. 2003.

Hund, Friedrich: Interview mit Klaus Hentschel und Renate Tobies. In: NTM 1 (1996), S. 1-18.

Jaeger, Siegfried: Vom erklärbaren, doch ungeklärten Abbruch einer Karriere – Die Tierpsychologin und Sinnesphysiologin Mathilde Hertz (1891-1975). In: Gundlach, Horst (Hrsg.). Untersuchungen zur Geschichte der Psychologie und der Psychotechnik. München u. a. 1996, S. 228-262.

Jahn, Ilse, u. a. (Hrsg.): Geschichte der Biologie. 3., neubearb. und erw. Aufl. Jena u. a. 1998.

Jahrbuch der Max-Planck-Gesellschaft (MPG) 1961, Teil II (Institutsberichte). Göttingen 1961.

Jatho, Jörg-Peter: Das Gießener „Freitagskränzchen": Dokumente zum Mißlingen einer Geschichtslegende – zugleich ein Beispiel für Entsorgung des Nationalsozialismus. Fulda 1995.

Jochens, Birgit, Sonja Miltenberger (Hrsg.): Zwischen Rebellion und Reform. Frauen im Berliner Westen. Berlin 1999.

Just, Günther: Agnes Bluhm und ihr Lebenswerk. In: Die Ärztin 17 (1941) 11, S. 516-526.

Kant, Horst: Forschungen über Radioaktivität am Kaiser-Wilhelm-Institut für Chemie. Die Abteilung(en) Hahn/Meitner und ihre internationalen Kontakte. In: Kant, Horst, Annette Vogt (Hrsg): Aus Wissenschaftsgeschichte und -theorie. Hubert Laitko zum 70. Geburtstag überreicht von Freunden, Kollegen und Schülern, Berlin 2005, S. 289-320.

Kalmus, Hans: Odyssey of a Scientist. An Autobiography. London 1991.

Karlik, Berta: In memoriam Lise Meitner. In: Physikalische Blätter 35 (1979), S. 49-52.

Karlson, Peter: Adolf Butenandt. Biochemiker. Hormonforscher. Wissenschaftspolitiker. Stuttgart 1990.

Katalog Karlshorst (2001): Ausstellung „Juni 1941. Der tiefe Schnitt", Deutsch-Russisches Museum Berlin-Karlshorst, 2001.

Katalog Tiergarten (1999): Hoff, Marlise (Hrsg.): Katalog zur Ausstellung „Aufbrüche. Frauengeschichte(n) aus Tiergarten". 1850-1950. Berlin 1999.

Kaufmann, Bernd u. a.: Der Nachrichtendienst der KPD. 1919-1937. Berlin 1993.

Kazemi, Marion: Nobelpreisträger in der Kaiser-Wilhelm-/Max-Planck-Gesellschaft zur Förderung der Wissenschaften. 2. erw. Aufl. Berlin 2006 (= Veröffentlichungen aus dem Archiv zur Geschichte der Max-Planck-Gesellschaft, Bd. 15).

Keintzel, Brigitta, Ilse Korotin (Hrsg.), Wissenschaftlerinnen in und aus Österreich. Leben – Werk – Wirken. Wien u. a. 2002.

Kerner, Charlotte (1992): Ein Kurzporträt der Atomphysikerin Lise Meitner. In: Schlüter (1992), S. 105-113.
- (1995): Lise, Atomphysikerin. Die Lebensgeschichte der Lise Meitner. Weinheim u. a. 1995 (1. Aufl. 1986).

Kilbey, B. J.: Charlotte Auerbach (1899-1994). In: Genetics 141 (1995), pp. 1-5.

Kinas, Sven: Adolf Butenandt (1903-1995) und seine Schule. Berlin 2004 (= Veröffentlichungen aus dem Archiv zur Geschichte der Max-Planck-Gesellschaft, Bd. 18).

Kirsche, Walter: Oskar Vogt. 1870-1959. In: Sitzungsberichte der AdW der DDR, 1985 13 N, Berlin 1986, S. 5-51.

Klatzo, Igor: Cécile and Oskar Vogt: The visionaries of modern neuroscience. Wien et al. 2002 (= Acta neurochirurgica, Suppl. 80).

Kleist, Karl: Festrede zum 80. Geburtstag von Oskar Vogt und zum 75. Geburtstag von Cécile Vogt, in: Archiv für Psychiatrie und Nervenkrankheiten 185 (1950), S. 619-623.

Knake, Else: Erinnerungen an Sauerbruch. In: Neumann, Eduard u. a. (Hrsg.): Studium Berolinense. Aufsätze und Beiträge zu Problemen der Wissenschaft und zur Geschichte der Friedrich-Wilhelms-Universität zu Berlin. Berlin 1960, S. 241-250.

Koren, Yehuda, Eilat Negev: Eine deutsche Lebensreise. Die Geschichte der Maria Therese von Hammerstein spiegelt die Zerissenheit des 20. Jahrhunderts wider - eine Geschichte von Widerstand und Charakter. In: Die Welt vom 15. Juni 2001; siehe http://www.welt.de/print-welt/article457135/Eine_deutsche_Lebensreise.html

Kotzur, Marlene: Steglitz – Frauen setzen Zeichen. Berlin 1990.

Krafft, Fritz (1978): Lise Meitner und ihre Zeit. – Zum hundertsten Geburtstag der bedeutenden Naturwissenschaftlerin. In: Angewandte Chemie 90 (1978) Heft 11, S. 876-892.
- (1981): Im Schatten der Sensation: Leben und Wirken von Fritz Strassmann. Weinheim u. a. 1981.

Kreutzberg, Georg W. et al.: C. and O. Vogt. In: Brain Pathology 2 (1992), pp. 363-371; darin: Interview mit Igor Klatzo, pp. 365-369.

Krohn, Claus Dieter u. a. (Hrsg.): Handbuch der deutschsprachigen Emigration 1933-1945. Darmstadt 1999.

Kuckuck, Hermann (1961): Elisabeth Schiemann zum 80. Geburtstag am 15. August 1961. In: Der Züchter 31 (1961) 4, S. 117-118.
- (1980): Elisabeth Schiemann (1881-1972). In: Berichte der Deutschen Botanischen Gesellschaft, 93 (1980), S. 517-537.

Küppers, Günter u. a.: Die Nobelpreise in Physik und Chemie 1901-1929, Materialien zum Nominierungsprozess. Bielefeld 1982 (Report Wissenschaftsforschung, Nr. 23).

Kuhn, Annette u. a. (Hrsg.): 100 Jahre Frauenstudium: Frauen der Rheinischen Friedrich-Wilhelms-Universität Bonn. Bonn 1996.

Lagrene, Ilona: Sinti- und Romafamilien während der NS-Zeit. In: Thomas, Ilse (Hrsg.): „Ich hätte so gerne noch gelebt, geliebt und gearbeitet". Frauen zwischen den Republiken, 1933-1949. Bielefeld 1996, S. 41-47.

Laitko, Hubert (Hrsg.): Wissenschaft in Berlin. Berlin 1987.

Lang, Anton: Elisabeth Schiemann. Leben und Laufbahn einer Wissenschaftlerin in Berlin. In: Schnarrenberger, Claus, Hildemar Scholz (Hrsg.): Geschichte der Botanik in Berlin. Berlin 1990, S. 179-189.

Lehnert, Uta: Den Toten eine Stimme. Der Parkfriedhof Lichterfelde. Berlin 1996.

Lemmerich, Jost (Hrsg.): Lise Meitner – Max von Laue. Briefwechsel 1938-1948. Berlin 1998 (= Berliner Beiträge zur Geschichte der Naturwissenschaften und der Technik, Bd. 22).

Lemmerich, Jost: Lise Meitner zum 125. Geburtstag. Ausstellung Berlin 2003.

Leopoldina Jahrbuch 1992: Glückwunschschreiben zum 80. Geburtstag an Prof. Dr. Gertrude Henle, in: Leopoldina, Jahrbuch 1992, Reihe 3, Jg. 38, Hg. von Benno Parthier, Deutsche Akademie der Naturfoorscher Leopoldina, Halle (Saale) 1993, S. 51-53.

Levi, Hilde: Lise Meitner. In: Store Kvinder. Ed. Edith Rode og Kis Pallis. Kobenhavn 1947, pp. 289-300.

Levy, Jay A.: In memoriam Gertrude S. Henle (1912-2006). In: Virology 358 (2007) 1, pp. 248-250.

Lewin Sime: siehe Sime

Lexikon der Physik in sechs Bänden. Heidelberg u. a. 2000.

Lichtman, M. A.: The stem cell in the pathogenesis and treatment of myelogenous leukemia: a perspective. In: Leukemia 15 (2001), pp. 1489-1494.

Lieben, Fritz: Geschichte der Physiologischen Chemie. Hildesheim u. a. 1970.

Lingertat, Johann: Liselott Herforth zum 85. Geburtstag. (Vorgetragen in der Klasse Naturwiss. der Leibniz-Sozietät, 18.10.2001). In: Sitzungsberichte der Leibniz-Sozietät, 55 (2002) 4, S. 129-132.

List (1936): List of Displaced German Scholars. London, 1936. – Wiederabdruck: Emigration. Deutsche Wissenschaftler nach 1933. Entlassung und Vertreibung. List of Displaced German Scholars 1936. Supplementary List of Displaced German Scholars 1937. Hrsg. Herbert A. Strauss, Berlin 1987.

Lönnendonker, Sigward: Freie Universität. Gründung einer politischen Universität. Berlin 1988.

Lösch, Niels (1990): Das Kaiser-Wilhelm-Institut für Anthropologie, menschliche Erblehre und Eugenik. Magisterarbeit FU Berlin 1990.
- (1997): Rasse als Konstrukt. Leben und Werk Eugen Fischers. Frankfurt/M. u. a. 1997 (Europäische Hochschulschriften, Reihe III, Bd. 737).

Lösch, Anna-Maria Gräfin von: Der nackte Geist. Die Juristische Fakultät der Berliner Universität im Umbruch von 1933. Tübingen 1999.

Ludwig, Svenja: Dr. med. Agnes Bluhm (1862-1943), späte und zweifelhafte Anerkennung. In: Brinkschulte, Eva (Hrsg.): Weibliche Ärzte. Die Durchsetzung des Berufsbildes in Deutschland. Berlin 1994, S. 84-92.

Ludwig-Körner, Christiane: Wiederentdeckt – Psychoanalytikerinnen in Berlin. Auf den Spuren vergessener Generationen. Gießen 1999; darin: Fanny du Bois-Reymond (1891-1990), S. 44-67.

Maierù, Alfonso (Ed.): Studi sul XIV (trecento) secolo in memoria di Anneliese Maier. Roma 1981 (Storia e Letteratura, 151).
- and Sylla, Edith: Daughter of her time. Anneliese Maier (1905-1971) and the study of fourteenth-Century philosophy. In: Chance, Jane (Ed.): Women Medievalists and the Academy. Madison 2005, pp. 625-645.

Manns, Haide: Frauen für den Nationalsozialismus. Nationalsozialistische Studentinnen und Akademikerinnen in der Weimarer Republik und im Dritten Reich. Opladen 1997.

Mark, Paul J. (Hrsg.): Die Familie Pasternak. Erinnerungen, Berichte, Aufsätze. Würzburg 1997; darin auch Aufsätze von Josephine Pasternak und Lydia Pasternak.

Mason, Joan (1992): The Admission of the first women to the Royal Society of London, in: Notes and Records of the Royal Society of London 46 (1992) 2, pp. 279-300.
- (1995): The Women Fellow's Jubilee. In: Notes Records Royal Society London 49 (1995) 1, pp. 125-140.

Maushart, Marie-Ann: „Um mich nicht zu vergessen": Hertha Sponer - ein Frauenleben für die Physik im 20. Jahrhundert. Bassum 1997.

Mayenburg, Ruth von: Blaues Blut und Rote Fahnen. Ein Leben unter vielen Namen. Wien u. a. 1969.

Medawar, Jean, David Pyke: Hitler's gift. The True Story of the Scientists Expelled by the Nazi Regime. Foreword by Dr. Max Perutz. New York 2001.

Meesen, Hubert: Cécile und Oskar Vogt und das Neustädter Hirnforschungsinstitut. In: Zeitschrift f. ärztliche Forschung 4 (1950) 6, S. 141ff. (Cécile Vogt zum 75. Geb. am 27.3.1950. – Oskar Vogt zum 80. Geb. am 6.4.1950).

Meinel, Christoph, Monika Renneberg (Hrsg.): Geschlechterverhältnisse in Medizin, Naturwissenschaft und Technik. Stuttgart 1996.
Meitner, Lise (1954): Einige Erinnerungen an das Kaiser-Wilhelm-Institut für Chemie in Berlin-Dahlem, in: Die Naturwissenschaften, 13 (1954), Nr. 41, S. 97-99.
– (1963): Wege und Irrwege zur Kernenergie. In: Naturwissenschaftliche Rundschau 16 (1963) 5, S. 167-169.
– (1964): Looking back. In: Bulletin Atomic Scientists (1964), 6, S. 1-7.
– (1964): Lise Meitner looks back. In: International Atomic Energy Agency Bulletin 6 (1964), 1, pp. 4-12.
Miller, Jane A.: Erika Cremer. In: Grinstein (1993), pp. 128-135.
Monod, Jacques, Ernest Borek (Eds.): Of Microbes and Men. New York et al. 1971.
Muckermann, Hermann (1956): Aus der Chronik des Instituts. In: Studien aus dem Institut für natur- und geisteswissenschaftliche Anthroplogie Berlin-Dahlem 5 (1956), S. 373ff.
– (1957) (Zum Tod von Ida Frischeisen-Köhler). In: Studien aus dem Institut für natur- und geisteswissenschaftliche Anthroplogie Berlin-Dahlem 6 (1957), S. 469.
Müller, Reinhard (1993): Die Akte Wehner. Moskau 1937 bis 1941. Berlin 1993.
– (2001): Hitlers Rede vor der Reichswehrführung 1933. Eine neue Moskauer Überlieferung. In: Mittelweg 36. 10 (2001) 1, S. 73-90.
NDB: Neue Deutsche Biographie. Hrsg. von der Historischen Kommission bei der Bayerischen AdW. Bd. 1ff. Berlin 1953 ff.
Nielsen, Birgit S.: Frauen im Exil in Dänemark nach 1933 – beleuchtet anhand einiger einzelner charakteristischer Schicksale. In: Petersen, Hans Uwe (Hrsg.): Hitlerflüchtlinge im Norden. Asyl und politisches Exil 1933-1945. Kiel 1991, S. 145-166.
Niese, Siegfried, Waltraud Voss: Die Erste. Zum 85. Geburtstag von Lieselott Herforth. In: Neues Deutschland 15. /16. 9. 2001, S. 23.
Nordwig, Arnold: Vor fünfzig Jahren: der Fall Neuberg. In: MPG-Spiegel, (1983) 6, S. 49-53.
Nolte, Peter: Spurensuche. Kommilitonen von 1933. Berlin: Humboldt-Universität, 2001.
Oberkofler, Gerhard (1998): Erika Cremer. Ein Leben für die Chemie. Innsbruck u. a. 1998.
– (2000): Eine weltweit anerkannte Arbeit. Die Chemikerin Erika Cremer (1900-1996). In: Berlinische Monatsschrift 9 (2000) 11, S. 63-67.
Ogilvie, Marilyn, Joy Harvey (Eds.): The biographical dictionary of women in science. Pioneering lives from ancient times to the mid-20th century, 2 vols., New York et al. 2000.
Orland, Barbara, Elvira Scheich (Hrsg.): Das Geschlecht der Natur. Feministische Beiträge zur Geschichte und Theorie der Naturwissenschaften. Frankfurt/M. 1995.

Page, Irvine H.: The rebirth of neurochemistry. In: Modern Medicine, March 19, 1962, pp. 81-83.
Parthey, Heinrich: Bibliometrische Profile von Instituten der Kaiser-Wilhelm-Gesellschaft (1923-1943). Berlin 1995 (= Veröffentlichungen aus dem Archiv zur Geschichte der Max-Planck-Gesellschaft, Bd. 7).
Pasternak, Evgenij: Boris Pasternak. Materialy dlja biografii. (Russ.) Moskva 1989.
Pasternak, Josephine: Patior. In: Mark (1997), S. 118-121.
Pasternak, Luise (Hrsg.): Wissenschaftlerinnen in der biomedizinischen Forschung. Frankfurt/M. u. a. 2002.
Pasternak-Slater, Lydia: Boris und die Eltern. Boris, mein berühmter Bruder. In: Mark (1997), S. 103-109.
Patent-Datei Hartung siehe Hartung.
Poggendorff – Biographisch-Literarisches Handwörterbuch zur Geschichte der exakten (Natur)wissenschaften. Bd. III (1898), IV (1904), V (1926), VI (1937), VIIa (1956ff.), VIIb (1968ff.). Leipzig u. a.
Pross, Christian, Götz Aly (Hrsg.): Der Wert des Menschen. Medizin in Deutschland 1918-1945. Berlin 1989.
Pycior, Helena M. et al. (Eds.): Creative couples in the sciences. New Brunswick (New Jersey) 1996.

Reichshandbuch der deutschen Gesellschaft. Das Handbuch der Persönlichkeiten in Wort und Bild. Bd. 1 u. 2. Berlin 1930-1932.
Remane, Horst, Wolfgang Schweitzer (Hrsg.): Richard Willstätter im Briefwechsel mit Emil Fischer in den Jahren 1901 bis 1918. Berlin 2000.
Richter, Jochen (1996): Das Kaiser-Wilhelm-Institut für Hirnforschung und die Topographie der Großhirnhemisphären. Ein Beitrag zur Institutsgeschichte der Kaiser-Wilhelm-Gesellschaft und zur Geschichte der architektonischen Hirnforschung. In: v. Brocke/Laitko (1996), S. 349-408.
– (2000a): Rasse, Elite, Pathos. Eine Chronik zur medizinischen Biographie Lenins und zur Geschichte der Elitegehirnforschung in Dokumenten. Herbolzheim 2000.
– (2000b): Zytoarchitektonik und Revolution - Lenins Gehirn als Raum und Objekt, in: Berichte zur Wissenschaftsgeschichte, 23 (2000) 3, S. 347-362.
Riehl, Nikolaus: Zehn Jahre im Goldenen Käfig. Stuttgart 1988.
Rife, Patricia (1992): Lise Meitner. Ein Leben für die Wissenschaft. Hildesheim 1992.
– (1999): Lise Meitner and the Dawn of the Nuclear Age. Boston et al. 1999.
Roach, Linda E., S. Scott: Charlotte Auerbach (1899-1994). In: Grinstein (1997), pp. 25-29.

Rohe, Georgia van der: La donna è mobile. Mein bedingungsloses Leben. Berlin 2001.
Rokitjanskij, Ja. G., V. A. Goncharov, V. V. Nechotin: Rassekrechennyj zubr. Novoe o N. V. Timofeeve-Resovskom. In: Vestnik Rossijskoj Akademii Nauk tom 71 (2001) 7, S. 636-649.
Rona, Elizabeth: How it came about: Radioactivity, Nuclear Physics, Atomic Energy. Oak Ridge Associated Universities 1978 (Autobiographie).
Rosenberg, Otto: Das Brennglas. Aufgezeichnet von Ulrich Entensberger. Frankfurt/M. 1998.
Roth, Gottfried: Cécile und Oskar Vogt, Heinrich Obersteiner, Constantin von Economo und Edgar Adrian. Die Hirnforschung im 20. Jahrhundert. In: Die Großen der Weltgeschichte. Hrsg. Kurt Fassmann u. a., Zürich 1978, Bd. XI, S. 308-321.
Röwekamp, Marion: Juristinnen – Lexikon zu Leben und Werk. Baden-Baden 2005.
Reiter, Wolfgang L.: Österreichische Wissenschaftsemigration am Beispiel des Instituts für Radiumforschung der Österreichischen Akademie der Wissenschaften. In: Stadler, Friedrich (Hrsg.): Vertriebene Vernunft II. Emigration und Exil österreichischer Wissenschaft. Wien u. a. 1988, S. 709-729.
Ruschhaupt, Ulla, Heide Reinsch: Die ersten Jahre nach der Wiedereröffnung der Universität 1946-1951. In: Von der Ausnahme zur Alltäglichkeit. Frauen an der Berliner Universität Unter den Linden. Hrsg. von der Ausstellungsgruppe an der Humboldt-Universität zu Berlin und dem Zentrum für interdisziplinäre Frauenforschung. Berlin 2003, S. 151-171.

Sandvoß, Hans-Rainer: Die „andere" Reichshauptstadt. Widerstand aus der Arbeiterbewegung in Berlin von 1933 bis 1945. Berlin 2007.
Sargent, Steven D. (Ed.): On the threshold of exact science. Selected writings of Anneliese Maier on late Medieval Natural Philosophy. Philadelphia 1982.
Satir, Birgit H. and Peter: Berta Vogel Scharrer (1906-1995). In Grinstein (1997), pp. 477-489.
Satzinger, Helga (1996): Das Gehirn, die Frau und ein Unterschied in den Neurowissenschaften des 20. Jahrhunderts: Cécile Vogt (1875-1962). In: Meinel/Renneberg (1996), S. 75-82.
– (1998a): Weiblichkeit und Wissenschaft – Das Beispiel der Hirnforscherin Cécile Vogt (1875-1962). In: Bleker (1998), S. 75-93.
– (1998b): Die Geschichte der genetisch orientierten Hirnforschung von Cécile und Oskar Vogt in der Zeit von 1895 bis ca. 1927. Stuttgart 1998 (= Braunschweiger Veröffentlichungen zur Geschichte der Pharmazie und der Naturwissenschaften, Bd. 41).

- und Annette Vogt (1999): Elena Aleksandrovna und Nikolaj Vladimirovic Timoféeff-Ressovsky (1898-1973; 1900-1981). Berlin 1999 (Max-Planck-Institut für Wissenschaftsgeschichte, Preprint 112).
- und Annette Vogt (2001): Elena Aleksandrovna Timoféeff-Ressovsky (1898-1973) und Nikolaj Vladimirovich Timoféeff-Ressovsky (1900-1981). In: Jahn, Ilse, Michael Schmitt (Hrsg.): Darwin & Co. Eine Geschichte der Biologie in Portraits, München 2001, S. 442-470 und Anm. S. 553-560.
- (2002): Krankheiten als Rassen. Politische und wissenschaftliche Dimensionen eines biomedizinischen Forschungsprogramms von Cécile und Oskar Vogt zwischen Tiflis und Berlin (1919-1939). In: Medizinhistorisches Journal, 37 (2002) 3/4, S. 301-350.
- (2003): Krankheiten als Rassen: politische und wissenschaftliche Dimensionen eines internationalen Forschungsprogramms am Kaiser-Wilhelm-Institut für Hirnforschung (1919-1939). In: Schmuhl, Hans Walter (Hrsg.) Rassenforschung an Kaiser-Wilhelm-Instituten vor und nach 1933. Göttingen 2003, S. 145-189 (= Geschichte der KWG im Nationalsozialismus, Bd. 4).
- (2004): Adolf Butenandt, Hormone und Geschlecht. Ingredienzien einer wissenschaftlichen Karriere. In: Schieder, Wolfgang, Achim Trunk (Hrsg.): Adolf Butenandt und die Kaiser-Wilhelm-Gesellschaft. Wissenschaft, Industrie und Politik im „Dritten Reich", Göttingen 2004, S. 78-133.

Scheich, Elvira (1997): Science, politics, and morality: the relationship of Lise Meitner and Elisabeth Schiemann. In: Osiris 12 (1997), pp. 143-168.
- (2002): Elisabeth Schiemann (1881-1972). Patriotin im Zwiespalt. In: Heim, Susanne (Hrsg.): Autarkie und Ostexpansion. Pflanzenzucht und Agrarforschung im Nationalsozialismus, Göttingen 2002, S. 250-279.

Scheidemann, Christiane, Ursula Müller (Hrsg.): Gewandt, geschickt und abgesandt. Frauen im Diplomatischen Dienst. München 2000.

Scherb, Ute: „Ich stehe in der Sonne und fühle, wie meine Flügel wachsen". Studentinnen und Wissenschaftlerinnen an der Freiburger Universität von 1900 bis in die Gegenwart. Königstein 2002.

Schiemann, Elisabeth (1955): Emmy Stein 21.6.1879-21.9.1954 (Nachruf). In: Der Züchter, 25 (1955), S. 65-67.
- (1957): Nachruf auf Emmy Stein (1879-1954). In: Berichte der Deutschen Botanischen Gesellschaft 70 (1957).
- (1959a): Autobiographie, in: Nova Acta Leopoldina 143 (1959), S. 291-292.
- (1959b): Freundschaft mit Lise Meitner. In: Neue Evangelische Frauenzeitung 3 (1959) 1, S. 3.

- (1960): Erinnerungen an meine Berliner Universitätsjahre. In: Neumann, Eduard u. a. (Hrsg.) Studium Berolinense. Aufsätze und Beiträge zu Problemen der Wissenschaft und zur Geschichte der Friedrich-Wilhelms-Universität zu Berlin. Berlin 1960, S. 845-856.

Schlüter, Anne (Hrsg.): Pionierinnen, Feministinnen, Karrierefrauen? Zur Geschichte des Frauenstudiums in Deutschland. Pfaffenweiler 1992.

Schmialek, Anja: Professor Dr. Bertha Ottenstein (1891-1956), erste habilitierte Dermatologin Deutschlands. Leben und Werk. Diss., Universität Freiburg, Med. Fak., 1996.

Schmidt-Rohr, Ulrich (1996): Erinnerungen an die Vorgeschichte und die Gründerjahre des Max-Planck-Instituts für Kernphysik. Heidelberg 1996.

- (1998): Die Aufbaujahre des Max-Planck-Instituts für Kernphysik. Heidelberg 1998.

Schmitz, Brigitte: Margarete Rohdewald (1900-1994). In: Kuhn (1996), S. 210-211.

Schwerger, Maren: Naturwissenschaft ohne Ideologie? Eine historische Analyse des Kaiser-Wilhelm-Instituts für Hirnforschung von den Anfängen bis 1945. Staatsexamensarbeit, Konstanz 1987 (unveröff.).

Schwoch, Rebecca: „Ich glaube, damals immer eine einwandfreie Haltung gehabt zu haben." Die Kinderärztin und Neurologin Gertrud Soeken und der Nationalsozialismus. In: Medizinhistorisches Journal 41 (2006), S. 315-353.

Sexl, Lore, Anne Hardy: Lise Meitner. Reinbek 2002.

Sichermann, Barbara et al. (Eds.): Notable American Women. The modern period. A Biographical Dictionary. Cambridge (Mass.) et al. 1980.

Siebertz, Karin: Agnes Bluhm (1862-1944). Ärztin und Rassehygienikerin. In: Schlüter (1992), S. 97-104.

Sime, Ruth Lewin (1993): Lise (Elise) Meitner, Physikerin. In: Jüdische Frauen im 19. und 20. Jahrhundert. Lexikon zu Leben und Werk. Reinbek 1993, S. 273-275.

- (1995): 13. Juli 1938: Lise Meitner verläßt Deutschland. In: Orland/Scheich (1995), S. 119-135.
- (1996): Lise Meitner. A Life in Physics. Berkeley 1996.
- (2001): Lise Meitner. Ein Leben für die Physik. Frankfurt/M. u. a. 2001.

Spreiter, John R. et al. (1975): In Memoriam: Irmgard Flügge-Lotz, 1903-1974. In: IEEE Transactions on Automatic Control, AC-20 (1975) 2, p. 183a-183b.

- and Wilhelm Flügge (1987): Irmgard Flügge-Lotz (1903-1974). In: Grinstein (1987), pp. 33-40.

Stanley, Ruth: Transfer von Rüstungstechnologie nach Lateinamerika durch Wissenschaftsmigration: Deutsche Rüstungsfachleute in Argentinien und Brasilien 1947-1963. Diss., FU Berlin, 1996 (als Buch: Frankfurt/M. 1998).

Stenzel, Dorothea, Günter Stenzel: Das große Lexikon der Nobelpreisträger. Hamburg 1992.

Stern, Karl: Die Feuerwolke. Lebensgeschichte und Bekenntnisse eines Psychiaters. Salzburg 1954.

Stubbe, Hans: Elisabeth Schiemann: 15.8.1881-3.1.1972. In: Mitteilungen der Max-Planck-Gesellschaft zur Förderung der Wissenschaften (1972) 1, S. 3-8.

Szöllösi-Janze, Margit: Plagiatorin, verkanntes Genie, beseelte Frau? Von der schwierigen Annäherung an die erste deutsche ordentliche Professorin. In: Wirtschaft und Wissenschaft 8 (2000) 4, S. 40-48.

Tent, James F.: Freie Universität Berlin: 1948-1988: eine deutsche Hochschule im Zeitgeschehen. Berlin 1988.

Tesinska, Emilie: Women in Czech radiology: The case of physical chemist and radiobiologist Jarmila Petrova. In: Women Scholars and Institutions. Proceedings of the International Conference (Prague, June 8-11, 2003), Ed. Sonia Strbanova, Ida H. Stamhuis and Katerina Mojsejova, Prague: Vyzkummne centrum pro dejiny vedy 2004, Vol. 2, pp. 659-692.

Thun, Franziska (Hrsg.): Erinnerungen an Boris Pasternak. Berlin 1994 (aus dem Russ., Moskva 1993).

Timofeev-Resovskij, N. V. (Timoféeff-Ressovsky): Vospominanija (Erinnerungen, Russ.). Moskva 1995.

Tobies, Renate (1996a): Einflußfaktoren auf eine Wissenschaftlerinnenkarriere am Beispiel der Physikerin Hertha Sponer (1895-1968). In: ZiF und Frauenbeauftragte der Humboldt-Universität Berlin (Hrsg.) Zur Geschichte des Frauenstudiums und weiblicher Berufskarrieren an der Berliner Universität. Berlin 1996, S. 58-78.

— (1996b): Physikerinnen und spektroskopische Forschungen: Hertha Sponer (1895-1968). In: Meinel/Renneberg (1996), S. 89-97.

— (1997): (Hrsg.) „Aller Männerkultur zum Trotz". Frauen in Mathematik und Naturwissenschaften. Frankfurt/M. u. a. 1997; siehe auch Tobies (2008).

— (2004): Tobies, Renate, Ingeborg Ginzel: Eine Mathematikerin als Expertin für Wing Design. In: Seising, Rudolf, Menso Folkerts, Ulf Hashagen (Hrsg.): Form, Zahl, Ordnung. Studien zur Wissenschafts- und Technikgeschichte. Ivo Schneider zum 65. Geburtstag. Stuttgart 2004, S. 711-734.

— (2007): Tobies, Renate: Biographisches Lexikon in Mathematik promovierter Personen an deutschen Universitäten und Technischen Hochschulen WS 1907/08 bis WS 1944/45. Augsburg 2007 (= Algorismus. Studien zur Geschichte der Mathematik und Naturwissenschaften, Heft 58).

- (2008): (Hrsg.) „Aller Männerkultur zum Trotz". Frauen in Mathematik, Naturwissenschaften und Technik. Frankfurt/M. u. a. 2008.

Turnbill, Reginald, Arthur Reed: Farnborough. The story of RAE. London 1980.

Vierhaus, Rudolf, Bernhard vom Brocke (Hrsg.): Forschung im Spannungsfeld von Politik und Gesellschaft. Geschichte und Struktur der Kaiser-Wilhelm-/Max-Planck-Gesellschaft. Stuttgart 1990.

Vogel-Prandtl, Johanna: Ludwig Prandtl. Ein Lebensbild. Erinnerungen, Dokumente. Göttingen 1993 (= Mitteilungen aus dem MPI für Strömungsforschung, Nr. 107).

Vogt, Annette (1997, Findbuch): Die Promotionen von Frauen an der Philosophischen Fakultät von 1898 bis 1936 und an der Mathematisch-Naturwissenschaftlichen Fakultät von 1936 bis 1945 der Friedrich-Wilhelms-Universität zu Berlin sowie die Habilitationen von Frauen an beiden Fakultäten von 1919 bis 1945. Berlin 1997 (Max-Planck-Institut für Wissenschaftsgeschichte, Preprint 57).

- (1997a): Die Kaiser-Wilhelm-Gesellschaft wagte es: Frauen als Abteilungsleiterinnen. In: Tobies (1997), S. 203-219; geänd. Fassung in: Tobies (2008), S. 225-244.
- (1997b): „In Ausnahmefällen ja" - Max Planck als Förderer seiner Kolleginnen. Zum 50. Todestag von Max Planck. In: MPG-Spiegel (1997) 4, S. 48-53.
- (1997c): Vom Hintereingang zum Hauptportal – Wissenschaftlerinnen in der Kaiser-Wilhelm-Gesellschaft. In: Dahlemer Archivgespräche 2 (1997), S. 115-139.
- (1998a): Ein russisches Forscher-Ehepaar in Berlin-Buch. In: Berlinische Monatsschrift 7 (1998) 8, S. 17-23.
- (1999a): Die Wissenschaftlerin Charlotte Auerbach. In: Berlinische Monatsschrift 8 (1999) 10, S. 54-59.
- (1999b): Fellow of the Royal Society – Die Wissenschaftlerin Marthe Vogt. In: Berlinische Monatsschrift 8 (1999) 11, S. 44-49.
- (2000a) Ehrendes Gedenken gegen das Vergessen. In: Berlinische Monatsschrift 9 (2000) 1, S. 20-23.
- (2000b): „Besondere Begabung der Habilitandin" - Die Wissenschaftlerin Luise Holzapfel (1900-1963). In: Berlinische Monatsschrift 9 (2000), 3, S. 80-86.
- (2000c): Die ersten Karriereschritte – Physikerinnen im Berliner Raum zwischen 1900 und 1945. In: Dickmann, Elisabeth u. a. (Hrsg.): Barrieren und Karrieren. Die Anfänge des Frauenstudiums in Deutschland. Berlin 2000, S. 195-230 (= Schriftenreihe des Hedwig Hintze-Institut Bremen, Bd. 5).
- (2000d): Elena A. Timoféeff-Ressovsky – weit mehr als die „Frau ihres Mannes". Ilse Jahn zum 75. Geburtstag. In: Wessel, Karl-Friedrich u. a. (Hrsg.): Ein Leben für die Biologie(geschichte). Festschrift zum 75. Geburtstag von Ilse Jahn. Bielefeld 2000, S. 148-169.

- (2000e): Women in Army Research: Ambivalent Careers in Nazi Germany. In: Canel, Annie et al. (Ed.) Crossing Boundaries, Building Bridges. Comparing the History of Women Engineers, 1870s-1990s. Amsterdam 2000, pp. 189-209.
- (2001): Eine vergessene Widerstandskämpferin. Die Wissenschaftlerin Margot Sponer (1898-1945). In: Berlinische Monatsschrift, 10 (2001) 5, S. 57-61.
- (2002a): Von Warschau nach Berlin, von Berlin nach Jerusalem – das Schicksal der Biologin Estera Tenenbaum. In: Schulz, Jörg (Hrsg.), Fokus Biologiegeschichte. Zum 80. Geburtstag der Biologiehistorikerin Ilse Jahn, Berlin 2002, S. 65-88.
- (2002b): Vertreibung und Verdrängung. Erfahrungen von Wissenschaftlerinnen mit Exil und „Wiedergutmachung" in der Kaiser-Wilhelm-/Max-Planck-Gesellschaft (1933-1955), in: Dahlemer Archivgespräche 8 (2002), S. 93-136.
- und Peter Th. Walter (2003): Die Vertreibungen aus der Universität. In: Ausstellungsgruppe an der Humboldt-Universität zu Berlin und Zentrum für interdisziplinäre Frauenforschung (Hrsg.): Von der Ausnahme zur Alltäglichkeit. Frauen an der Berliner Universität Unter den Linden. Berlin 2003, S. 115-122.
- (2004): Von Berlin nach Rom - Anneliese Maier (1905-1971). In: Walter, Peter Th., Marc Schalenberg (Hrsg.), „... immer im Forschen bleiben", Rüdiger vom Bruch zum 60. Geburtstag. München 2004, S. 391-414.
- (2005): Die Gastabteilungen in der Kaiser-Wilhelm-Gesellschaft – Beispiele internationaler Zusammenarbeit. In: Kant, Horst, Annette Vogt (Hrsg.): Aus Wissenschaftsgeschichte und -theorie. Hubert Laitko zum 70. Geburtstag überreicht von Freunden, Kollegen und Schülern. Berlin 2005, S. 321-343.
- (2006a): In memoriam of scientists displaced from the Kaiser Wilhelm Institute for Medical Research in Heidelberg during the Nazi regime, in: Zum Gedenken an die aus dem Kaiser-Wilhelm-Institut für Medizinische Forschung vertriebenen Wissenschaftlerinnen und Wissenschaftler, Heidelberg 2006, S. 1-53.
- (2006b): Das Forscher-Ehepaar Timoféef-Ressovsky im Kaiser-Wilhelm-Institut für Hirnforschung in Berlin (1925 bis 1945) und in der UdSSR. In: Acta Historica Leopoldina 46 (2006), S. 247-266.
- (2007): Vom Hintereingang zum Hauptportal? Lise Meitner und ihre Kolleginnen an der Berliner Universität und in der Kaiser-Wilhelm-Gesellschaft. Stuttgart 2007 (= Pallas Athene, Vol. 17).

Vogt, Marthe: Nervous Influences in Endocrine Activity. (Autobiographisches). In: Meites, Joseph et al. (Eds.): Pioneers in Neuroendocrinology. Vol. 1. New York et al. 1975, pp. 314-321.

Vonsovskij, S. V.: Pamjati E. A. Timofeevoj-Resovskoj (Zum Gedenken an E. A. Timofeeva-Resovskaja (Russ.) – Artikel zum 100. Geburtstag). In: Nauka Urala (Zeitung „Die Wissenschaft des Urals"), Ekaterinburg, No. 9 (Mai) 1998, S. 4.

Watkins, Sallie A.: Lise Meitner. In: Grinstein (1993), pp. 393-402.

Weber, Matthias M.: Ernst Rüdin. Eine kritische Biographie. Berlin u. a. 1993.

– und Burgmair, Wolfgang: Die „Höchstbegabtensammlung Adele Juda" des Max-Planck-Instituts für Psychiatrie in München als medizinhistorische und geistesgeschichtliche Quelle. In: Der Archivar 46 (1993), S. 361-364.

Weber-Reich, Traudel (Hrsg.): „Des Kennenlernens werth". Bedeutende Frauen Göttingens. Göttingen 1993.

Weiher, Sigfrid von (Hrsg.): Männer der Funktechnik. Berlin 1983.

Wehner, Herbert: Zeugnis. Hrsg. v. Gerhard Jahn. Köln 1982.

Wer war wer in der DDR. Ein Lexikon ostdeutscher Biographien. Hrsg. von Helmut Müller-Enbergs u. a. Ausgaben: Berlin 1992, Frankfurt/M. 1995, Berlin 2000, Berlin 2006.

Werle, Dorit: Carl Neuberg. Wegbereiter der Biochemie. Diss. (Dr. rer. nat), Univ. Halle-Wittenberg 2007.

Weyers, Wolfgang: Death of Medicine in Nazi Germany: Dermatology and Dermatopathology under the Swastika. Lanham 1998.

Wiemeler, Mirjam: „Zur Zeit sind alle für Damen geeigneten Posten besetzt"– Promovierte Chemikerinnen bei der BASF, 1918-1933. In: Meinel/Renneberg (1996), S. 237-244.

Wilde, Inge de : Liebes Fräulein Schiemann. Brieven van Jantina Tammes an Elisabeth Schiemann, 1921-1934. Groningen, Universiteitsbibliotheek, 2002.

Willstätter, Richard: Aus meinem Leben. Von Arbeit, Muße und Freunden. Hrsg. Arthur Stoll. Weinheim 1949.

Wöllauer, Peter: „Wir müssen leider eine Frau nehmen, ..." Erika Cremer und die Entwicklung der Gaschromatographie. In: Kultur & Technik 1 (1997), S.29-33.

Wolffenstein, Valerie: Erinnerungen von Valerie Wolffenstein aus den Jahren 1891-1945. Unter Berücksichtigung der Aufzeichnungen von Andrea Wolffenstein. Hrsg. u. eingel. von Robert A. Kann. Wien u. a. 1981.

Wrangell, Margarete v.: Dr. chem. Fürstin Margarete Andronikow geb. Baronesse Wrangell, o. Professor und Leiterin des Pflanzenernährungsinstitutes, Hohenheim bei Stuttgart, in: Führende Frauen Europas. Neue Folge. Hrsg. und eingel. von Elga Kern. München 1930, S. 141-151.

Ypsilon. Pattern for World Revolution. Chicago et al. 1947.

Zahn-Harnack, Agnes v.: Schriften und Reden. 1914 bis 1950. Tübingen 1964.
Zeil, Liane: Frauen in der Berliner Akademie der Wissenschaften (1700-1945). In: Informationen des Wissenschaftlichen Rates „Die Frau in der sozialistischen Gesellschaft", (1989) 6, S. 57-72.

Register

der in den prosopographischen Einträgen A–Z genannten Personen

A

Abderhalden, Emil 219
Abel, Wolfgang 38, 89, 121, 177
Achelis, Johann Daniel 97
Anschütz, Richard 126
Armbruster, Ludwig 153

B

Barth, Karl 166
Bauer, Hans 109
Baur, Erwin 164, 178
Beckmann, Ernst Otto 44, 92, 126
Beleites, Ernst 34
Beleites, Maria-Magdalena 34
Bergmann, Max 213
Bernhard, Ludwig 31, 151
Betz, Albert 117
Beutler, Hans 110
Biltz, Johann Heinrich 98, 115
Biltz, Wilhelm 72
Bodenstein, Max 37, 44, 49, 52, 81, 82, 86, 93, 132, 134, 188, 205, 209, 210
Böhmer, Paul Eugen 64
Bohr, Niels 129
Born, Hans-Joachim 186
Bossert, Karl 142
Brand, Kurt 170
Brauer, Richard Dagobert 91
Brodmann, Korbinian 157

Bruch, Ernst (Ernest) 212
Brunner, Heinrich 62
Bruns, Viktor 214
Bülow, Margarete 141
Butenandt, Adolf 95, 98, 140, 146, 208, 209

C

Cetverikov, Sergej S. 186
Cohn, Willi M. 189
Correns, Carl 39, 113, 153, 191
Coster, Dirk 129
Courant, Richard 180
Curie, Marie 156, 217

D

Dale, Henry H. 202
Debye, Peter 107
Deegener, Paul 69
Delbrück, Max 129
Dessoir, Max 58
Diels, Ludwig 64
Dietzel, Adolf 48
du Bois-Reymond, Alard 50
du Bois-Reymond, Emil 50
du Bois-Reymond, Lili 50
Dubuisson, Marcel 51
Dulbecco, Renato 120, 185, 199

245

E
Eckert, P. 68
Eichholtz, Fritz 97
Elbs, K. 170
Elze, Walter 148
Engler, Adolf 164
Erdmann, Rhoda 93
Esau, Abraham 193
Exner, Franz 107, 128

F
Fajans, Kasimir 45, 147
Feldberg, Wilhelm 202
Feuerborn, Heinrich 156
Fischer, Albert 93, 175
Fischer, Emil 92
Fischer, Eugen 38. 41, 43, 57, 58, 69, 89, 132, 145, 152, 170, 177
Fischer, Hans 147
Flügge, Wilhelm 115, 116
Franck, James 96, 129, 176
Frankenthal, Käte 221
Freudenberg, Karl 97
Freundlich, Erwin P. 182
Freundlich, Herbert 37, 86, 219
Friedberger, Ernst 46
Friedrich, Walter 62, 76, 96, 118, 158, 173
Frisch, Karl von 84, 153, 193
Frisch, Otto Robert 129
Frischeisen-Köhler, Max 57
Frölich, Gustav 58

G
Gaffron, Hans 60, 138
Gaffron, Mercedes 77, 138
Gehrts, A. 66

Geiger, Hans 75, 79, 117
Gerlach, Walther 212
Gleditsch, Ellen 156
Glocker, Richard 61
Goldschmidt, Richard 29, 47, 50, 60, 63, 77, 80, 84, 114, 127, 140, 144, 153, 163
Gottl-Ottlilienfeld, Friedrich von 151
Gottschaldt, Kurt 89
Graßmann, Wolfgang 180
Greenfield, Susan 202
Gross, Jack 184
Grossmann, Hermann 218
Grube, Georg 181
Günther, Hans F. K. 43, 145, 152
Günther, Paul 168

H
Haber, Fritz 49, 86, 110, 132, 188, 217
Haberlandt, Gottlieb 84, 164
Hämmerling, Joachim 126
Hahn, Otto 40, 45, 62, 65, 72, 92, 105, 112, 128, 129, 133, 156, 172, 210, 211, 216
Haldane, J. B. S. 144
Hallstein, Walter 164
Hamel, Jürgen 117
Harms, Friedrich 136
Hartmann, Max 47, 54, 55, 65, 83, 102, 109, 158, 160, 178, 181
Haschek, Eduard 36
Hausser, Isolde 113
Hausser, Karl Hermann 70
Hausser, Karl Wilhelm 70, 174
Heckter, Maria 101
Heider, Karl 84, 140
Heinroth, Oskar 154

Henle, Werner 182, 183
Henschen, Folke 109
Hertwig, Paula 144, 178
Hertwig, Richard 77, 193
Hertz, Gustav 76
Hertz, Heinrich 76
Hertz, Mathilde 60, 153
Herzog, Reginald O. 49, 132, 136, 209
Hess, Kurt 41, 60, 65, 68, 86, 92, 160
Hesse, Richard 41, 48, 57, 60, 61, 80, 132, 144, 160, 184
Hevesy, George von (George de) 44, 110, 111
Heyrovsky, Jaroslav 143
Hoffmann, Curt 114
Hoffmann, Hubert 68
Hofmann, Karl Andreas 92, 151, 159
Hoppenstedt, Werner 122

J
Jacob, François 119, 120
Jahnel, Franz 194
Jastrow, Ignatz 31
Joliot-Curie, Irène und Frédéric 129
Jost, Ludwig 191
Jung, Carl Gustav 50

K
Kallmann, Hartmut 76, 212
Karlik, Berta 36, 157
Karlson, Peter 146
Kaufmann, Alfred 168
Kaufmann, H. P. 172
Keibel, Franz Julius 200
Keppeler, Gustav 72
Kleinmann, Hans 81
Knapp, Edgar 153
Kniep, Hans 102
Knipping, Paul 96
Kobel, Maria 49
Koch, Robert 160
Koch, Walter 182
Koehler, Otto 153
Köhler, Wolfgang 58, 122
Koenigs, Ernst 115
Kohn, Hedwig 176
Kol'cov, N. K. 186
Kraft, Christel 72
Kraut, Heinrich 155, 209
Krautwald, Alfons 173
Krehl, Ludolf von 46, 150, 182, 191, 214
Krogh, August 111
Kuckuck, Hermann 182
Kühn, Alfred 84, 121, 181
Kükenthal, Willy 140
Küster, Ernst 168
Kuhn, Richard 42, 46, 61, 97, 114, 154, 179, 210
Kunstmann, Heinrich 214
Kuron, Hans 115
Kutscher, Waldemar 97

L
Lange, Willy 104
Laski, Gerda 188
Laue, Max von 54, 77, 82, 96, 107, 129, 182, 206
Le Blanc, Max 106, 147
Lea, Douglas 30
Lecher, Ernst 107
Lehmann, Emilie 38
Lenz, Fritz 89, 121, 167, 170, 199

Leonhard, Franz 164
Leuchs, Hermann 68, 146
Linden, Maria Gräfin von 77
Löwenstein, Otto 84
Lüers, Herbert 118
Lüttringhaus, Arthur 161
Lwoff, André 119, 120

M

Maier, Heinrich 122
Mangold, Otto 32, 48
Mannich, Carl 170
Marcus, Ernst 61
Mark, Hermann 188
Martens, Friedrich Franz 70
Marx, Walter 125
Mattauch, Josef 36
Meitner, Lise 29, 40, 54, 57, 111, 112, 143, 176
Mercati, Giovanni 122
Meyer, Stefan 128, 156
Meyerhof, Otto 46, 51, 79, 120, 190
Möller, K. 66
Monod, Jacques L. 119, 120
Muckermann, Hermann 58
Müller, Eugen 141
Muller, Hermann J. 32
Myrbäck, Karl 208

N

Nachtsheim, Hans 95, 155, 178, 187
Nernst, Walther 93
Neuberg, Carl 44, 92, 98, 119, 134, 200
Noack, Kurt 52, 64, 109
Nord, Friedrich Franz 82, 172

O

Oberlies, Hermann 136
Ortner, G. 36
Ostendorf, Clara 60

P

Paal, Carl 106
Page, Irvine H. 42, 141
Paschen, Friedrich 107
Pasternak, Lydia 88, 141, 142
Péterfi, Tibor 29
Pettersen, Hans 156
Pfeiffer, Paul 31
Philipp, Kurt 211
Planck, Max 50, 70, 77, 91, 96, 128, 129, 206, 218
Plaut, Felix 43, 101, 147
Ploetz, Alfred 38
Polanyi, Michael 45, 91
Prandtl, Ludwig 115, 117, 118
Prandtl, Wilhelm 147
Prange, Georg 115
Precht, Julius 72
Pringsheim, Hans 52
Pringsheim, Peter 110
Pschorr, Robert 159

R

Rabinowitsch, Bruno 134
Rajewsky, Boris 95
Ramsey, William 217
Reich, Max 75
Renner, Otto 49
Ritter, Robert 89, 152
Robson, J. M. 32
Rodenwaldt, Ernst 46

Rössle, Robert 93
Rösch, Gustav Adolf 153
Rona, Peter 81, 139, 200
Rosbaud, Paul 129
Rose, Maximilian 158
Rosenberg, Otto 89
Rosenheim, Arthur 35
Rosenmund, Karl Wilhelm 141
Rossow, Walter 68
Roth, Leo 67, 68
Rubens, Heinrich 70, 107
Rüdin, Ernst 39, 87, 137, 210
Rukop, Hans 70
Rutherford, Ernest 156

S

Sanden, Horst von 115
Sauerbruch, Ferdinand 93
Scharrer, Ernst Albert 194
Schaudinn, Fritz 221
Schiemann, Elisabeth 129, 178
Schiemann, Gertrud 73, 166
Schlenk, Wilhelm 44, 52, 81, 104, 134, 172, 200, 209, 210
Schmidt, Erich 154
Schmitz, Elisabeth 166
Schneider, Kurt 220
Scholz, Willibald 118
Schoon, Theodor 168
Schüffner, Prof. 221
Schüler, Hermann 54
Schultze, Georg Richard 205
Schulz, Fritz 216
Schweidler, Egon von 36
Schwiete, Hans Ernst 104
Seidel, Friedrich 34

Siegbahn, Manne 129
Sigwart, Christoph 122
Simon, Fritz 93
Simonis, Hugo 92
Slater, Eliot Trevor Oakeshott 88, 142
Sommerfeld, Arnold 212
Spangenberg, Kurt 151
Spatz, Hugo 101, 106, 118
Spemann, Hans 211
Spiegel, Leopold 218
Spielmeyer, Walter 194
Sponer, Hertha 176, 179, 212
Sponer, Margot 176
Spranger, Eduard 122
Stahl, Ernst 178
Stern, Curt 144
Sterne, Max 29
Stock, Alfred 35, 86, 141
Stranski, Iwan N. 76
Straßmann, Maria und Fritz 73, 166
Straßmann, Fritz 40, 72, 73, 112, 129
Stroux, Johannes 95
Stubbe, Hans 50, 178
Südekum, Albert 221

T

Tammers, Tine (Jantina) 83
Teller, Edward 176
Thannhauser, Siegfried 139
Thiessen, Peter Adolf 82, 161, 168
Thoms, Hermann 119, 141
Thurmon, Francis M. 139
Thurnwald, Richard 89
Tiburtius, Franziska 38
Tiede, Erich 92
Timoféeff-Ressovsky, Elena A. 178

Timoféeff-Ressovsky, Nikolaj V. 34, 178, 182, 184, 186, 187, 198, 199
Timoshenko, Stephen P. 116
Tischler, Georg 114
Tönnis, Wilhelm 106
Tolksdorf, Sibylle 107
Traube, Wilhelm 172
Tubandt, Carl 58

U
Ubisch, Gertrud von 113
Ubisch, Hans von 191
Uebersberger, Hans 148

V
Vanino, Ludwig 154
Verschuer, Otmar von 108. 206
Vogt, Cécile 157, 169, 198–200
Vogt, Marguerite 185, 202
Vogt, Marthe 184, 199
Vogt, Oskar 157, 169, 174, 195, 198–200
Volmer, Max 92, 168
Vorländer, Daniel 58

W
Wagner-Jauregg, Theodor 210
Walden, Hermann 159
Warburg, Otto 95
Wehnelt, Arthur 91, 96, 218
Weigert, Fritz 147
Westphal, Wilhelm 79, 168
Wettstein, Fritz von 39, 52, 64, 166, 178
Wettstein, Richard von 54
Wiberg, Egon 66
Wieland, Heinrich 42, 155
Wien, Wilhelm 147
Williams, John Warren 212
Willstätter, Richard 147, 154, 155, 212
Windaus, Adolf 179
Wirtz, Karl 45
Wolf, Bruno Erich 81
Wolff, Martin 164, 216
Wolffenstein, Andrea 73, 166
Wolffenstein, Valerie 166
Wüst, Ewald 152

Z
Zarapkin, Sergej Romanovich 186
Zimmer, Carl 80, 184
Zuntz, Nathan 206

Veröffentlichungen aus dem Archiv der Max-Planck-Gesellschaft
Berlin

1: Henning, Eckart, u. Marion Kazemi: Chronik der Kaiser-Wilhelm-Gesellschaft zur Förderung der Wissenschaften. 1988, 152 S., 41 Abb.
2: Ellwanger, Jutta: Forscher im Bild. Teil l: Wissenschaftliche Mitglieder der Kaiser-Wilhelm-Gesellschaft zur Förderung der Wissenschaften. 1989, 176 S., 154 Abb.
3: Bergemann, Claudia: Mitgliederverzeichnis der Kaiser-Wilhelm-Gesellschaft zur Förderung der Wissenschaften. Teil I: A-K, 1990, 144 S., 10 Abb. -Teil II: L-Z, 1991, 144 S., 12 Abb.
4: Henning, Eckart, u. Marion Kazemi: Chronik der Max-Planck-Gesellschaft zur Förderung der Wissenschaften unter der Präsidentschaft Otto Hahns (1946-1960). 1992, 160 S., 78 Abb. (vergriffen, wird nicht neu aufgelegt!)
5: Gill, Glenys, u. Dagmar Klenke: Institute im Bild. Teil I: Bauten der Kaiser-Wilhelm-Gesellschaft zur Förderung der Wissenschaften. 1993, 143 S., 204 Abb.
6: Hauke, Petra: Bibliographie zur Geschichte der Kaiser-Wilhelm-/Max-Planck-Gesellschaft zur Förderung der Wissenschaften (1911-1994). Teilbände I-III, 1994, XIV, 507 S.
7: Parthey, Heinrich: Bibliometrische Profile von Instituten der Kaiser-Wilhelm-Gesellschaft zur Förderung der Wissenschaften (1923-1943). 1995, 218 S.
8: Ullmann, Dirk: Quelleninventar Max Planck. 1996, 176 S., 8 Abb.
9: Wegeleben, Christel: Beständeübersicht des Archivs zur Geschichte der Max-Planck-Gesellschaft in Berlin-Dahlem. 1997, 332 S.
10: Kohl, Ulrike: Die Kaiser-Wilhelm-Gesellschaft zur Förderung der Wissenschaften im Nationalsozialismus. Quelleninventar. 1997, 253 S., 3 Abb. (vergriffen)
11: Uebele, Susanne: Institute im Bild. Teil II: Bauten der Max-Planck-Gesellschaft zur Förderung der Wissenschaften. 1998, 292 S., 440 Abb.
12: Vogt, Annette: Wissenschaftlerinnen in Kaiser-Wilhelm-Instituten. A-Z. 1999, 192 S., 31 Abb. – 2., erw. Aufl. 2008, 252 S., 46 Abb.
13: Henning, Eckart: Beiträge zur Wissenschaftsgeschichte Dahlems. 2000, 192 S., 44 Abb. – 2., erw. Aufl. 2004, 256 S., 54 Abb.
14: Hauke, Petra: Literatur über Max Planck. Bestandsverzeichnis. 2001, 99 S., 14 Abb.

15: Kazemi, Marion: Nobelpreisträger in der Kaiser-Wilhelm-/ Max-Planck-Gesellschaft zur Förderung der Wissenschaften. 2002, 324 S., 82 Abb.– 2., erw. Aufl. 2006, 336 S., 86 Abb.
16: Henning, Eckart, u. Marion Kazemi: Dahlem – Domäne der Wissenschaft. Dahlem – Domain of Science. Ein Spaziergang zu den Berliner Instituten der Kaiser-Wilhelm-/ Max-Planck-Gesellschaft im ‚deutschen Oxford'. Deutsch u. englisch. 2002, 256 S., 157 Abb.
17: Henning, Eckart: 25 Jahre Archiv zur Geschichte der Max-Planck-Gesellschaft. Anlässlich des 25jährigen Jubiläums 1978-2003 unter Beteiligung aller Mitarbeiter neu bearbeitet. 2003, 184 S., 54 Abb. - 2., durchgesehene Aufl. 2005.
18: Kinas, Sven: Adolf Butenandt (1903-1995) und seine Schule. 2004, 260 S., 245 Abb.
19: Henning, Eckart, u. Marion Kazemi: Die Harnack-Medaille der Kaiser-Wilhelm-/ Max-Planck-Gesellschaft zur Förderung der Wissenschaften, 1924-2004. 2005, 174 S., 46 Abb.
20: Max Planck und die Max-Planck-Gesellschaft. Zum 150. Geburtstag am 23. April 2008 nach den Quellen im Archiv der Max-Planck-Gesellschaft zsgest. vom Archiv der Max-Planck-Gesellschaft, hrsg. von Lorenz Friedrich Beck. 2008, 360 S., 109 Abb.